栅格边框

金属字

剪贴蒙版

Web页导航栏

卡通线画稿上色

水面倒影

羽毛扇

合成图像

手绘甲壳虫汽车

文字广告

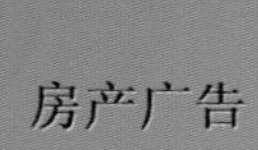

房产广告

用“抽出”滤镜抠头发

制作“像册”

上色前

上色后

负冲

图层混合效果

剪贴蒙版

荷花图

水墨山水画

选区与蒙版

自定滤镜效果

海市蜃楼

应用动作

沙发素材

沙发换肤

普通高等教育“十一五”国家级规划教材
高职高专计算机教指委优秀教材
（高职高专教育）

hotoshop CS4 实用案例教程

IOTOSHOP CS4 SHIYONG ANLI JIAOCHENG

（第三版）

新世纪高职高专教材编审委员会 组编
主 编 洪 光 赵 倬
副主编 张艳丽 张万颖
李向东 罗 港 林 雯

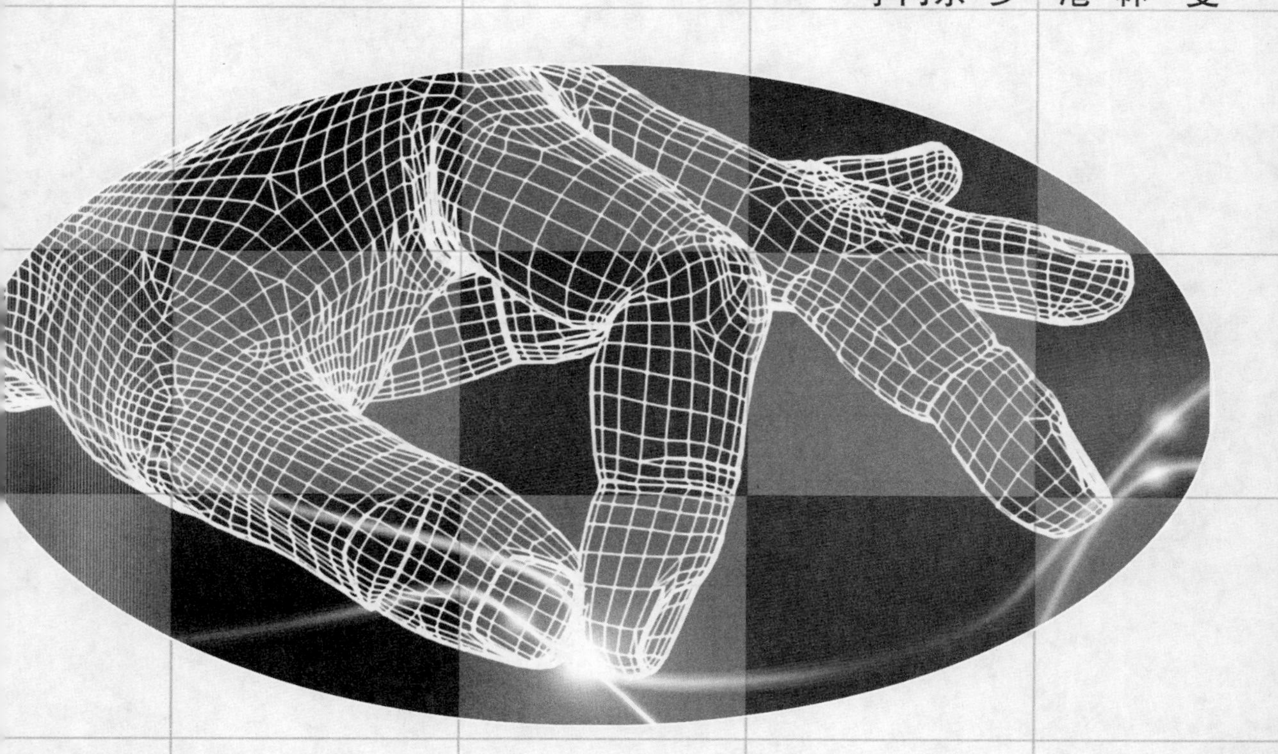

大连理工大学出版社
DALIAN UNIVERSITY OF TECHNOLOGY PRESS

图书在版编目(CIP)数据

Photoshop CS4 实用案例教程/ 洪光,赵倬主编. —3 版. 大连:大连理工大学出版社,2009. 8(2011. 11 重印)
普通高等教育“十一五”国家级规划教材
ISBN 978-7-5611-1835-1

Ⅰ. P… Ⅱ. ①洪… ②赵… Ⅲ. 图形软件,Photoshop CS4—高等学校:技术学校—教材 Ⅳ. TP391. 41

中国版本图书馆 CIP 数据核字(2007)第 177180 号

大连理工大学出版社出版
地址:大连市软件园路 80 号 邮政编码:116023
发行:0411-84708842 邮购:0411-84703636 传真:0411-84701466
E-mail:dutp@dutp. cn URL:http://www. dutp. cn
大连美跃彩色印刷有限公司印刷 大连理工大学出版社发行

幅面尺寸:185mm×260mm 印张:18 插页:4 字数:415 千字
附件:光盘一张 印数:40001～45000
2004 年 8 月第 1 版 2009 年 8 月第 3 版
2011 年 11 月第 11 次印刷

责任编辑:潘弘喆 马双 责任校对:于婷婷
封面设计:张 莹

ISBN 978-7-5611-1835-1 定 价:39.00 元

总序

我们已经进入了一个新的充满机遇与挑战的时代，我们已经跨入了21世纪的门槛。

20世纪与21世纪之交的中国，高等教育体制正经历着一场缓慢而深刻的革命，我们正在对传统的普通高等教育的培养目标与社会发展的现实需要不相适应的现状作历史性的反思与变革的尝试。

20世纪最后的几年里，高等职业教育的迅速崛起，是影响高等教育体制变革的一件大事。在短短的几年时间里，普通中专教育、普通高专教育全面转轨，以高等职业教育为主导的各种形式的培养应用型人才的教育发展到与普通高等教育等量齐观的地步，其来势之迅猛，发人深思。

无论是正在缓慢变革着的普通高等教育，还是迅速推进着的培养应用型人才的高职教育，都向我们提出了一个同样的严肃问题：中国的高等教育为谁服务，是为教育发展自身，还是为包括教育在内的大千社会？答案肯定而且惟一，那就是教育也置身其中的现实社会。

由此又引发出高等教育的目的问题。既然教育必须服务于社会，它就必须按照不同领域的社会需要来完成自己的教育过程。换言之，教育资源必须按照社会划分的各个专业（行业）领域（岗位群）的需要实施配置，这就是我们长期以来明乎其理而疏于力行的学以致用问题，这就是我们长期以来未能给予足够关注的教育目的问题。

如所周知，整个社会由其发展所需要的不同部门构成，包括公共管理部门如国家机构、基础建设部门如教育研究机构和各种实业部门如工业部门、商业部门，等等。每一个部门又可作更为具体的划分，直至同它所需要的各种专门人才相对应。教育如果不能按照实际需要完成各种专门人才培养的目标，就不能很好地完成社会分工所赋予它的使命，而教育作为社会分工的一种独立存在就应受到质疑（在市场经济条件下尤其如此）。可以断言，按照社会的各种不同需要培养各种直接有用人才，是教育体制变

革的终极目的。

随着教育体制变革的进一步深入，高等院校的设置是否会同社会对人才类型的不同需要一一对应，我们姑且不论。但高等教育走应用型人才培养的道路和走研究型（也是一种特殊应用）人才培养的道路，学生们根据自己的偏好各取所需，始终是一个理性运行的社会状态下高等教育正常发展的途径。

高等职业教育的崛起，既是高等教育体制变革的结果，也是高等教育体制变革的一个阶段性表征。它的进一步发展，必将极大地推进中国教育体制变革的进程。作为一种应用型人才培养的教育，它从专科层次起步，进而应用本科教育、应用硕士教育、应用博士教育……当应用型人才培养的渠道贯通之时，也许就是我们迎接中国教育体制变革的成功之日。从这一意义上说，高等职业教育的崛起，正是在为必然会取得最后成功的教育体制变革奠基。

高等职业教育还刚刚开始自己发展道路的探索过程，它要全面达到应用型人才培养的正常理性发展状态，直至可以和现存的（同时也正处在变革分化过程中的）研究型人才培养的教育并驾齐驱，还需假以时日；还需要政府教育主管部门的大力推进，需要人才需求市场的进一步完善发育，尤其需要高职高专教学单位及其直接相关部门肯于做长期的坚忍不拔的努力。新世纪高职高专教材编审委员会就是由全国100余所高职高专院校和出版单位组成的旨在以推动高职高专教材建设来推进高等职业教育这一变革过程的联盟共同体。

在宏观层面上，这个联盟始终会以推动高职高专教材的特色建设为己任，始终会从高职高专教学单位实际教学需要出发，以其对高职教育发展的前瞻性的总体把握，以其纵览全国高职高专教材市场需求的广阔视野，以其创新的理念与创新的运作模式，通过不断深化的教材建设过程，总结高职高专教学成果，探索高职高专教材建设规律。

在微观层面上，我们将充分依托众多高职高专院校联盟的互补优势和丰裕的人才资源优势，从每一个专业领域、每一种教材入手，突破传统的片面追求理论体系严整性的意识限制，努力凸现高职教育职业能力培养的本质特征，在不断构建特色教材建设体系的过程中，逐步形成自己的品牌优势。

新世纪高职高专教材编审委员会在推进高职高专教材建设事业的过程中，始终得到了各级教育主管部门以及各相关院校相关部门的热忱支持和积极参与，对此我们谨致深深谢意；也希望一切关注、参与高职教育发展的同道朋友，在共同推动高职教育发展、进而推动高等教育体制变革的进程中，和我们携手并肩，共同担负起这一具有开拓性挑战意义的历史重任。

新世纪高职高专教材编审委员会

2001年8月18日

前言

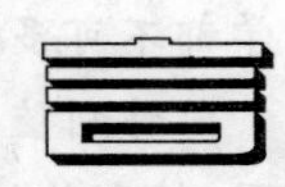

《Photoshop CS4 实用案例教程》(第三版)是普通高等教育"十一五"国家级规划教材,是由新世纪高职高专教材编审委员会组编、多所高职院校的一线教师精心编写的一本极具特色的工学结合型案例教程。

众所周知,Adobe 公司是全球第二大个人电脑软件公司,产品遍及图形设计、图像制作、数码视频和网页设计各领域,其中,鼎鼎大名的 Photoshop 更是无人不知。每天,全世界都有数以百万计的人们通过 Adobe 出色的软件方案将其设计和思想生动地表达在屏幕和纸张上。从跨国公司到中小企业,从技能高超的专业图形设计人员到普通的家庭用户,Adobe 的客户群跨越了各个行业和职业。

相比于最初发布的版本,今天的 Photoshop 已经进行了全面的更新,成为平面设计人员不可缺少的重要工具。正是基于这样的共识,我们开始着手于这本教材的编写工作。

本教材从实用的角度出发,以培养"应用型、技能型"人才为目标,一改传统教学模式,充分考虑各高职院校计算机及数字媒体设计和艺术设计类专业教学的特点,以情景引出案例,以紧密结合教学内容的案例驱动教学,由浅入深、循序渐进,全面介绍了 Photoshop CS4 的功能及特点。通过教材中有针对性的案例,分析并讲述需要掌握的知识点,能够让初学者快速上手,快速理解和掌握基本知识、技巧和方法,并增加学习的趣味性和可操作性。

在多角度介绍了中文版 Photoshop CS4 这一图形图像处理软件功能的同时,紧密联系每章所介绍的内容,配备相应的 Adobe 国际认证模拟试题及上机操作练习,这是许多教材中不曾介绍但却极其实用的内容。相信这些内容的加入将会使每一位学习者的视野更加开阔,在身临其境的学习中,会不断被 Photoshop 强大的功能所震撼,从而激发学习者的积极性和创造性。

本教材格调清新,知识系统完整,结构层次分明,内容

通俗易懂，操作简便实用，每章中均穿插了经典实例，并附有思考与练习题，是一本教与学都不可多得的优秀教材。

特别值得提出的是，本教材的配套光盘中，配有按章节进行组织的素材图片、效果图、精彩范例及以网页教程方式展示的 课后上机操作习题，既方便教师对学生的辅导，也便于学生的自学演练，其启发性及实用性尽融其中，相信它会带给每位学习者以清新的感觉。

本教材选用了最新版本的Photoshop CS4 EXTANDED软件，适用于高职高专院校计算机类、数字媒体设计类、艺术设计类、动画漫画等专业及图形图像设计爱好者。

本教材由辽宁工程技术大学职业技术学院洪光、黑龙江工商职业技术学院赵倬任主编，辽宁工程技术大学职业技术学院张艳丽和张万颖、厦门软件职业技术学院李向东、锦州师范高等专科学校罗港、广西工商职业技术学院林雯任副主编。具体分工如下：洪光编写了第1章；赵倬编写了第5、6、9章；张艳丽编写了第2、11章；张万颖编写了第4、7章；罗港编写了第8章；林雯编写了第3章；第10、12章由李向东编写；配套光盘“思考与练习”中大量网页教程由洪光、赵倬共同编写。

由于编者水平有限，书中难免会有偏颇不当之处，恳请读者在使用本教材的过程中予以关注，并及时将好的思路和建议反馈给我们，以便在接下来的升级版本的编写中改进与提高。

所有意见和建议请发往：gzjckfb@163.com

欢迎光临我们的网站：http://www.dutpgz.cn

联系电话：0411-84707492　84706104

编　者

2009年12月

目 录

第1章 初识 Photoshop CS4

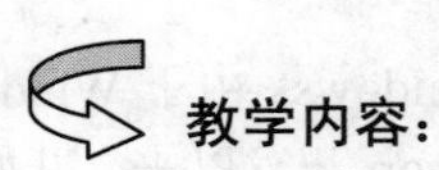

教学内容：

本章主要介绍 Photoshop CS4 软件的版本、软件的安装方法；软件的工作界面；软件的前期设置，如设置首选项，性能的优化设置；定制工作区及自定义键盘的快捷键等。通过本章内容的学习，能够快速认识和初步了解 Photoshop CS4 这一软件。

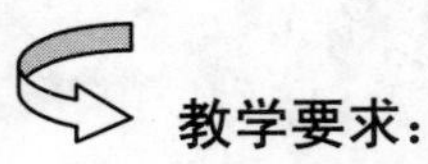

教学要求：

教学重点	能力要求	相关知识
软件的安装	能正确安装软件	安装路径的选择
设置首选项	正确设置暂存盘与内存占有量	暂存盘
定制工作区	快速存储、删除、显示和切换工作区	默认工作区的恢复
定义快捷键	掌握快捷键使用的方法	工作区、标尺和快捷键

Adobe Photoshop CS4 是怎样的一个软件？

Adobe 公司成立于 1982 年，是美国最大的个人电脑软件公司之一，为包括网络、印刷、视频、无线和宽带应用在内的泛网络传播（Network Publishing）提供了一系列优秀的解决方案。该公司所推出的图形和动态媒体创作工具能够让使用者创作、管理并传播具有丰富视觉效果的作品。1985 年，美国苹果（Apple）电脑公司率先推出图形界面的 Macintosh 麦金塔系列电脑，广泛应用于排版印刷行业。至 1990 年，美国电脑行业著名的 3A（Apple，Adobe，Aldus）公司共同建立了一个全新的概念 DTP（Desk Top Publishing，桌面印刷），它把电脑融入传统的植字和编排，向传统的排版方式提出了挑战。在 DTP 系统中，先进的电脑作为其硬件基础，排版软件和字库则是它的灵魂。在印刷中除了文字外，图形图像也是非常重要的部分，当然也需要专门的设计软件。为此，科学家们根据艺术家及平面设计师的工作特点开发了相应的软件，其中 Adobe 公司开发的 Photoshop 则是最著名的软件之一。DTP 和图像软件的结合，使设计师可以在电脑上直接完成文字的录入、排版、图像处理、形象创造和分色制板的全过程，开创了“电脑平面设计”时代。

最初的 Photoshop 只支持 Macintosh 麦金塔平台，并不支持 Windows。由于 Windows 在 PC 机上的出色表现，Adobe 公司也紧跟发展的潮流，自 Photoshop 开发以来，开始推出 Windows 版本（包括 Windows 95 和 Windows NT）；同时，注意到中国无限广阔的市场，首次推出了 Photoshop 5.02 中文版，并且开通了中文网站 http://www.chinese.adobe.cn，成立了 Adobe 中国公司，总部设在北京。如今风靡世界，在平面图像处理领域成为行业权威和标准的 Photoshop 软件，从 1990 年被 Adobe 公司收购至今，经过不断地开发，不断推陈出新，目前推出的 Photoshop CS4 和 Photoshop CS4 Extended 软件，可满足各行各业专业人士的不同需求。本教材将主要介绍目前最新的简体中文版 Photoshop CS4 Extended。

1.1 比较 Photoshop CS4 版本

Adobe Photoshop CS4 的两个版本有什么不同？

1. Adobe Photoshop CS4 是以下人士的理想选择：

专业摄影师、认真的业余摄影师、图形设计师、Web 设计人员。

2. Adobe Photoshop CS4 Extended 是以下人士的理想选择：

电影、视频和多媒体专业人士、使用 3D 及制作动画的图形和 Web 设计人员、制造专业人士、医疗专业人士、建筑师和工程师、科研人员。

1.2 初识 Photoshop CS4

勤学好问 在什么样配置的机器上才能使用这个软件？

Photoshop CS4 Extended 是对 Photoshop CS3 的一次重大升级，它针对普通用户、摄影师、图形设计人员、视频和电影制作者以及 Web 专业人员新增了许多强有力的功能。Adobe Photoshop CS4 软件是专业图像编辑标准软件，也是 Photoshop 数字图像处理系列产品的旗舰产品；它提供了划时代的图像制作工具、前所未有的灵活性以及更高效的编辑、图像处理和文件处理功能。

升级后的 Photoshop CS4 的功能有了一个质的飞跃，它对计算机及计算机所配置的操作系统的要求同样有了一个大大的提升。通常软件的版本是跟随硬件的提高而提高的，文件的大小受限于计算机的存储能力，基础的计算机配置见表 1-1。

表 1-1 系统要求

	PC 系统	Macintosh 系统
操作系统	带 Service Pack 2 的 Windows XP （推荐 Service Pack 3）或带 Service Pack 1 的 Windows Vista Home Premium、Business、Ultimate 或 Enterprise 版（经认证可用于 32 位 Windows XP 及 32 位和 64 位 Windows Vista）	Mac OS X v10.4.11～10.5.4 版
CPU	1.8GHz 或更快的处理器	PowerPC® G5 或多核 Intel®处理器
内存	512MB 内存（推荐 1GB 或更大的内存）	512MB 内存（推荐 1GB 或更大的内存）
硬盘空间	安装所需的 1GB 可用硬盘空间；安装过程中需要更多的可用空间（无法在基于闪存的设备上安装）	2GB 可用硬盘空间用于安装；安装过程中需要额外的可用空间（无法安装在使用区分大小写的文件系统的卷或基于闪存的设备上）
监视器	1024×768 屏幕（推荐 1280×800）,16 位显卡	1024×768 屏幕（推荐 1280×800）, 16 位显卡
光盘驱动器	DVD-ROM 驱动器	DVD-ROM 驱动器
GPU 加速	某些 GPU 加速功能需要 Shader Model 3.0 和 OpenGL 2.0 图形支持	某些 GPU 加速功能需要 Shader Model 3.0 和 OpenGL 2.0 图形支持
多媒体功能	需要 QuickTime 7.2 软件以实现多媒体功能	需要 QuickTime 7.2 软件以实现多媒体功能
联机服务	需要宽带 Internet 连接	需要宽带 Internet 连接

注：需要 Internet 或电话连接以进行产品激活。

硬件的要求主要是为了提高图像处理的运行速度，在配置较低的机器上虽然也能安装并运行软件，但软件的运行速度大大低于配置较高的机器。比如精细的彩色印刷，通常一个 A4 大小尺寸图像的文件体积能达到 80 MB 以上，配置较低的软件在处理该类图像时速度慢，并且还有可能死机。

除此配置之外，如果想要将设计结果输出，就需要再配置一台式彩色打印机；如果要使用 Photoshop 做图，则需要配置数位板；如果要将图像打上作者的水印或上传图像到国际互联网，需要配制调制解调器；如果希望 Photoshop 发挥更大作用，还要用到扫描仪、光盘刻录机、数码相机等。

1.3 Photoshop CS4 软件的安装

勤学好问 怎样安装 Photoshop CS4 软件？

（1）运行 Adobe Photoshop CS4 文件夹下的 Setup.exe 文件，将会出现安装程序初始化窗口，如图 1-1、图 1-2 所示。

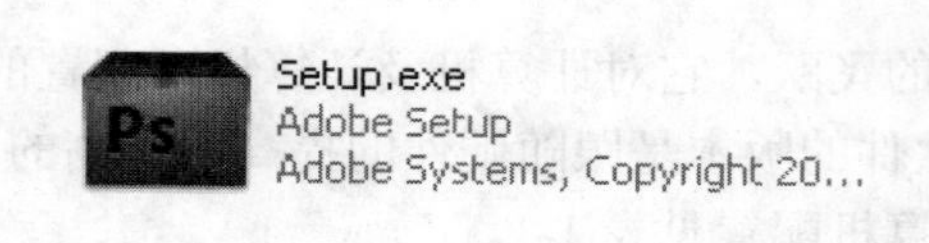

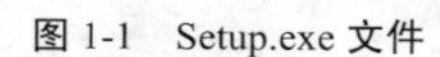
图 1-1 Setup.exe 文件

图 1-2 初始化窗口

（2）初始化后出现【安装－欢迎】窗口，进入安装，如图 1-3 所示。

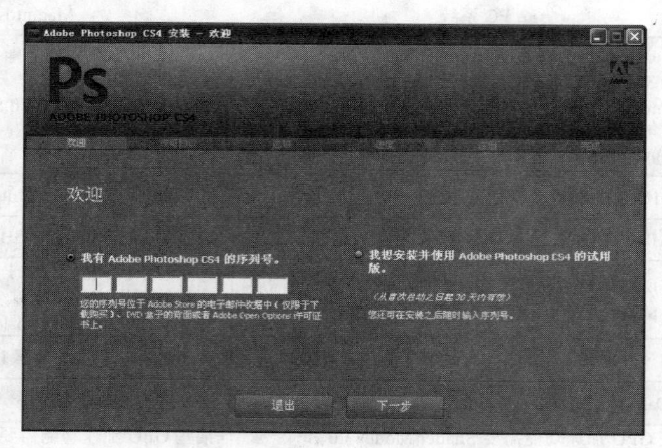

图 1-3 【安装－欢迎】窗口

（3）可以选择试用版或填入序列号，还可以选择在安装之后随时输入序列号。要填入序列号，请双击软件所带注册机（太极符号），将随机显示序列号，如图 1-4 所示。

图 1-4 注册机

（4）填入注册机显示的序列号后，后面会出现一个绿色的对号，表明已经通过了，如图 1-5 所示。单击【下一步】继续安装。

（5）出现【安装－许可协议】窗口，如图 1-6 所示。单击【接受】后就会出现安装软件的选项界面。

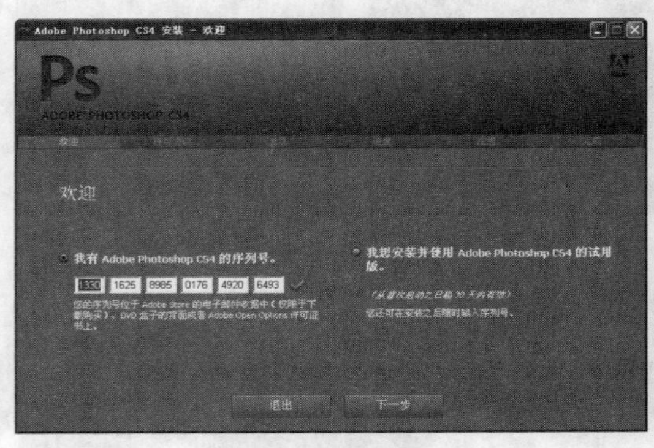

图 1-5 填入了序列号

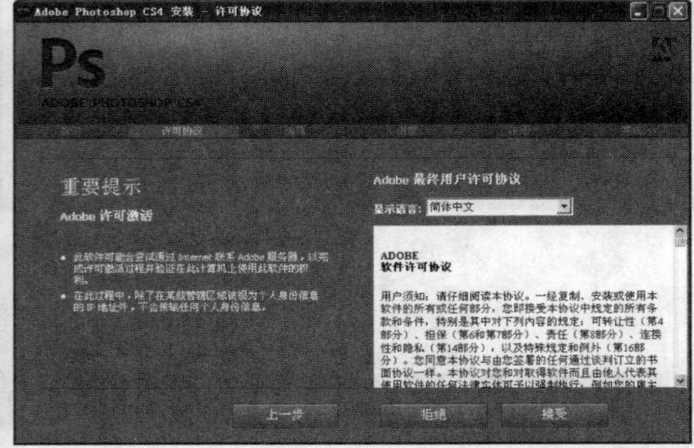

图 1-6 许可协议

（6）在【安装－选项】窗口中，需要确认安装位置，如图 1-7 所示。如果不进行选择，Photoshop CS4 会被默认安装在系统启动盘上。

（7）还可以选择“自定义安装”。单击【更改】，修改安装位置，如图 1-8 所示。

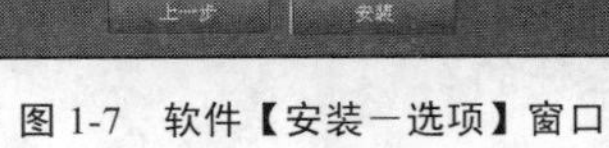

图 1-7 软件【安装－选项】窗口

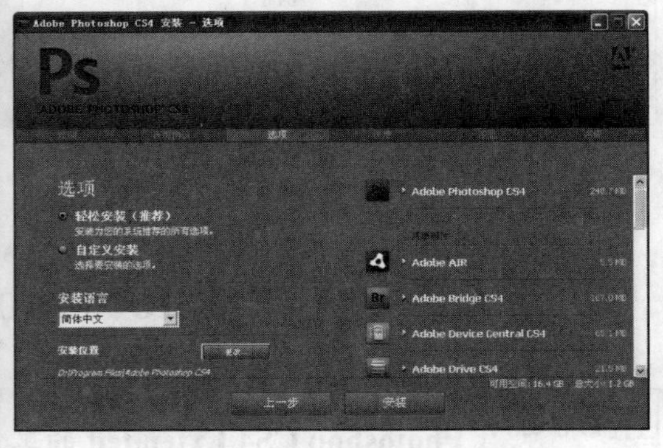

图 1-8 修改安装位置

注意：

为了避免 Photoshop 在运行时占用大量的系统空间，建议安装在非系统启动盘的其他剩余空间相对较大的硬盘上。

（8）单击【安装】后，软件正式进入安装，出现【安装－进度】窗口，如图 1-9 所示。

（9）安装接近完成，如图 1-10 所示。

（10）安装完成后，会出现提示【注册您的软件】界面，如图 1-11 所示。可选择填入注册信息，或选择“以后注册”，略过此界面。

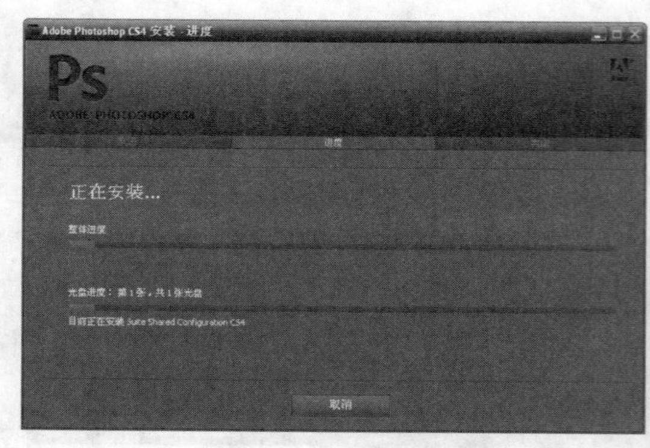

图 1-9 安装－进度

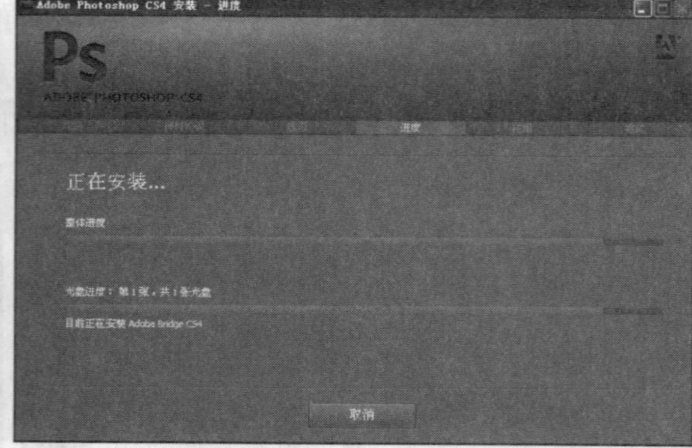

图 1-10 “安装－进度”接近完成

（11）完成安装。单击“退出”按钮，结束系统的安装。如图 1-12 所示。

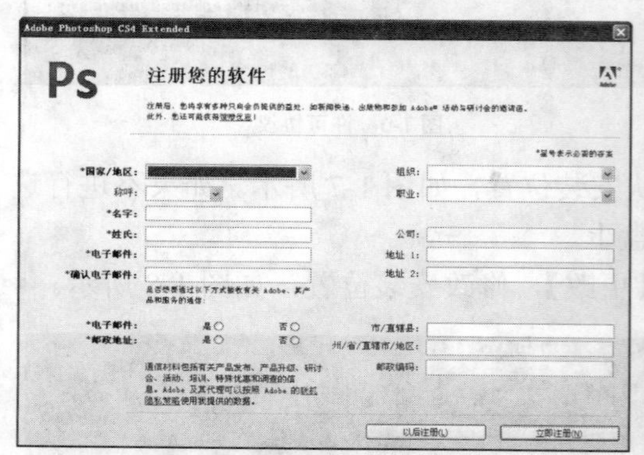

图 1-11 注册界面

图 1-12 安装完成

1.4 认识 Photoshop CS4 的工作界面

勤学好问 **Photoshop CS4 Extended 的工作区是怎样的？**

可以使用各种元素（如面板、栏以及窗口）来创建和处理文档和文件。这些元素的任何排列方式都称为工作区。Adobe Photoshop CS4 工作区的排列方式可以帮助集中精力创建和编辑图像。

（1）选择“开始”→“程序”→“Adobe Photoshop CS4”便可启动该软件。初始界面如图 1-13 所示。

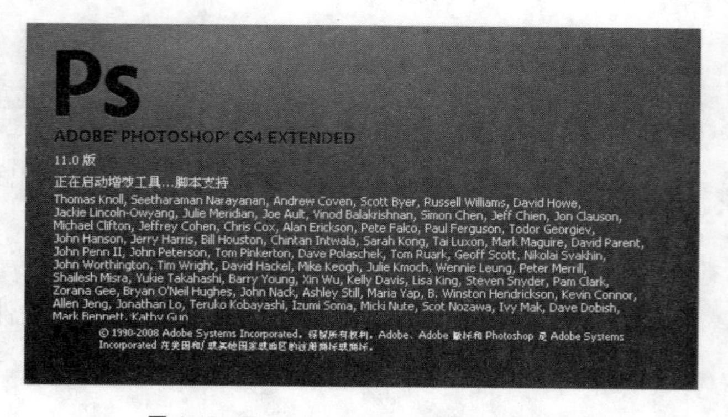

图 1-13 Photoshop CS4 Extended 的初始界面

（2）工作区包含菜单和各种用于查看、编辑图像以及向图像添加元素的工具和面板，其工作界面如图 1-14 所示。

图 1-14　Adobe Photoshop CS4 的工作界面（操作系统环境为 Windows XP）

与我们所熟知的其他软件不同，位于顶部的是应用程序栏，包含了工作区切换器和其他应用程序控件。其下方是菜单栏，在菜单栏下方并不是我们常见的工具栏，而是工具选项栏。工具栏被命名为工具面板摆放在工具区中，不能自由关闭（可暂时隐藏），在菜单栏下的工具选项栏是对应工具的选择而改变的。工作界面所对应的内容如下：

- **应用程序栏**：包含工作区切换器和其他应用程序控件。
- **菜单栏**：包含按任务组织的菜单。例如，“图层”菜单中包含的是用于处理图层的命令。选择“编辑”→“菜单”命令（或按组合键 Alt+Shift+Ctrl+M），可以通过显示、隐藏菜单项或向菜单项添加颜色来自定菜单栏。
- **工具选项栏**：提供与所使用的某个工具有关的选项。
- **工具面板**：存放着用于创建和编辑图像的工具。
- **面板标题栏**：单击面板标题栏可“展开面板”或“折叠为图标”。
- **垂直停放的面板组**：可以帮助使用者组织和管理面板，辅助查看和修改图像。可以帮助减少工作区的面板显示数量，可以对面板进行编组、堆叠或停放。
- **选项卡式文档窗口**：显示当前打开的图像文件，打开的图像文件窗口称为文档窗口。可通过 Tab 选择，并且在某些情况下可以进行分组和停放。
- **状态栏**：状态栏位于每个文档窗口的底部，用于显示诸如当前图像的放大率和文件大小、分辨率等有用的信息以及有关使用当前工具的简要说明。

● **工作区切换器**：可以通过从多个预设工作区中进行选择或创建自己的工作区来调整各个应用程序，以适合自己的工作方式。

（3）在按下 Ctrl 键的同时，选择“帮助”→“关于 Photoshop”，会看到一幅英国著名的巨石阵图像，或许是寓意 Photoshop CS4 Extended 之著名吧。如图 1-15 所示。

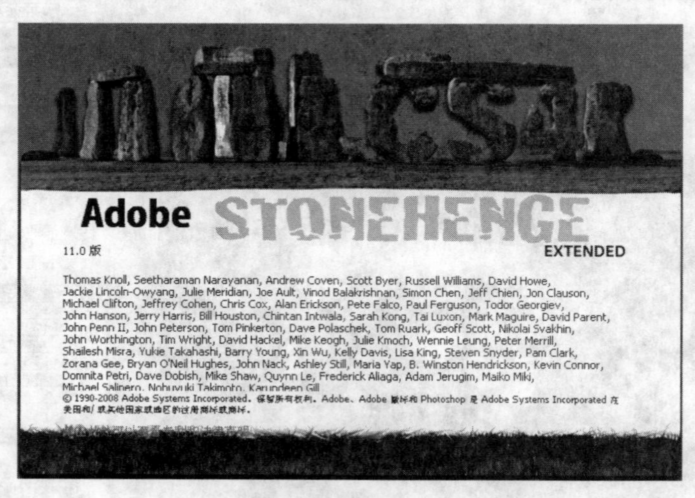

图 1-15　著名的巨石阵图像

📖 **你知道吗？**

⊙ 要将面板还原到其默认大小和位置，请选择“窗口”→“工作区”→“基本功能（默认）”。

⊙ 要隐藏或显示所有面板（包括工具面板和选项栏），请按 Tab 键。要隐藏或显示垂直面板组中的所有面板，请按 Shift + Tab 组合键。恢复显示只需要再按一次即可。

⊙ 要显示面板菜单，单击面板右上角的三角形即可。要选择其中的选项，可单击相应的菜单项。

1.5 软件的前期设置

勤学好问 **我们在使用 Photoshop CS4 处理图像前需要做哪些准备？**

在第一次启动软件后，需要进行一些设置使其更符合我们的工作习惯，以提高 Photoshop 运行速度，提高工作效率。

1.5.1 设置“首选项”

许多程序设置都存储在 Adobe Photoshop CS4 Prefs 文件中，其中包括常规显示选项、文件存储选项、性能选项、光标选项、透明度选项、文字选项以及增效工具和暂存盘选项。其中大多数选项都是在【首选项】对话框中设置的。每次退出应用程序时都会存储首选项设置。

注意：

如果出现异常现象，可能是因为首选项已损坏。如果怀疑首选项已损坏，请将首选项恢复为默认设置。

选择“编辑”→“首选项”，或按快捷键 Ctrl+K，打开【首选项】对话框。然后从子菜单中选择所需的首选项组。共有 9 个预设面板，可以进行如下一些设置，如图 1-16 所示。

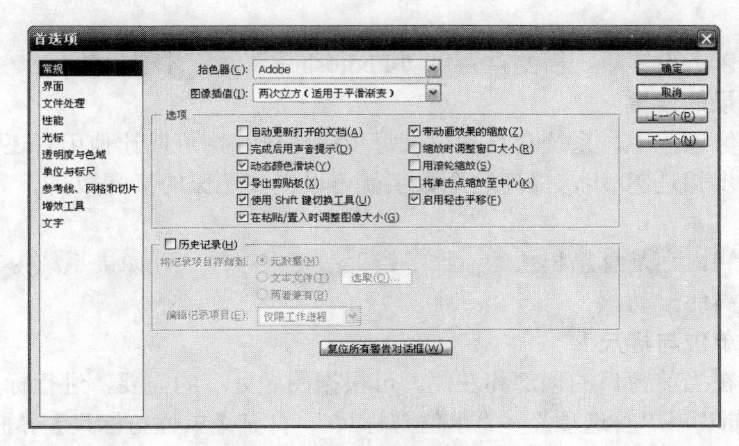

图 1-16 【首选项】对话框

1. 提高 Photoshop CS4 的运行速度

（1）选择“编辑”→“首选项”→“性能”，打开【性能】对话框，进行如图 1-17 所示的设置。

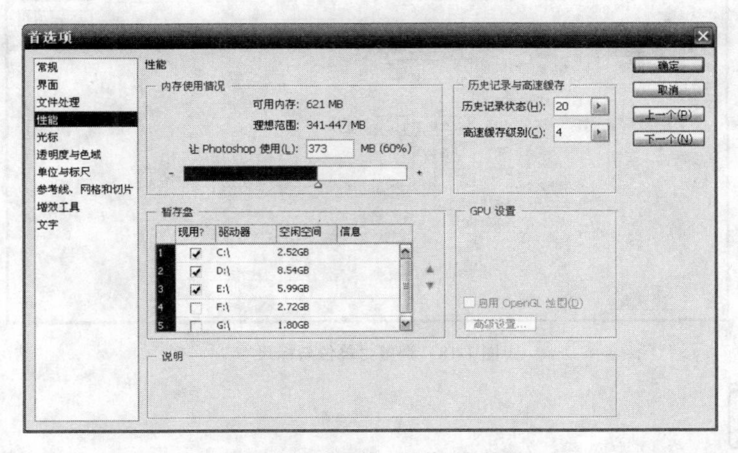

图 1-17 首选项中“性能”的设置

由于操作系统启动后会大量占用硬盘空间，在运行 Photoshop 时，硬盘空间会明显不足，当达到一定程度，Photoshop 会提示内存不足，并且无法完成一些比较复杂的操作。

（2）设置内存。如果在运行 Photoshop CS4 的同时不运行其他较大的程序，可以将内存使用设置中 Photoshop 占用的最大数量提高到 75%～80%。

注意：

不要提高到 100%，因为需要为其他一些程序保留一些空间。

（3）更改主暂存盘。最好的设置是在 Photoshop 的首选项“增效工具与暂存盘”中，指定要在主暂存盘已满时使用的第二、第三和第四暂存盘。主暂存盘磁盘应该是最快的硬盘，请确保它具有经过碎片整理的足够可用空间。这样，如果一个暂存盘满了，系统会自动跳转到其他硬盘分区存储临时文件。

注意：

在完成了以上设置后，需要重新启动 Photoshop，设置才能生效。

2. 历史记录的设置

在处理图像过程中，系统会自动记录每步操作过程，可以让使用者还原或重做多个步骤。默认的步骤是 20 步，提高这个数字就可以提高还原的步骤数目。

注意：

这个数字和内存是息息相关的，数字越大占用内存越大，如果系统内存低于 512M，尽量不要做提高的改动。

3. 调整“单位与标尺”

标尺出现在当前窗口的顶部和左侧，可根据图像处理的需要，进行标尺和文字的设定。选择“编辑”→“首选项”→“单位与标尺”，打开【单位与标尺】界面，进行设置，如图 1-18 所示。

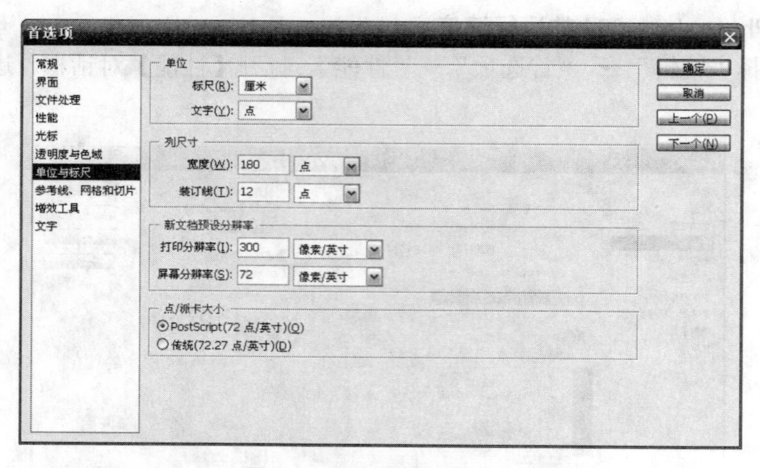

图 1-18 调整“单位与标尺”

你知道吗？

如果是用于印刷，可将标尺和文字的单位设置为通用尺寸单位（如英寸、厘米、毫米等）；如果是用于屏幕显示（如网页图像、软件界面设计），可将单位设置为显示尺寸

（像素）。

4. 改变笔刷的形状

在绘画中如果想让绘制的位置更加准确，可以将绘画光标更改为“精确（R）”光标。不过通常情况下选择默认的“正常画笔笔尖（B）”，可通过键盘上的 Caps Lock 键在“正常画笔笔尖”和“精确”状态之间切换，如图 1-19 所示。

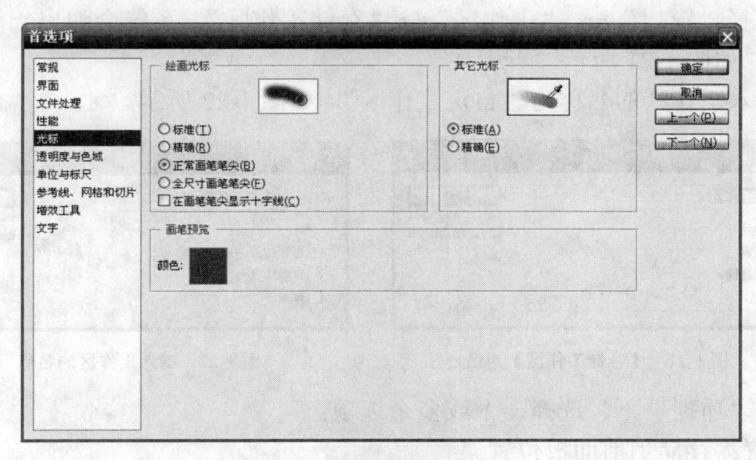

图 1-19　设置显示与光标

5. 设定参考线、网格和切片

参考线和网格作为一种辅助线出现在当前窗口的内部，可根据图像的整体来设置其颜色。通过右侧的色块可更改默认的线条颜色，其中网格线间隔可参照标尺和文字的设定来进行设置，如图 1-20 所示。

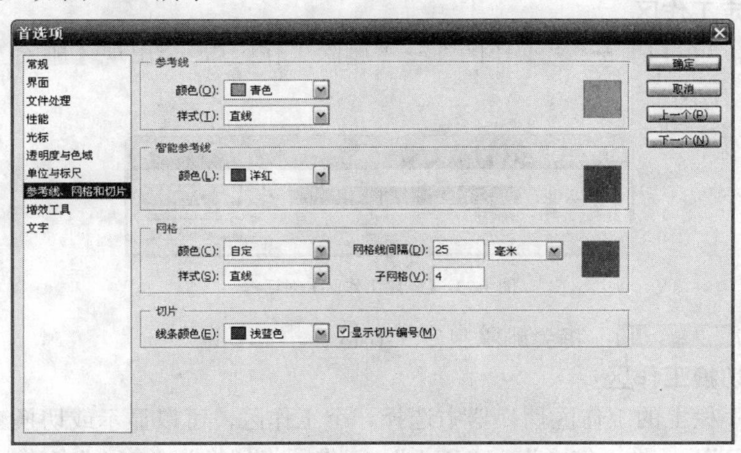

图 1-20　设定参考线、网格和切片

1.5.2　定制工作区

本节介绍“存储并切换工作区”的操作方法。主要通过对工作区的定制，更好地利用 Photoshop CS4 的设计能力。

可以根据设计需要选择不同的工作区并“存储工作区”或“删除工作区”。可以将面板的当前大小和位置存储为命名的工作区，即使移动或关闭了面板，也可以恢复该工作区。在 Photoshop 中，存储的工作区可以包括特定键盘快捷键集和菜单集。

1. 存储自定工作区

（1）选择“窗口”→“工作区”→“存储工作区”，系统会弹出一个【存储工作区】对话框，如图 1-21 所示。

（2）键入工作区的名称为“自定工作区”，如图 1-22 所示。

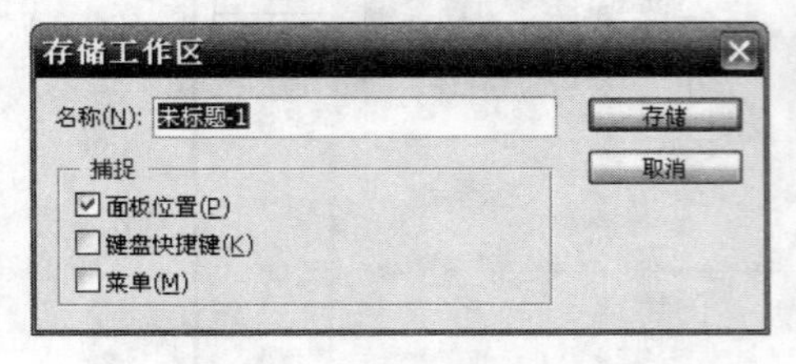

图 1-21　【存储工作区】对话框

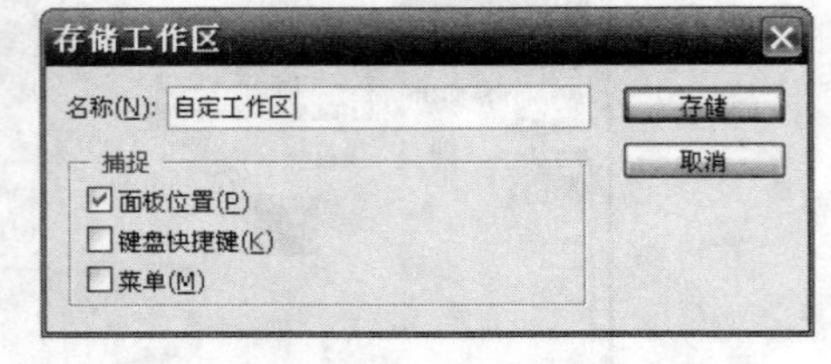

图 1-22　键入工作区的名称

（3）在“捕捉”下，选择一个或多个选项：

面板位置：存储当前面板位置。

键盘快捷键：存储当前的键盘快捷键组。

菜单：存储当前的菜单组。

（4）单击 存储 ，已存储的工作区的名称将会出现在应用程序栏上的工作区切换器中。

2. 删除自定工作区

（1）选择“窗口”→“工作区”→“删除工作区”，会出现【删除工作区】对话框，如图 1-23 所示。

图 1-23　【删除工作区】对话框

（2）单击 删除(D) ，将会删除自定工作区。

3. 显示或切换工作区

从应用程序栏上的工作区切换器中选择一个工作区，可以显示或切换工作区。

选择“窗口”→“工作区”→“Web”，工作区将切换为“Web”工作区，如图 1-24 所示。

注意：

启动 Photoshop CS4 时，面板可能出现在其原始默认位置，也可能出现在上次使用时所在的位置。

图 1-24 切换为“Web”工作区

📖你知道吗？

在“界面”首选项中：

若要在启动时在上一次的面板位置显示面板，请选择“记住面板位置”。

要在启动时在默认位置显示面板，请取消选择“记住面板位置”，或选择“窗口”→“工作区”→“基本功能”。

1.5.3 自定义键盘快捷键

快捷键是提高软件使用速度的一种方法，Photoshop CS4 为一些常用的命令配置了快捷键，用户可以根据自己的需要为那些没有配置快捷键的命令添加快捷键。

（1）选取“编辑”→“键盘快捷键”或“窗口”→“工作区”→“键盘快捷键和菜单”，打开【键盘快捷键和菜单】对话框，然后单击“键盘快捷键”选项卡，如图 1-25 所示。

（2）从【键盘快捷键和菜单】对话框顶部的“组”下拉列表中选择一组快捷键。

（3）在滚动列表的“快捷键”列中，选择要修改的快捷键。

（4）键入新的快捷键。

（5）如果键盘快捷键已经分配给了组中的另一个命令或工具，则会出现一个⚠警告。单击 接受 将快捷键分配给新的命令或工具，并删除以前分配的快捷键。重新分配了快捷键后，可以单击【还原】来还原更改。

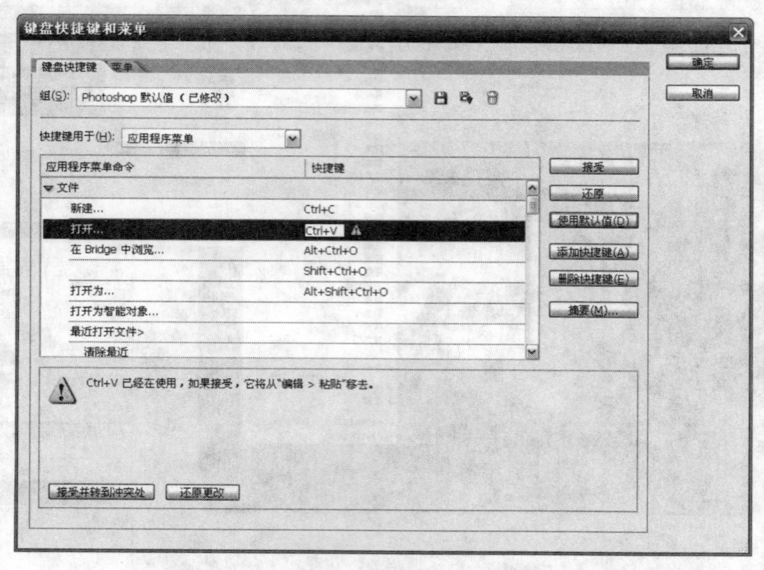

图 1-25 【键盘快捷键和菜单】对话框

（6）完成快捷键的更改后，可执行下列操作之一：

● 单击【存储组】按钮，可以存储对当前的键盘快捷键组所做的所有更改。如果存储的是对 Photoshop 默认值组所做的更改，则会打开【存储】对话框。为新的组输入一个名称，然后单击【保存(S)】。

● 单击【将组存储为】按钮，可以基于当前的快捷键组创建新的组。在【存储】对话框的“文件名”文本框中为新的组输入一个名称，然后单击【保存(S)】。新的键盘快捷键组将以新名称出现在弹出式菜单中。

● 单击【还原】，可以扔掉上一次存储的更改，但不关闭对话框。

● 单击【使用默认值(D)】，可以将新的快捷键恢复为默认值。

● 单击【摘要(M)...】，可以导出所显示的一组快捷键。可以使用此 HTML 文件在 Web 浏览器中显示快捷键组。

● 单击【取消】，可以扔掉所有更改并退出对话框。

注意：

如果尚未存储当前所做的一组更改，可以单击【取消】以扔掉所有更改并退出对话框。

1.6 本章小结

本章主要通过 Photoshop CS4 Extended 的安装，简单介绍了 Photoshop CS4 两个版本各自的特点，Photoshop CS4 Extended 的安装过程及工作界面。通过对“软件的前期设置”

的介绍，详细地说明了“设置首选项”中“性能”的优化、“定制工作区”、“自定键盘快捷键”的实际操作方法，通过本章的学习，可以提高 Photoshop 的运行速度及用户的使用速度，还可以掌握 Photoshop CS4 安装后的设置技巧。

1.7 思考与练习

前思后想

一、选择题

1. 显示标尺的快捷键为______。

A. Ctrl+R　　B. Ctr+’

C. Ctrl+;　　D. Ctrl+B

2. 下面关于默认的暂存磁盘正确的说法是______。

A. 没有暂存磁盘

B. 暂存磁盘创建在启动磁盘上

C. 暂存磁盘创建在任何第二个磁盘上

D. 如果电脑有多块硬盘，哪个剩余空间大，哪个就优先作为暂存磁盘

3. 在 Photoshop 中可以对软件的使用环境作一些设置，如历史记录次数、近期使用文件列表、暂存盘等。请问设置完成以后______。

A. 不需要重新启动

B. 需要重新启动

C. 有一部分需要，个别不需要

4. Photoshop 默认的历史记录为 ______。

A. 5 步　　B. 10 步　　C. 20 步　　D. 100 步

二、操作题

1. 练习正确设置“首选项”，以提高软件的运行速度。

2. 用“工作区切换器”自定不同的工作区，满足各种设计的需要。

第2章 快速上手——基本操作

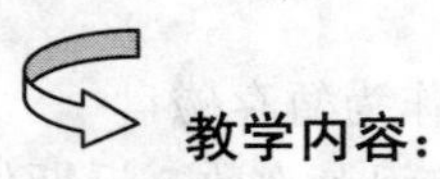

教学内容：

本章主要介绍 Photoshop CS4 的工具面板、面板及菜单的基本操作方法；图像处理基础知识以及图像文件的操作；图像的色彩模式与常用文件格式；任务的自动化批处理以及使用动作的方法；帮助系统的使用等。通过本章内容的学习，能够熟练掌握 Photoshop CS4 的基本操作。

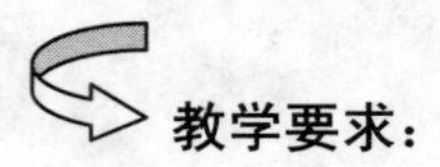

教学要求：

教 学 重 点	能 力 要 求	关 联 知 识
工具与面板的基本操作	熟练掌握工具箱、面板和菜单的操作	移动、折叠、展开和恢复面板
图像处理基础	掌握获取图像的方法	位图与矢量图
图像文件的操作	能正确新建和保存文件	尺寸单位
文件格式	正确保存文件	像素大小、分辨率与格式
任务的自动化及帮助系统	掌握自动化处理的方法	动作面板与社区帮助

勤学好问 本章将要介绍 Photoshop CS4 哪些基本操作方法？

本章将以实际操作的方式，完整地介绍 Photoshop CS4 的基本操作。介绍“工具面板与面板的基本使用方法”、包括“图像文件的打开、新建与保存”、“位图图像与矢量图”、“图像的分辨率”、“色彩模式与常用文件格式”，“自动化处理”方法及“帮助系统的使用”等。

2.1 工具面板与面板的基本操作

勤学好问 怎样利用工具面板和面板组进行工具选项的选择与面板的各种操作？

工具面板是整个软件的最基础部分。启动 Photoshop 时，工具面板将出现在工作区左侧，单击工具图标右下角的小三角形，按住鼠标左键不放，可看到隐藏的工具，如图 2-1 所示。

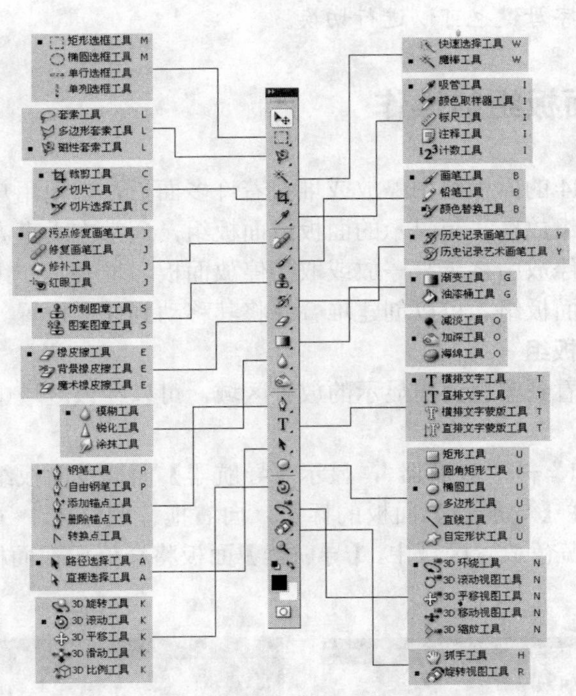

图 2-1 工具面板及隐藏的工具

2.1.1 工具面板的基本操作

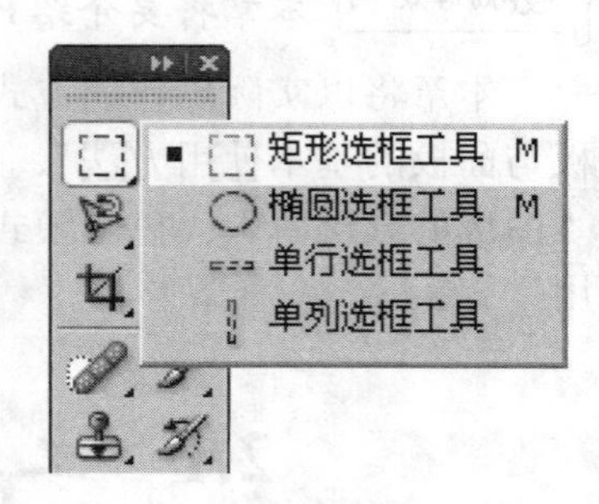

图 2-2 打开隐含工具

（1）单击“工具面板”顶部的双箭头。可以将“工具面板”中的工具放在一栏中显示，也可以放在两栏中并排显示。

（2）鼠标移至某一工具的图标，其名称及键盘快捷键将出现在指针下面的工具提示中。单击后，移到工作区中，便可以应用了。

（3）选择【矩形选框工具】，并延长单击的时间，可以打开该工具的隐含工具，如图 2-2 所示。

将鼠标放在工具上，便可以查看有关该工具的信息。工具的名称将出现在鼠标下面的工具提示中。某些工具提示包含指向有关该工具的附加信息的链接。如果在不同工具之间进行切换，除长按鼠标的左键外，还可以按 Alt 键的同时，单击该工具，或者按 Shift 键的同时按该工具的字母键也可以进行切换。

2.1.2 面板及面板组的操作

在 Photoshop CS4 的面板组中停放或堆叠着许多面板，方便用户进行图像的各种编辑与操作。停放是一组放在一起显示的面板或面板组，通常在垂直方向显示。可通过将面板移到停放中或从停放中移走来停放或取消停放面板。堆叠是一组浮动的、从上至下连接在一起的面板或面板组。可以创建堆叠并将其移动到任意位置。

1. 移动面板或面板组

移动面板时，会看到蓝色突出显示的放置区域，可以在该区域中移动面板。操作如下：

（1）选择“窗口”→“导航器”，显示【导航器】面板及面板组，如图 2-3 所示。

（2）用鼠标按住【导航器】面板的标签，向右拖移到停放中（顶部、底部或两个其他面板之间）的窄蓝色放置区域中，【导航器】面板将会停放在面板组中。如图 2-4 所示。

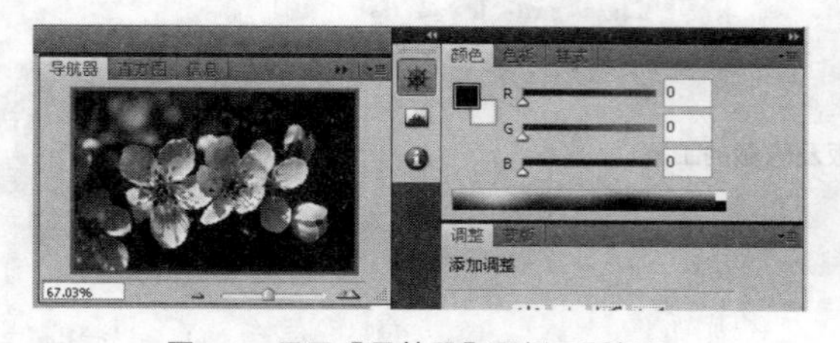

图 2-3 显示【导航器】面板及面板组

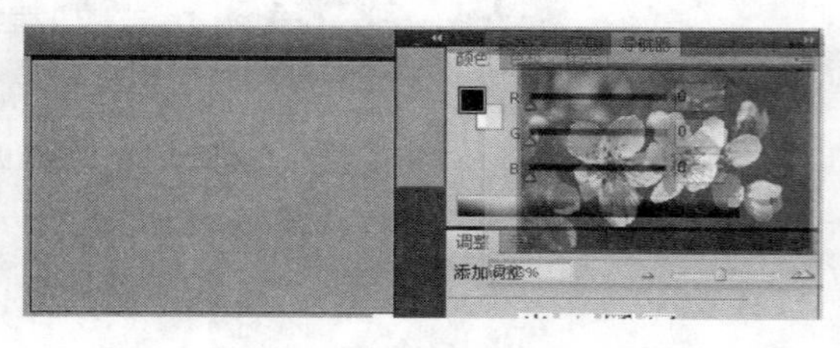
图 2-4 向右拖移到停放中

（3）用鼠标按住【导航器】面板的标签或【导航器】面板组的标题栏，向左拖，可使其成为独立的面板或独立的面板组，如图 2-5 所示。

图 2-5　向左拖移出来的独立面板和面板组

你知道吗？

通过将一个面板拖移到另一个面板上面或下面的窄蓝色放置区域中，可以在停放中向上或向下移动该面板。如果拖移到的区域不是放置区域，该面板将在工作区中自由浮动。

在移动面板的同时按住 Ctrl 键，可防止其停放。在移动面板时按 Esc 键可取消该操作。

（4）用鼠标按住【导航器】面板的标签或标题栏，向原位置拖动，看到蓝色突出显示的区域可让其复位到停放中。

注意：

向上拖动停放面板的底部边缘，请不要接触工作区的边缘，可以防止面板占据停放中的所有空间。

2. 堆叠面板组或调整面板大小

将浮动或停放的面板和面板组堆叠在一起，在拖动最上面的标题栏时，可以将其作为一个整体进行移动。操作如下：

（1）单击【颜色】面板的标题栏，将该面板拖动到【导航器】面板底部窄蓝色的放置区域中，可以堆叠和拖动浮动的面板。如图 2-6 所示。

（2）双击【导航器】面板的标签或单击【导航器】面板旁边的空白区，可将面板、面板组或面板堆叠最小化或最大化。如图 2-7 所示。

（3）拖动【导航器】面板的任意一条边，可调整面板大小。

（4）向上或向下拖移面板标签，可更改堆叠的顺序，如图 2-8 所示。

注意：

某些面板无法通过拖动来调整大小，如【颜色】面板。

请确保在面板之间较窄的放置区域上松开标签，而不是标题栏中较宽的放置区域。

要从堆叠中删除面板或面板组以使其自由浮动，请将其标签或标题栏拖走。

图 2-6　可以堆叠和拖动浮动的面板

图 2-7　堆叠最小化或最大化

图 2-8　更改堆叠的顺序

3. 折叠为图标或展开面板

可以将面板折叠为图标以避免工作区出现混乱。操作如下：

（1）单击停放顶部的双箭头，可以折叠或展开停放中的所有面板图标，如图 2-9 所示。

（2）单击单个面板图标，可以从图标展开单个面板，如图 2-10 所示。

图 2-9　折叠所有面板为图标

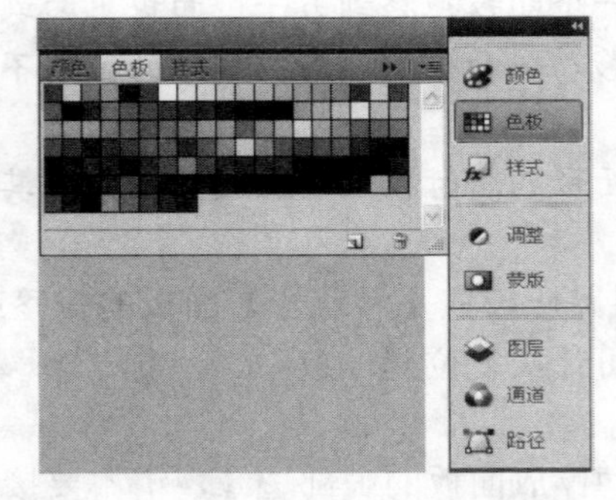

图 2-10　从图标展开的单个面板

2.1.3　面板和菜单的操作

1. 面板的设置

所有的面板右侧都有一个设置按钮，通过它可以对当前面板进行设置。操作如下：

（1）单击【样式】面板右侧的设置按钮，在打开的菜单中选择“按钮”，可将该样式添加到【样式】面板中，如图 2-11 所示。

（2）单击【图层】面板右侧的设置按钮，在打开的菜单中选择“面板选项”，在弹出的【图层面板选项】对话框中选择“大缩览图”，如图 2-12 所示。

2. 弹出式滑块的设置

某些面板、对话框和选项栏可以使用不同种类的弹出式滑块进行设置，操作如下：

（1）单击【图层】面板中“不透明度”选项右侧的三角形，打开弹出式滑块框，按住鼠标，拖移滑块，选择适当的数值。

（2）双击选中的图层，在弹出的【图层样式】对话框中，拖移角度滑块，设置角半

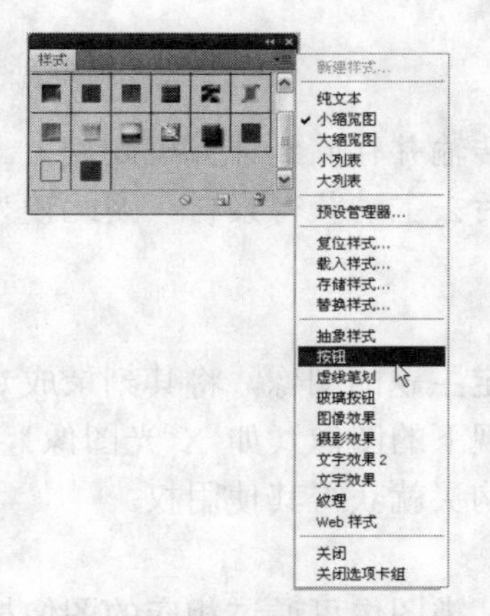

图 2-11 【样式】面板设置菜单

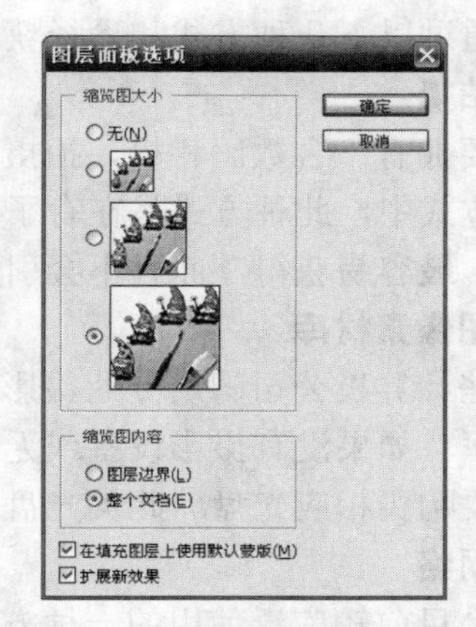

图 2-12 【图层面板选项】对话框

径，如图 2-13 所示。

（3）“擦出”某些弹出滑块。在【图层】面板中的“填充”或“不透明度”字样上按住鼠标，鼠标将变为一个手形图标，可以向左或向右移动鼠标来更改填充或不透明度的百分比，如图 2-14 所示。

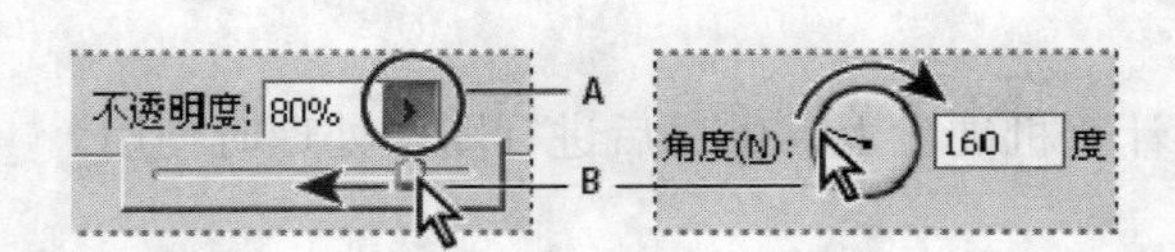

图 2-13 设置不同种类的弹出式滑块

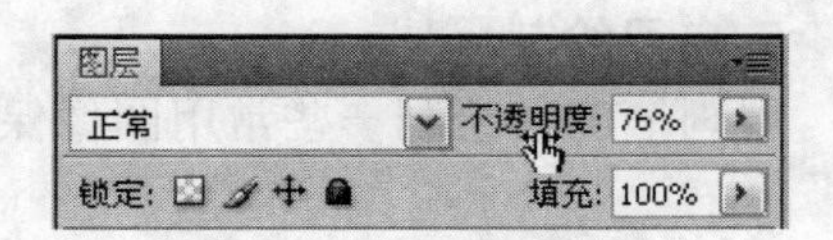

图 2-14 向左或向右移动鼠标

你知道吗？

在弹出式滑块框处于打开状态时，按住 Shift 键并按向上方向键或向下方向键，可以以 10%的增量增大或减小值。

在滑块框外单击或按 Enter 键，可关闭滑块框。按 Esc 键，可以取消更改。

2.2 图像处理基础

Photoshop CS4 可以打开和导入多种类型的图形文件。要提高工作效率，应理解基本的图像概念以及如何获取图像等基础知识。

2.2.1 获取图像的方式和途径

勤学好问 从哪里获取图像？用什么方法获取？

图像和文字作品一样是有版权的，因此，在获得图像素材时需要注意版权问题。我们可以通过以下几种方式和途径获得图像。

1. 拍摄

只要拥有一台数码相机，拍摄后便可以将图像传输并存储到计算机硬盘上。在所有的获得方式中，此种方式是在有了图像的大体构思后去主动获得素材，因此较为贴近设计主题，最容易获得，而且不会引起版权问题。

2. 图像素材库

一些计算机公司聘用专业摄影师拍摄一系列固定主题的图像，将其刻录成专业的图像素材库。如果没有摄影设备或无法获得一些非常规下的图像（如 X 光图像），可根据设计需要购买相应光盘。此类光盘价格昂贵，一旦购买就获得其使用权。

3. 网络

这是目前较广泛使用的一种方式，如果想使用某类图像可通过相应的图像搜索网站获得。并且一些制作图像素材库的公司将图像上传到网站，只要支付一定费用就可以下载并使用其提供的图像。

4. 媒体截取

可使用一些专门的软件将其他媒体形式转化为数字形式，如截取影视片断的图像和扫描书籍报刊的图像等。

5. 自己绘制

用画笔工具绘制一些常用图像保存到计算机硬盘上，供日后进行图像处理时使用。

2.2.2 认识位图图像与矢量图形

勤学好问 **什么是位图、矢量图？Photoshop 能处理所有的图形图像吗？**

计算机图形主要分为两类：位图图像和矢量图形。在 Photoshop 中可以使用这两种类型的图像文件；此外，Photoshop 文件既可以包含位图文件，又可以包含矢量数据。了解两类图形图像间的差异，对创建、编辑和导入图像很有帮助。

1. 位图图像

位图图像（在技术上称作栅格图像）使用图片元素的矩形网格（像素）表现图像。每个像素都分配有特定的位置和颜色值。在处理位图图像时，所编辑的是像素，而不是对象或形状。位图图像是连续色调图像（如照片或数字绘画）最常用的电子媒介，因为它可以更有效地表现阴影和颜色的细微层次。

位图图像与分辨率有关，也就是说，它包含固定数量的像素。因此，如果在屏幕上以高缩放比率对其进行缩放或以低于创建时的分辨率来打印，则将丢失其中的细节，并会呈现出锯齿。不同放大级别的位图图像如图 2-15 所示。

2. 矢量图形

矢量图形（有时称作矢量形状或矢量对象）是由称作矢量的数学对象定义的直线和曲线构成的。矢量根据图形的几何特征对图形进行描述。

可以任意移动或修改矢量图形，而不会丢失细节或影响清晰度，因为矢量图形是与分辨率无关的，即当调整矢量图形的大小、将矢量图形打印到 PostScript 打印机、在 PDF 文件中保存矢量图形或将矢量图形导入到基于矢量的图形应用程序中时，矢量图形都将保持清晰的边缘。因此，对于将在各种输出媒体中按照不同大小使用的图稿（如徽标），矢量图形是最佳选择。不同放大级别的矢量图形如图 2-16 所示。

图 2-15 不同放大级别的位图图像

图 2-16 不同放大级别的矢量图形

2.2.3 了解像素大小和分辨率

勤学好问 什么是像素大小？什么是分辨率？图像文件大小指的是什么？

1. 像素大小与分辨率

位图图像的像素大小（图像大小或高度和宽度）是指沿图像的宽度和高度测量出的像素数目。分辨率是指位图图像中的细节精细度，测量单位是像素/英寸（ppi）。每英寸的像素越多，分辨率越高。一般来说，图像的分辨率越高，得到的印刷图像的质量就越好。

下面是两幅相同的图像，不同的分辨率，其图像的质量是不同的，如图 2-17 所示。

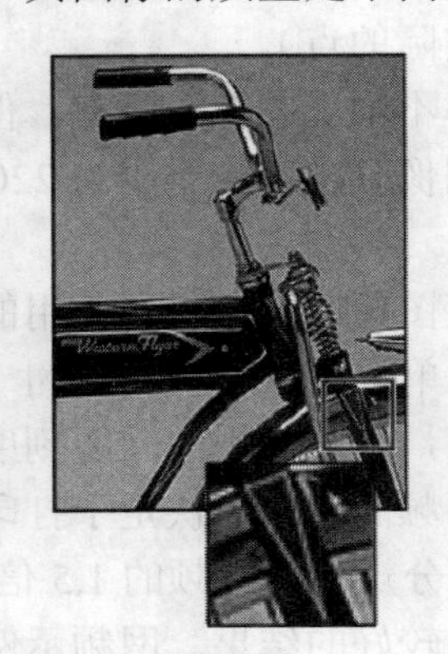

图 2-17 分辨率分别为 72 ppi 和 300 ppi；套印缩放比率为 200%

2. 文件大小

图像文件的大小以千字节（KB）、兆字节（MB）或千兆字节（GB）为度量单位。文件大小与图像的像素大小成正比。图像中包含的像素越多，在给定的打印尺寸上显示的细节也就越丰富，但需要的磁盘存储空间也会越大，而且编辑和打印的速度可能会更慢。因此，在图像品质（保留所需要的所有数据）和文件大小难以两全的情况下，图像分辨率成为了它们之间的折中办法。

影响文件大小的另一个因素是文件格式。由于 GIF、JPEG 和 PNG 文件格式使用的压缩方法各不相同，因此，即使像素大小相同，不同格式的文件大小差异也会很大。同样，图像中的颜色位深度和图层及通道的数目也会影响文件大小。

Photoshop 支持的最大文件为 2GB，最大像素为每个图像 30000 像素×30000 像素。该限定限制了图像可用的最大打印尺寸和最高分辨率。

3. 显示器分辨率

显示器的分辨率是通过像素大小来描述的。例如，如果显示器的分辨率与照片的像素大小相同，按照 100%的比例查看照片时,则照片将填满整个屏幕。图像在屏幕上显示的大小取决于下列因素：图像的像素大小、显示器大小和显示器的分辨率设置。在 Photoshop 中，可以更改屏幕上的图像放大率，从而轻松处理任何像素大小的图像。如图 2-18 所示。

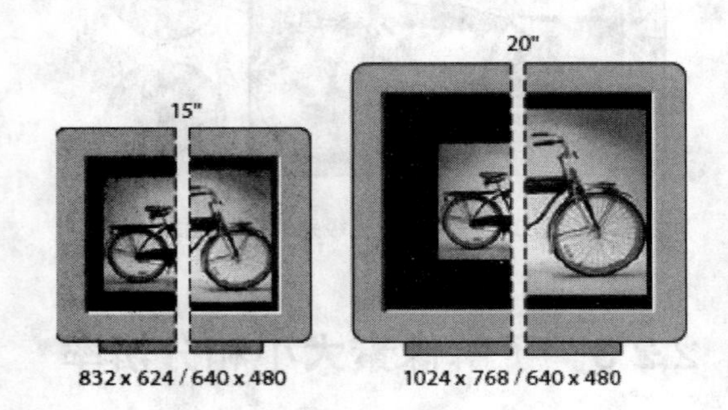

图 2-18　在不同大小和分辨率的显示器上显示的 620 像素×400 像素的图像

注意：

当准备在屏幕上查看图像时，应考虑可能用来查看照片的显示器的最低分辨率。

4. 打印机分辨率

打印机分辨率的测量单位是油墨点/英寸（也称作 dpi）。一般来说，每英寸的油墨点越多，得到的打印输出效果就越好。大多数喷墨打印机的分辨率大约在 720dpi～2880 dpi 之间（从技术上说，喷墨打印机将产生细微的油墨喷射痕迹，而不是像照排机或激光打印机一样产生实际的点）。

打印机的分辨率不同于图像分辨率，但与图像分辨率相关。要在喷墨打印机上打印出高质量的照片，图像分辨率应至少为 220 ppi，才能获得较好的效果。

5. 网频

网频是打印灰度图像或分色稿所使用的每英寸打印机点数或网点数。网频也称为网屏刻度或线网，度量单位通常采用线/英寸（lpi），或半调网屏中每英寸的网点线数。输出设备的分辨率越高，可以使用的网屏刻度就越精细（更高）。

图像分辨率和网频间的关系决定了打印图像的细节品质。要生成最高品质的半调图像，通常使用的图像分辨率为网频的 1.5 倍，最多 2 倍。但对某些图像和输出设备而言，较低的分辨率会产生较好的结果。网频示例如图 2-19 所示。

你知道吗？

有些照排机和 600dpi 激光打印机使用的是网屏技术，而不是半调技术。

如果要使用半调网屏打印图像，则合适的图像分辨率范围取决于输出设备的网频。

A. 65 lpi：粗糙网屏通常用于印刷快讯和赠券

B. 85 lpi：一般网屏，通常用于印刷报纸

C. 133 lpi：高品质网屏，通常用于印刷四色杂志

D. 177 lpi：超精细网屏，
通常用于印刷年度报表和艺术书籍中的图像

图 2-19　网频示例

6. 重新取样

重新取样将在更改图像的像素大小或分辨率时更改图像数据的数量。当缩减像素取样（减少像素的数量）时，将从图像中删除一些信息。当向上重新取样（增加像素的数量或增加像素取样）时，将添加新的像素。重新取样会导致图像品质下降。例如，将一个图像重新取样为更大的像素大小时，该图像会丢失某些细节和减小锐化程度。效果如图 2-20 所示。

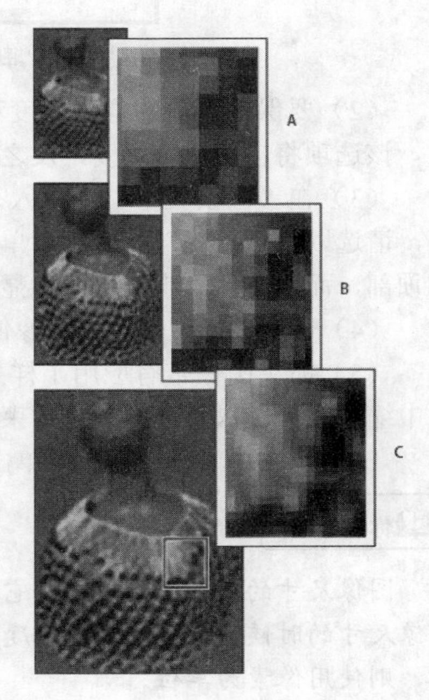

A. 缩减像素取样　B. 原稿
C.向上重新取样（选定为每组图像显示的像素）

图 2-20　对像素进行重新取样

你知道吗？

扫描或创建图像时，如果分辨率足够高，就可以避免进行重新取样。如果要在屏幕上预览更改像素大小的效果，或按不同分辨率打印校样，就要对文件的副本进行重新取样。要制作大图像，就要以更高的分辨率重新扫描图像。

为重新取样的图像应用“USM 锐化”滤镜可以使图像细节更清晰。

2.2.4 更改图像像素大小的方法

更改图像的像素大小不仅会影响图像在屏幕上的大小，还会影响图像的质量及其打印特性（图像的打印尺寸或分辨率）。操作如下：

（1）选取“图像”→“图像大小”，将会打开【图像大小】对话框，如图 2-21 所示。

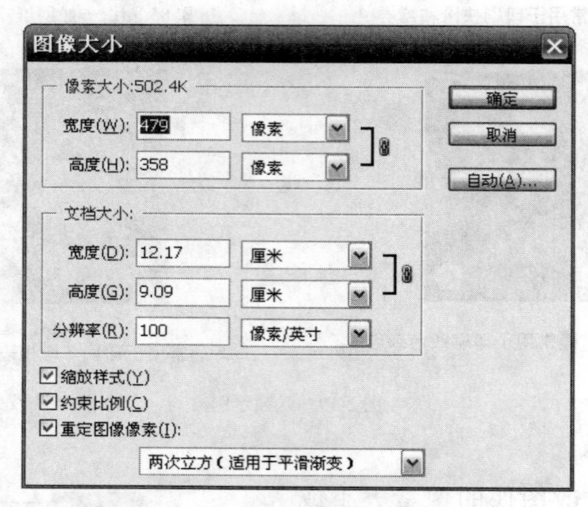

图 2-21 【图像大小】对话框

（2）要保持当前的像素宽度和像素高度的比例，请选择“约束比例”。更改高度时，该选项将自动更新宽度，反之亦然。

（3）在“像素大小”下输入“宽度”值和“高度”值。要输入当前尺寸的百分比值，请选取“百分比”作为度量单位。图像的新文件大小会出现在【图像大小】对话框的顶部，而旧文件大小在括号内显示。

（4）一定要选中“重定图像像素”，然后选取插值方法。

（5）如果图像带有应用了样式的图层，请选择“缩放样式”，在调整大小后的图像中缩放效果。只有选中了“约束比例”，才能使用此选项。

（6）完成选项设置后，请单击 确定 。

你知道吗？

图像尺寸的大小设定是根据它的使用目的而决定的。如果是用于印刷，一般在设定图像尺寸的时候，单位为常用的度量衡单位，如英寸、厘米、毫米；如果是用于 Web 显示，则使用像素为单位。

在对图像进行重新取样时，会根据图像中现有像素的颜色值，使用插值方法将颜色值分配给 Photoshop 创建的任何新像素。在重新取样时，Photoshop 会使用多种复杂方法来保留原始图像的品质和细节。

2.3 图像文件的操作

1. 打开文件

方法 1：双击 Photoshop 的工作区，可开启【打开】对话框。如图 2-22 所示。

方法 2：选择“文件”→“打开”或“最近打开文件”命令。

方法 3：直接把 Windows 文件夹下的图片文件拖到 Photoshop 工作区中。

方法 4：选择“文件”→“打开为…”或“打开为智能对象”命令。

注意：

如果文件未打开，则选取的格式可能与文件的实际格式不匹配，或者文件已经损坏。

2. 新建文件

（1）选取“文件”→“新建”，打开【新建】对话框，如图 2-23 所示。

（2）在打开的【新建】对话框中输入图像名称。

（3）从“预设”列表中选取文档大小或在“宽度”和“高度”文本框中输入值。

注意：

要创建具有为特定设备设置的像素大小的新文档，请单击 Device Central(E)... 按钮。

（4）设置分辨率、颜色模式和位深度。

（5）选择画布颜色。

（6）必要时，可单击【高级】按钮以显示更多选项。

（7）完成设置后，可以单击 存储预设(S)... ，或单击 确定 打开新文件。

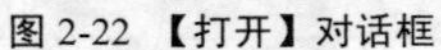

图 2-22 【打开】对话框

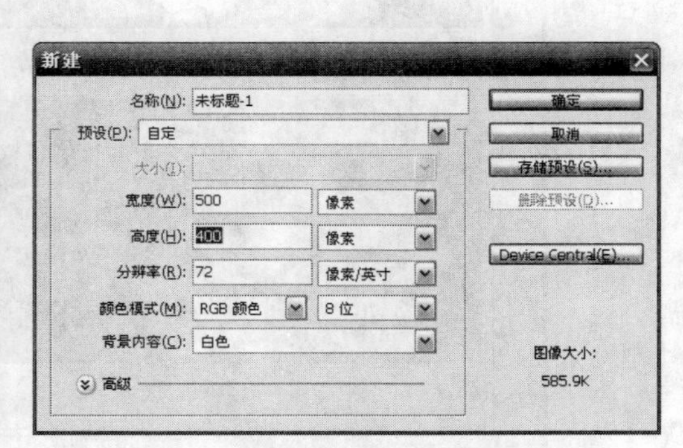

图 2-23 【新建】对话框

3. 保存文件

制作完毕的图片，可以通过选取“文件”→“存储为”命令，打开【存储为】对话框进行保存，如图 2-24 所示。也可以通过选取“文件”→“存储为 Web 和设备所用格式”命令，打开【存储为 Web 和设备所用格式】对话框进行保存。如图 2-25 所示。

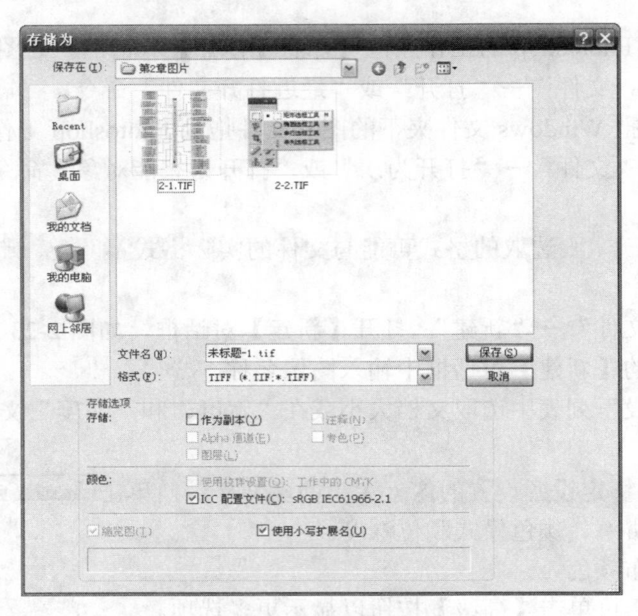

图 2-24　【存储为】对话框

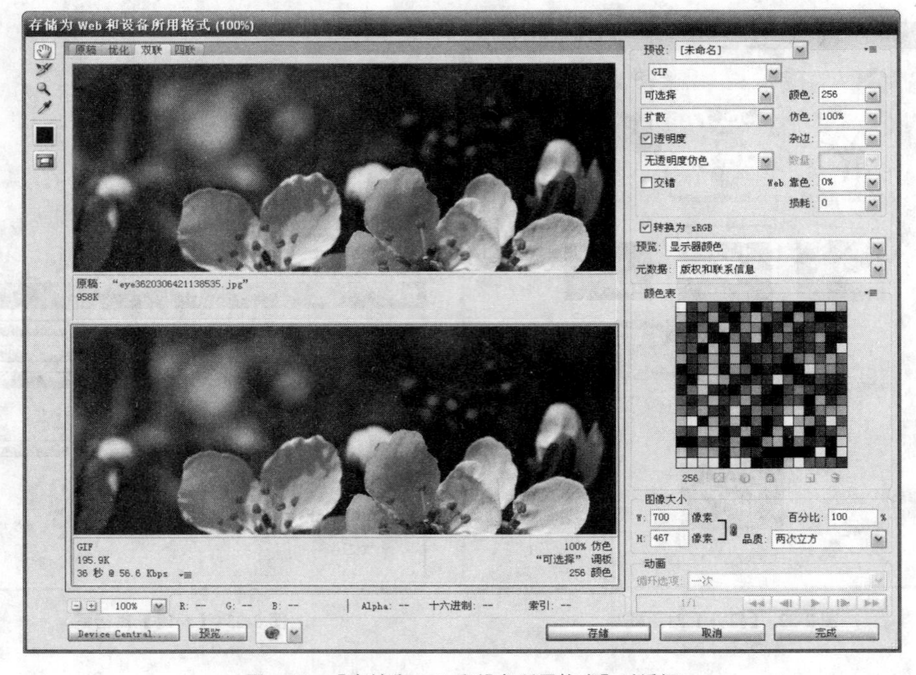

图 2-25　【存储为 Web 和设备所用格式】对话框

📖你知道吗?

通过 Photoshop 制作的动态图片，必须选取“文件” → “存储为 Web 和设备所用格式”命令，并选择 GIF 格式进行保存。而通过【存储为】对话框保存的 GIF 格式为静态图片。

2.4 图像的色彩模式

Photoshop 使用几套不同的颜色表示方法，比较常用的有 RGB 模式、CMYK 模式、Lab 模式、位图模式、灰度模式、双色调模式、索引颜色模式、多通道模式等。之所以有这么多的颜色模式，主要是根据应用目的而设定的。不同颜色模式所定义的颜色范围不同，其通道数目和文件大小也不同，我们在这里只介绍比较常用的几种颜色模式。

2.4.1 常用的几种颜色模式

1. RGB 模式

Photoshop 的 RGB 模式是最常用的一种颜色模式，不管是什么形式制作出的图像，基本都是以 RGB 模式存储的。主要因为保存成该种模式的文件体积较小，而且还可以使用 Photoshop 中所有的命令和滤镜对图片进行处理。

RGB 模式由红(Red)、绿(Green)和蓝(Blue)3 种原色组成，然后由它们混合产生上千万种颜色。对于每个像素，RGB 模式分别为 3 种颜色指定一个介于 0(黑色)到 255(白色)之间的强度值。例如，亮红色可能 R 值为 246，G 值为 20，而 B 值为 50。当所有这 3 个分量的值相等时，结果是中性灰色。当所有分量的值均为 255 时，结果是纯白色；当该值为 0 时，结果是纯黑色。3 种原色混合起来可以达到 1670 多万种颜色，也就是我们常说的真彩色。常见的电视机、显示器和部分手机的彩屏就是采用 RGB 颜色模式。不过注意，由于显示器也采用了 RGB 的颜色模式，这意味着使用非 RGB 颜色模式(如 CMYK)时，Photoshop 会将 CMYK 图像转换为 RGB，以便在屏幕上显示。

2. CMYK 模式

CMYK 模式是一种印刷的模式，它由分色印刷的青色(Cyan)、洋红色(Magenta)、黄色(Yellow)和黑色(Black)4 种颜色组成。它和 RGB 模式的最大区别是，RGB 模式的产生色彩方式为加色法，而 CMYK 模式产生颜色的方式为减色法。CMYK 模式的原理是通过 3 种颜色的反射光叠加产生颜色，打印油墨量多的时候是彩色，逐渐减少，到没有时为白色，当颜色反射光混合在一起时，产生的是黑色。但一般情况下 3 种颜色叠加并不能产生出完美的黑色和灰色，所以又增加了一种黑色，但要和 RGB 颜色中的蓝色相区别，所以黑色缩写为 K。

在 Photoshop 的 CMYK 模式中，为每个像素的每种印刷油墨指定一个百分比值。为较亮(高光)颜色指定的印刷油墨颜色百分比较低，而为较暗(暗调)颜色指定的百分比较高。例如，亮红色可能包含 2%青色、93%洋红、90%黄色和 0%黑色。在 CMYK 图像中，当 4 种分量的值均为 0%时，就会产生纯白色(其实是露出纸的底色)。

最好由 RGB 图像开始先编辑，最后再转换为 CMYK。在 RGB 模式下，可以使用“校样设置”命令模拟 CMYK 转换后的效果，而无需实际更改图像数据。

3. Lab 模式

在 Photoshop 的 Lab 模式中，亮度分量(L)范围可从 0 到 100。在拾色器中，a 分量(绿色到红色轴)和 b 分量(蓝色到黄色轴)的范围可从＋128 到－128。在【颜色】面板中，a 分量和 b 分量的范围可从＋120 到－120。

Lab 颜色是 Photoshop 在不同颜色模式之间转换时使用的中间颜色模式。这个转换是由系统在内部实现的。

4. 位图模式

位图模式只有黑色和白色两种颜色，它的每一个像素只包含 1 位数据，占用空间较小。如果要把 RGB 模式图像转换成该种模式，需要先转换成灰度模式，然后再转换到位图模式。

5. 灰度模式

该模式下的图片有点类似黑白照片，它使用多达 256 级灰度。灰度图像中的每个像素都有一个 0(黑色)到 255(白色)之间的亮度值。灰度值也可以用黑色油墨覆盖的百分比来度量(0%等于白色，100%等于黑色)。使用黑白或灰度扫描仪生成的图像通常以“灰度”模式显示。

位图模式和彩色图像都可转换为灰度模式。

要将彩色图像转换为高品质的灰度图像，Photoshop 将会放弃原图像中的所有颜色信息。转换后的像素的灰阶(色度)表示原像素的亮度。

当从灰度模式向 RGB 转换时，像素的颜色值取决于其原来的灰色值。灰度图像也可转换为 CMYK 图像(用于创建印刷色四色调，而不必转换为双色调模式)或 Lab 彩色图像。但转换后的图片都依旧没有颜色，只不过是更改为相应的模式而已。

6. 索引颜色模式

分配 256 种或更少的颜色来表现一个由上百万种颜色表现的全彩图像称之为索引。索引颜色模式使用最多 256 种颜色。当转换为索引颜色时，Photoshop 将构建一个颜色查找表(CLUT)，用以存放并索引图像中的颜色。如果原图像中的某种颜色没有出现在该表中，则程序将选取现有颜色中最接近的一种，或使用现有颜色模拟该颜色。该模式在印刷中很少使用，但在制作多媒体图片或网页图片上却十分实用，因为这种模式产生的图片体积要比 RGB 模式产生的图片体积小很多。

通过限制颜色面板，索引颜色可以在保持图像视觉品质的同时减小文件大小(如当运用于多媒体动画应用程序或 Web 页时)。在这种模式下只能进行有限的编辑。若要进一步编辑，应临时转换为 RGB 模式。

2.4.2 常用图像格式

Photoshop 功能强大，支持几十种文件格式，因此能很好地支持多种应用程序。文件格式(File Formats)是指将文件以不同方式进行保存。在 Photoshop 中，它主要包括固有格式(PSD)、应用软件交换格式(EPS、DCS、Filmstrip)、专有格式(GIF、BMP、Amiga IFF、PCX、PDF、PICT、PNG、Scitex CT、TGA)、主流格式(JPEG、TIFF)、其他格式(Photo CD YCC、FlshPix)。这里只介绍在 Windows 下普遍使用的格式。

1. PSD 格式

Photoshop 的固有格式 PSD 体现了 Photoshop 独特的功能和对功能的优化，例如：PSD 格式可以比其他格式更快速地打开和保存图像，很好地保存层、蒙版、注释，压缩方案不会导致数据丢失等。但是，很少有应用程序能够支持这种格式，仅有很少的软件可以支持 PSD，并且可以处理每一层图像。有的图像处理软件仅限制在处理平面化的 Photoshop 文件，无法按图层处理，如 ACDSee 等软件，而其他大多数软件不支持 Photoshop 这种固有格式。

2. TIFF 格式

TIFF(Tag Image File Format，标记图像文件格式)是 Aldus 在 Mac 初期开发的，目的是使扫描图像标准化。它是跨越 Mac 与 PC 平台最广泛的图像打印格式，是一种灵活的位图图像格式，受几乎所有的绘画、图像编辑和页面排版应用程序的支持。而且，几乎所有的桌面扫描仪都可以产生 TIFF 图像。TIFF 使用 LZW 无损压缩，大大减小了图像体积。

TIFF 格式支持具有 Alpha 通道的 CMYK、RGB、Lab、索引颜色和灰度图像以及无 Alpha 通道的位图模式图像。Photoshop 可以在 TIFF 文件中存储图层；但是，如果在其他应用程序中打开此文件，则只能看到拼合后的图像。Photoshop 也可以用 TIFF 格式存储注释、透明度和多分辨率金字塔数据。

3. JPEG 格式

JPEG(由 Joint Photographic Experts Group，“联合图形专家组”命名)是平时最常用的图像格式。JPEG 是一个最有效、最基本的有损压缩格式，保留了 RGB 模式图像中的所有颜色信息，它通过有选择地丢弃数据来压缩文件，被大多数图形处理软件所支持。JPEG 格式的图像还广泛用于 Web 网页的制作。如果对图像质量要求不高，但又要求存储大量图片，使用 JPEG 无疑是一个好办法。但是，对于要求进行图像输出打印，最好不使用 JPEG 格式，因为它是以损坏图像质量来提高压缩质量的。压缩级别越高，得到的图像品质越低；压缩级别越低，得到的图像品质越高。在大多数情况下，“最佳”品质选项产生的结果与原图像几乎无分别。

4. GIF 格式

GIF(图形交换格式)是在 World Wide Web 及其他联机服务上常用的一种文件格式，用于显示超文本标记语言(HTML)文档中的索引颜色图形和图像。GIF 是一种用 LZW 压缩的格式，限定在 256 色以内的色彩，目的在于减小文件大小和缩短数据传输时间。GIF

格式保留索引颜色图像中的透明度，但不支持 Alpha 通道。GIF 格式以 87a 和 89a 两种代码表示。GIF87a 严格支持不透明像素。而 GIF89a 可以控制区域透明，因此，更大地缩小了 GIF 的尺寸。如果要使用 GIF 格式，就必须转换成索引颜色模式(Indexed Color)，使色彩数目转为 256 或更少。

5. BMP 格式

BMP(Windows Bitmap)是 DOS 和 Windows 兼容计算机上的标准 Windows 图像格式，这种格式被大多数软件所支持。BMP 格式采用了一种叫 RLE 的无损压缩方式，对图像质量不会产生什么影响。BMP 格式支持 RGB、索引颜色、灰度和位图颜色模式。

6. PDF 格式

PDF(Portable Document Format)是由 Adobe Systems 创建的一种文件格式，允许在屏幕上查看电子文档。PDF 文件还可被嵌入到 Web 的 HTML 文档中。

7. EPS 格式

压缩 PostScript(EPS)语言文件格式可以同时包含矢量图形和位图图像，并且几乎所有的图形、图表和页面排版程序都支持该格式。EPS 格式用于在应用程序之间传递 PostScript 语言图片。当打开包含矢量图形的 EPS 文件时，Photoshop 栅格化图像，将矢量图形转换为像素。

EPS 格式支持 Lab、CMYK、RGB、索引颜色、双色调、灰度和位图颜色模式，但不支持 Alpha 通道，支持剪贴路径。桌面分色(DCS)格式是标准 EPS 格式的一个版本，可以存储 CMYK 图像的分色。使用 DCS 2.0 格式可以导出包含专色通道的图像。若要打印 EPS 文件，必须使用 PostScript 打印机。

2.5 任务自动化

任务自动化可以节省时间，并确保多种操作的结果一致性。Photoshop 提供了多种自动执行任务的方法，可以使用动作、快捷批处理、“批处理”命令、脚本、模板、变量以及数据组。

2.5.1 使用动作的方法

1. 关于动作

动作是指在单个文件或一批文件上执行的一系列任务，如菜单命令、面板选项、工具动作等。例如，可以创建这样一个动作，首先更改图像大小，对图像应用效果，然后按照所需格式存储文件。

动作可以包含停止，可以执行无法记录的任务（如使用绘画工具等)。动作也可以包含模态控制，可以在播放动作时在对话框中输入值。

在 Photoshop 中，动作是快捷批处理的基础，而快捷批处理是一些小的应用程序，可以自动处理拖动到其图标上的所有文件。

2. 应用动作

（1）打开本章素材文件夹中的“懒洋洋”图片，如图 2-26 所示。

（2）执行“窗口”→“动作”命令，打开【动作】面板，如图 2-27 所示。

（3）选择“木质画框-50 像素”，单击【动作】面板上的【播放选定动作】按钮，完成效果如图 2-28 所示。

图 2-26 素材

图 2-27 【动作】面板

图 2-28 木质画框效果

3.创建新动作

创建新动作时，所用的命令和工具都将添加到动作中，直到停止记录。下面，我们以录制将 RGB 模式转换成 CMYK 模式的过程为例，介绍一下创建新动作的方法。

在录制新动作之前，建议先新建一个文件夹，以便与系统自带的文件夹相区分。

（1）单击【动作】面板上的【创建新组】按钮，打开【新建组】对话框，如图 2-29 所示。单击确定，在【动作】面板上就多了一个文件夹。该文件夹的名称可根据需要更改。

（2）打开 RGB 模式的图像文件。

（3）在【动作】面板中，单击【创建新动作】按钮，或从【动作】面板菜单中选择“新建动作”，打开【新建动作】对话框，如图 2-30 所示。

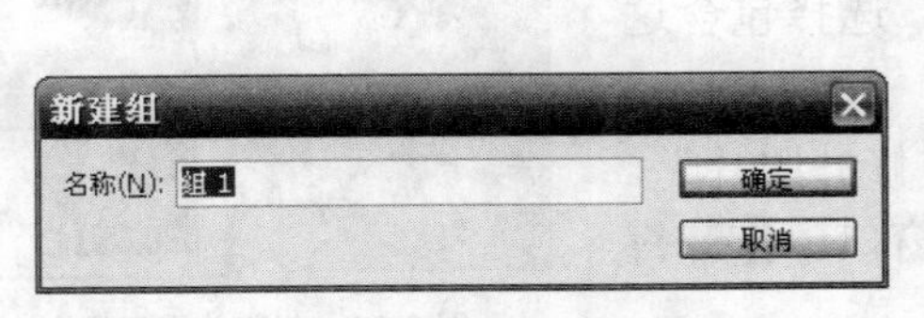

图 2-29 【新建组】对话框

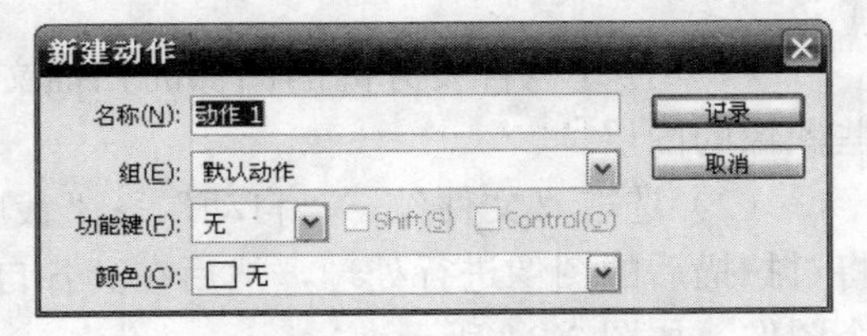

图 2-30 【新建动作】对话框

（4）在对话框中进行如图 2-30 所示设置，单击【记录】按钮。各项设置功能如下：

- **名称**：设置新动作的名称。
- **组**：其中显示动作面板中所有的文件夹，打开下拉列表即可选择。
- **功能键**：为该动作指定一个键盘快捷键。选择任意项后，其中的 Shift 与 Control

复选框会被置亮，可以任意组合使用（例如，Ctrl＋Shift＋F3），但不能使用 F1 键，也不能将 F4 或 F6 键与 Ctrl 键一起使用。

- 颜色：用于选择动作的颜色。此处设定的颜色会在“按钮模式”的动作面板中显示出来。

（5）执行上一步操作后，进入录制状态，此时【动作】面板中的【开始记录】按钮呈按下状态，并变为红色。接着，就可以按照平常转换 CMYK 的方法进行操作，完成转换后，Photoshop 会将这一过程录制下来。

注意：

如果指定动作与命令使用同样的快捷键，快捷键将适用于动作而不是命令。

在录制动作之前，务必先打开一个图像，否则，Photoshop 会将打开的操作也一并录制。

（6）录制完毕后，单击【停止播放/记录】按钮，或从【动作】面板菜单中选择“停止记录”或按 Esc 键。

注意：

为了防止出错，请在副本中进行操作：在动作开始时，在应用其他命令之前，记录“文件”→“存储为”命令并选择“作为副本”。或者在 Photoshop 中单击【历史记录】面板上的【新快照】按钮，以便在记录动作之前拍摄图像快照。

你知道吗？

【动作】面板下除默认的一些动作外，还可以通过设置按钮，载入其他动作。

2.5.2 裁剪并修齐照片

“裁剪并修齐照片”命令是一项自动化功能，可以在扫描仪中放入若干照片并一次性扫描它们，这将创建一个图像文件。还可以通过多图像扫描创建单独的图像文件。操作如下：

（1）打开包含要分离的图像的扫描文件。选择包含这些图像的图层。

（2）选取“文件”→“自动”→“裁剪并修齐照片”。将对扫描后的图像进行处理，然后在其各自的窗口中打开每个图像。如图 2-31 所示。

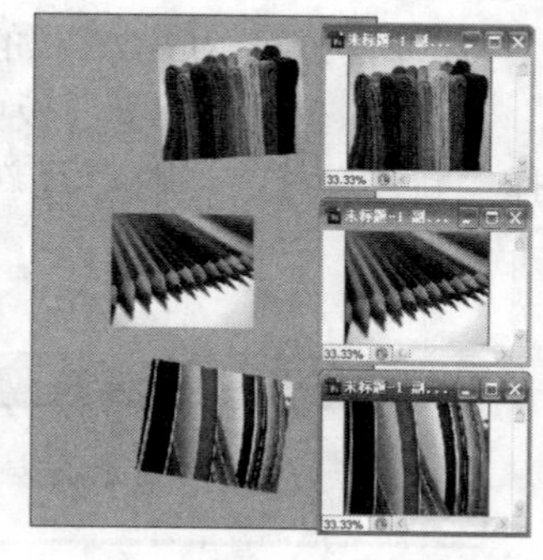

图 2-31　裁剪并修齐照片

你知道吗？

为了获得最佳结果，应该在要扫描的图像之间保持 1/8 英寸的间距，而且背景（通常是扫描仪的台面）应该是没有什么杂色的均匀颜色。“裁剪并修齐照片”命令最适于外形轮廓十分清晰的图像。如果“裁剪并修齐照片”命令无法正确处理图像文件，请使用裁剪工具。

2.5.3 照片合并

Photomerge 命令可将多幅照片组合成一个连续的图像。例如，可以拍摄几张重叠照片，然后将它们汇集成一个全景图。Photomerge 命令能够汇集水平平铺和垂直平铺的照片。操作如下：

（1）打开环拍的素材。

（2）执行“文件”→“自动”→“Photomerge”命令，打开【Photomerge】（照片合并）对话框。单击 浏览(B)... 或单击 添加打开的文件(F) ，将照片导入，如图 2-32 所示。

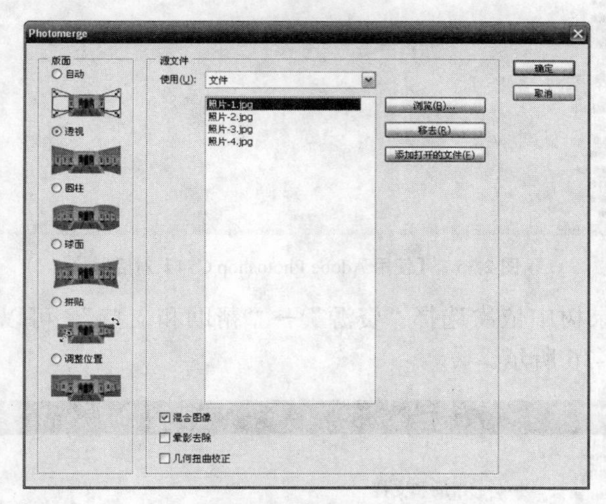

图 2-32 【Photomerge】对话框

（3）单击 确定 ，出现合并进程界面，如图 2-33 所示。

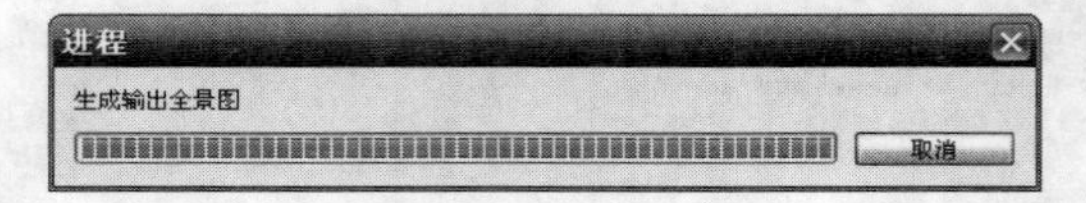

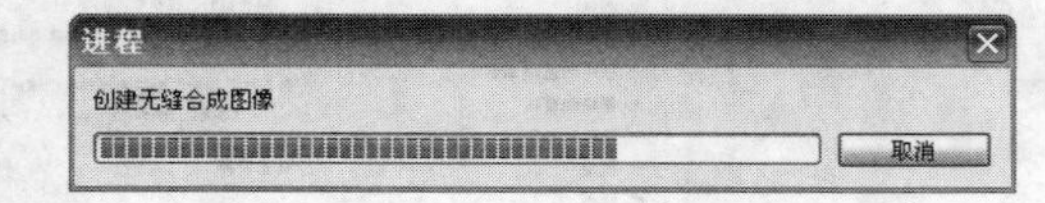

图 2-33 合并进程

（4）合并后的全景效果图如图 2-34 所示。

图 2-34 合并后的全景效果图

2.6 帮助系统的使用

（1）选取“帮助”→“Photoshop 帮助”，或直接按下 F1 键，即可打开【使用 Adobe Photoshop CS4】对话框，如图 2-35 所示。

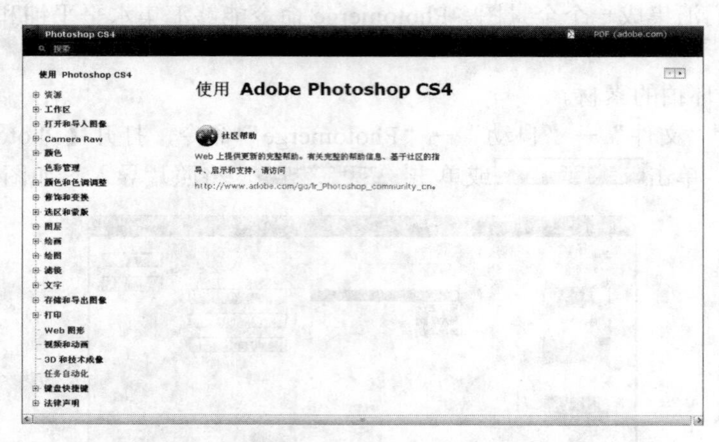

图 2-35 【使用 Adobe Photoshop CS4】对话框

（2）在左侧目录树中依次选择“资源”→“帮助和支持”。可以看到“帮助和支持”的具体内容，如图 2-36 所示。

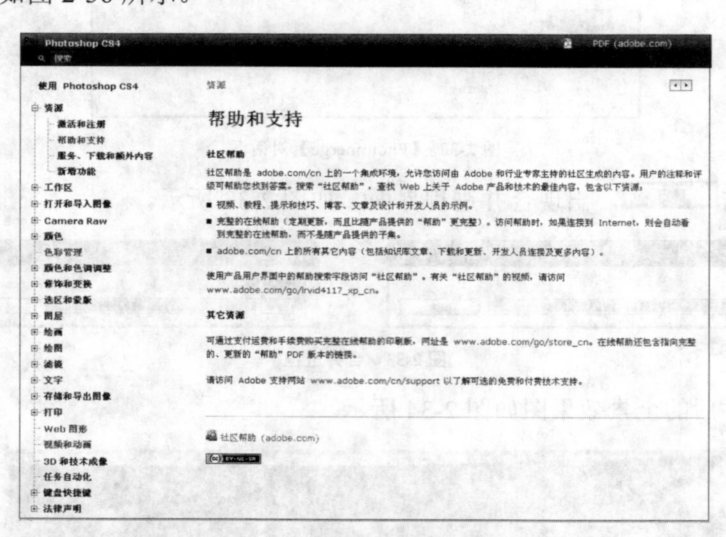

图 2-36 “帮助和支持”的具体内容

2.6.1 社区帮助

社区帮助是 adobe.com/cn 上的一个集成环境，允许您访问由 Adobe 和行业专家主持的社区生成的内容。用户的注释和评级可帮助您找到答案。搜索“社区帮助”，可以查找 Web 上关于 Adobe 产品和技术的最佳内容，包含以下资源：

● 视频、教程、提示和技巧、博客、文章及设计和开发人员的示例。

● 完整的在线帮助（定期更新，而且比随产品提供的“帮助”更完整）。访问帮助时，如果连接到 Internet，则会自动看到完整的在线帮助，而不是随产品提供的子集。

● adobe.com/cn 上的所有其他内容（包括知识库文章、下载和更新、开发人员链接及更多内容）。

2.6.2 其他资源

在线帮助还包含指向完整的、更新的“帮助”PDF 版本的链接。在开始使用软件之前，请花一些时间来阅读关于激活的概述以及可供您使用的多种资源。可以访问说明性视频、增效工具、模板、用户社区、研讨会、教程、RSS 新闻频道等内容。

重要说明：关于完整、最新的帮助信息，请查阅网络。应用程序无法检测到 Internet 链接。有关本主题的完整版本，请单击下面的链接：http://www.adobe.com/go/lr_ Photoshop _community_cn，查看完整的帮助信息。

2.7 本章小结

本章主要介绍了 Photoshop CS4 的工具面板与面板组中各面板的基本操作方法、认识和了解了位图与矢量图、色彩模式及图像的常用文件格式、简便的任务自动化处理操作方法、环拍照片的合并及帮助系统的使用等。通过本章内容的学习，可以进行 Photoshop CS4 的简单操作。

2.8 思考与练习

一、选择题

1. 像素图的图像分辨率是指 ______。

A. 单位长度上的锚点数量

B. 单位长度上的像素数量

C. 单位长度上的路径数量

D. 单位长度上的网点数量

2. 以下有关 PNG 文件格式的描述正确的是 ______。

A. PNG 可以支持索引色表和优秀的背景透明，它完全可以替代 GIF 格式

B. PNG-24 格式支持真彩色，它完全可以替代 JPEG 格式

C. PNG 是未来 Web 图像格式的标准，它不仅是完全开放的而且支持背景透明和动画等

D. PNG-24 格式使用无丢失的压缩方式，所以同一图像存储为 PNG-24 格式比存储成 JPEG 格式所占的硬盘空间要大

3. 在制作网页时，如果文件中有大面积相同的颜色，最好存储为哪种格式？______

A. GIF　　B. EPS　　C. BMP　　D. TIFF

4. 下面对矢量图和位图描述正确的是______。

A. 矢量图的基本组成单元是像素

B. 位图的基本组成单元是锚点和路径

C . Adobe Illustrator 9 图形软件能够生成矢量图

D . Adobe Photoshop CS4 能够生成矢量图

5. 工具箱中的每个工具在使用时都有相应的字母快捷键进行切换，若要循环选择一组隐藏的工具，可采用下列哪种方式？______

A. 按住 Shift 键并按键盘上工具的字母快捷键。若要启用或者停用该选项，请选取“编辑”→“首选项”→“常规”，然后选择或者取消选择“使用 Shift 键切换工具”

B. 按住 Option（Mac）/Alt（Win）键的同时，单击工具箱中的工具

C. 按住 Shift 键的同时，单击工具箱中的工具

D. 按住 Option（Mac）/Alt（Win）键并按键盘上工具的字母快捷键

二、操作题

1. 根据本章“任务自动化”内容的操作方法，打开一个素材。

2. 导入【动作】面板上的“图像”系列动作，为打开的图片应用“暴风雪”效果。素材及效果如图 2-37 所示。

图 2-37　“暴风雪”素材及效果

第3章 千变万化——图层

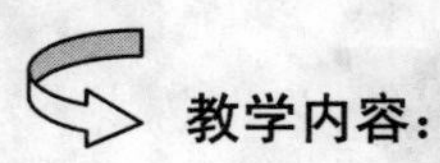

教学内容：

本章主要介绍图层的概念；图层面板和图层样式；图层的色彩混合模式；蒙版图层与剪贴蒙版等。通过本章内容的学习，能够了解图层的原理和特点，掌握创建和编辑图层的方法，掌握图层样式、图层混合模式、剪贴蒙版的应用方法和技巧。

教学要求：

教学重点	能力要求	相关知识
图层的概念	熟练掌握图层基本操作	新建，删除，重命名
图层面板	熟练掌握图层面板的操作方法	层的合并、对齐、分布、链接、盖印
图层效果和图层样式	图层样式的属性修改	斜面和浮雕、阴影、发光
图层混合模式	了解和灵活应用图层混合模式	图层面板、图层色彩混合模式、等高线
图层蒙版	掌握图层蒙版与矢量蒙版编辑	图层蒙版、矢量蒙版
剪贴蒙版	掌握用剪贴蒙版合成图像的方法	图层面板、图层蒙版

勤学好问 **什么是图层？在 Photoshop CS4 中有什么作用？**

Photoshop 的图层就如同堆叠在一起的透明纸，可以透过图层的透明区域看到下面的图层。可以移动图层来定位图层上的内容，就像在堆栈中滑动透明纸一样。也可以更改图层的不透明度以使内容部分透明。如图 3-1 所示。还可以使用图层来执行多种任务，如复合多个图像、向图像添加文本或添加矢量图形形状。应用图层样式来添加特殊效果，如投影或发光。

图 3-1 Photoshop 的图层示意图

你知道吗？

Photoshop CS4 的图层个数是由系统内存决定的，图层越多保存的 PSD 格式文件体积越大，所以，一般在完成图像制作后，把一些可以合并的图层合并。

3.1 图层概述

3.1.1 【图层】面板

【图层】面板列出了图像中的所有图层、图层组和图层效果。可以使用【图层】面板来显示和隐藏图层、创建新图层以及处理图层组。可以在【图层】面板菜单中访问各种图层处理命令和选项。【图层】面板的选项如图 3-2 所示。

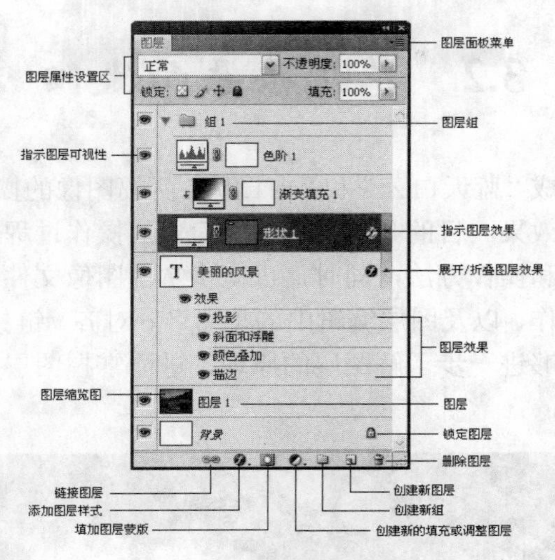

图 3-2 【图层】面板

3.1.2 关于【图层】

Photoshop 中除了普通图层外，还提供了一些比较特殊的图层。

1. 背景图层

使用白色或彩色背景创建新图像时，【图层】面板会自动出现一个锁定的“背景图层”。一幅图像只能有一个背景图层，并且无法更改它的堆叠顺序、混合模式和不透明度。

2. 文字图层

文字不同于图像，人们需要对其进行修改编辑。文字可以像处理正常图层那样移动、重新叠放、拷贝和更改文字图层的图层选项，但是不能进行绘画、滤镜处理。从某种意义上说，文字在 Photoshop 中是一种矢量图形，矢量图形是不能按位图图像进行处理的，除非将其转化为位图图像。将文字图层转化为普通图层的过程称之为“栅格化文字”，但注意，文字一旦栅格化就无法再进行修改和编辑了。

3. 调整图层

调整图层是一种比较特殊的图层，它本身并不具备单独的图像及颜色，但可以影响在它下面的所有图层。一般用它们对图像进行试用颜色和应用色调调整。所有的位图处理工具对其无效。

4. 填充图层

填充图层可以快速地创建由纯色、渐变或图案构成的图层，和调整图层一样，所有的位图处理工具对其无效。

5. 形状图层

使用【形状工具】或【钢笔工具】可以创建形状图层。形状中会自动填充当前的前景色，但也可以通过其他方法对其进行修饰，如建立一个由其他颜色、渐变或图案来进行填充的编组图层。形状的轮廓存储在链接到图层的矢量蒙版中。

3.2 花儿朵朵向太阳

本案例通过简单合成“蓝天白云”和“向日葵”两幅图像的操作过程，构建一幅“花儿朵朵向太阳”的图像效果。目的是通过本案例简单的操作过程，使学习者了解和认识图层，掌握图层的功能和操作方法，同时，进一步掌握图像文件的打开、复制、粘贴、图像去除背景的简单操作、以及图层编辑中的重命名、对齐、链接、调整等方法和技巧。通过本案例的操作，能够进一步了解图层的原理，进而掌握图层的应用方法。本案例的图像效果如图 3-3 所示。

图 3-3　图像效果

3.2.1　操作步骤

1. 打开、复制、粘贴图像文件

（1）打开图像文件。选取“文件”→“打开”或按 Ctrl+O 键，打开本章“素材”文件夹中的名为“蓝天白云”和“向日葵”的图像文件。

（2）复制、粘贴图像。在“向日葵”图像文件中，按 Ctrl+A 键，全选；按 Ctrl+C 键，复制；打开“蓝天白云”图像文件，按 Ctrl+V 键，粘贴到图像中。如图 3-4 所示。

图 3-4　粘贴到蓝天白云图像文件中

还可以选择工具面板中的【移动工具】，移入选区，当鼠标变为剪刀形状时，将选区内的图像拖移到“蓝天白云”文档窗口，待打开窗口后释放鼠标。也可以将图像复制到新的图像文件中。

（3）去除背景。选择工具面板中的【魔棒工具】，在“向日葵”图像的背景上单击，按住 Shift 键，继续单击，可选中整个图像的背景。按下 Delete 键，删除背景，图像窗口与【图层】面板的效果如图 3-5 所示。

图 3-5 图像窗口与【图层】面板效果

2. 复制并重命名图层

（1）复制三个图层。在图层 1 上按住鼠标不放，此时鼠标会变成一个抓手形状，拖移到【创建新图层】按钮的位置松开鼠标，重复三次，复制出 3 个图层，如图 3-6 所示。

（2）重命名图层。在复制的图层上双击图层名称，输入新名称。如图 3-7 所示。还可以在按下 Alt 键的同时双击该图层（不是图层的名称和缩览图），弹出【图层属性】对话框，在其中的“名称”文本框内输入新名称，单击 确定 。如图 3-8 所示。

图 3-6 拖移到“创建新层”

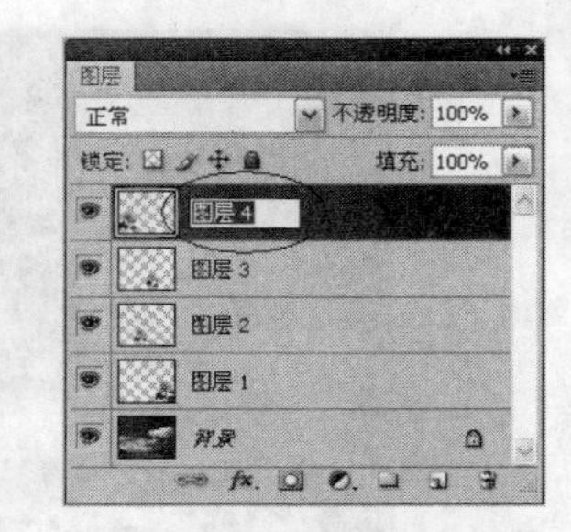

图 3-7 重命名图层

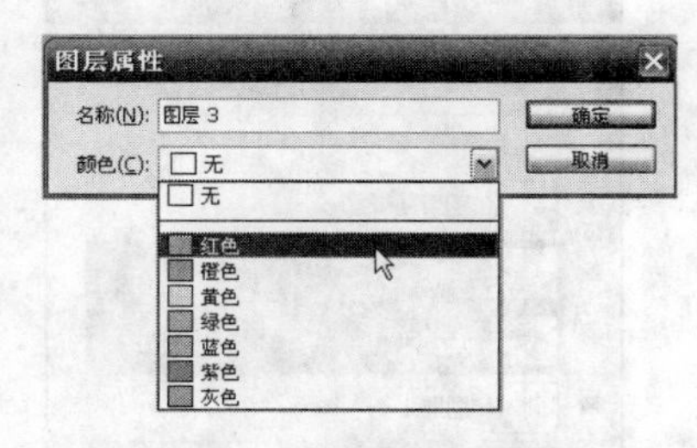

图 3-8 【图层属性】对话框

注意：

还可以从“颜色”弹出式菜单中选取颜色，通过使用颜色对图层和组进行标记，可帮助您在【图层】面板中找到相关图层。

3. 选择连续图层

（1）在【图层】面板中单击“图层 1”，然后按住 Shift 键单击最后一个“图层 4”，可以选择连续的图层，如图 3-9 所示。

（2）显示图层边缘。选取“视图”→“显示”→“图层边缘”，可以看到选定的图像边缘出现了蓝色的边框，便于调整图像位置，如图 3-10 所示。

4. 链接及调整图层

（1）链接和调整图层 2、图层 3。选中图层 2 和图层 3，单击【图层】面板底部的链接图标。可以把两个（或更多）图层链接起来。与同时选定的多个图层不同，链接

图 3-9　选择连续的图层

图 3-10　显示图层边缘

的图层将保持关联，直至取消它们的链接为止。如图 3-11 所示。

注意：

按住 Shift 键并单击链接图层的链接图标，可临时停用链接图层。将会出现一个✕。再次按住 Shift 键单击链接图标，可再次启用链接。

（2）调整链接图层中图像的位置和大小。选择【移动工具】，从选项栏中勾选“显示变换控件”，在图像的周围会出现 8 个控制手柄。单击方向键，可以在四个方向移动该链接图层中图像的位置。按住 Shift 键，拖动四个角的控制手柄，可以等比例调整所选图像的大小。调整后的图像效果如图 3-12 所示。

图 3-11　把两个图层链接起来

图 3-12　调整所选图像的大小

（3）单击链接的图标，取消链接。

你知道吗？

选择【移动工具】，直接选择要移动的图层。在选项栏中选择“自动选择”，并随后选择“组”，可在某个组中选择一个图层时选择整个组。

在文档窗口中，将任意对象拖到某个选定图层上，该图层上的所有对象将一起移动。

按键盘上的箭头键可将对象微移 1 个像素。

按住 Shift 键并按键盘上的箭头键可将对象微移 10 个像素。

5. 对齐不同图层上的对象

在【图层】面板中选择4个图层，选择【移动工具】，选取“图层”→“对齐”，从子菜单中选取一个命令，如图3-13所示。或单击选项栏中的对齐按钮。将会对齐不同图层上的对象。

还可以选择【工具】面板中的【选框工具】，在图像内建立选区，在【图层】面板中选择要对齐的图层，选取“图层”→“对齐”或选取“图层”→“将图层与选区对齐”，然后从子菜单中选取一个命令。将一个或多个图层的内容与某个选区边界对齐，与选区边界对齐的图像效果如图3-14所示。使用此方法可对齐图像中任何指定的点。

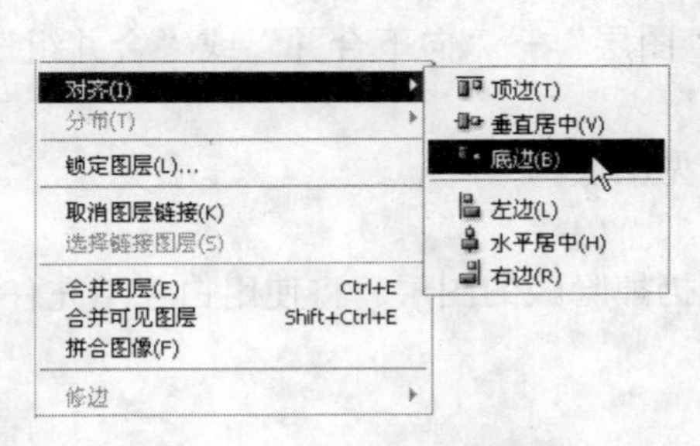

图3-13 “对齐”菜单命令

图3-14 与选区边界对齐的图像效果

6. 均匀分布图层或组

（1）选择【移动工具】，单击选择全部图层（要求三个以上的图层），选取“图层”→“分布”→“垂直居中”，如图3-15所示。或单击选项栏中的分布按钮，也可以均匀分布图层或组。均匀分布后的图像效果如图3-16所示。

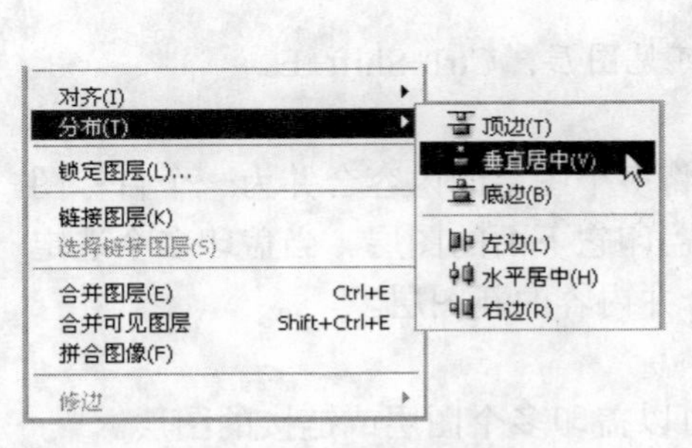

图3-15 “分布”菜单命令

图3-16 均匀分布后的图像效果

（2）观看窗口图像效果，适当调整各图层中图像的位置，完成简单的图层应用案例“花儿朵朵向太阳”的操作。

3.2.2 相关知识——合并和盖印图层

最终确定了图层的内容后，可以合并图层以缩小图像文件的大小。当合并图层时，顶部图层上的数据将替换较低层图层上的重叠数据。在合并后的图层中，所有透明区域的交迭部分都会保持透明。

注意：

不能将“调整图层”或“填充图层”用作合并的目标图层。

在存储合并的文档时，不能恢复到未合并时的状态；图层的合并是永久行为。

1. 合并两个图层或组

（1）确认想要合并的图层和组或是链接的图层处于可见状态；

（2）选择想要合并的图层和组；

（3）选取“图层”→“合并图层”或选取“图层”→“向下合并”或“合并组”。

2. 合并图像中的所有可见图层和组

从图层面板或图层面板菜单中选取“合并可见图层”。

3. 拼合所有图层

拼合操作是将所有可视图层合并到背景中并扔掉隐藏的图层。将使用白色填充任何透明区域。

具体操作方法是：

（1）确定所有要保留的图层的可见性；

（2）选取“图层”→“拼合图像”，或从图层面板菜单中选取“拼合图像”。

注意：

某些颜色模式间转换图像将拼合文件。如果要在转换后编辑原始图像，可以存储一份所有图层都保持不变的文件。

你知道吗？

合并图层时还可以采用快捷方式：

向下合并或合并链接图层：Ctrl+E；　　合并可见图层：Ctrl+Shift+E。

4. 盖印图层

除了合并图层外，还可以盖印图层。盖印可以将多个图层的内容合并为一个目标图层，同时使其他图层保持完好。通常，选定图层将盖印它下面的图层。当盖印多个选定图层或链接的图层时，Photoshop 将创建一个包含合并内容的新图层。

具体操作方法是：

（1）选择多个图层，按 Ctrl+Alt+E 组合键，可以盖印多个图层或链接的图层。

（2）选择任意一个图层或组，按 Shift+Ctrl+Alt+E 键，可以盖印所有可见图层。

（3）还可以按住 Alt 键，然后选取“图层”→“合并可见图层”。修改后的“合并”命令将所有可见数据合并到当前的目标图层中。

3.3 精美的水晶效果

本案例主要通过使用图层样式制作“精美的水晶效果”，效果图如图 3-17 所示。

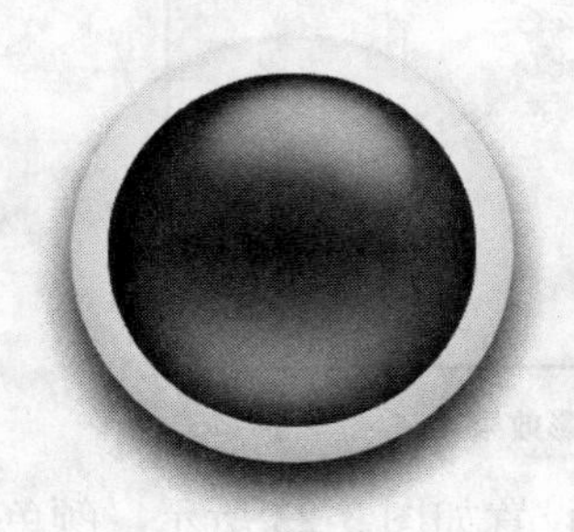

图 3-17 水晶效果

3.3.1 操作步骤

（1）新建文件，尺寸为 400 像素×400 像素。

（2）使用椭圆形状工具，绘制一个圆形。

（3）点击图层面板上图层效果按钮 fx，如图 3-18 所示。

（4）选择投影，设置如图 3-19 所示，颜色为 RGB（7，29，83）。

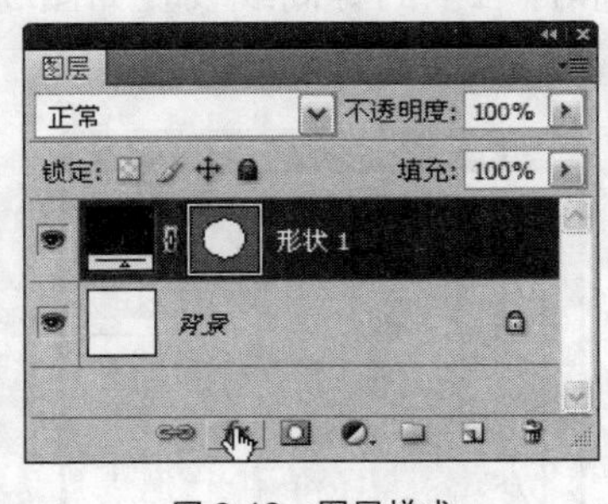

图 3-18 图层样式

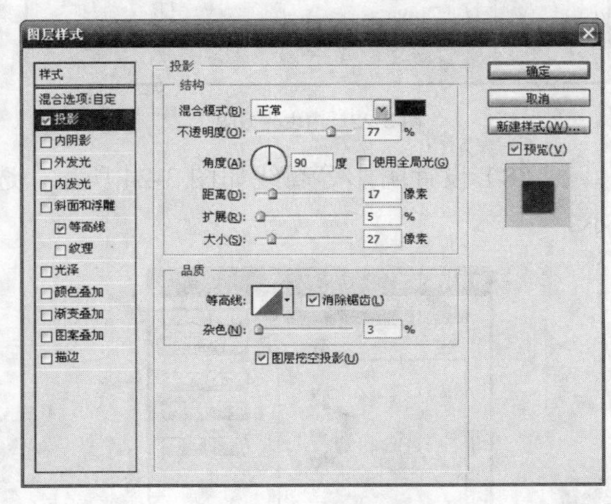

图 3-19 投影效果

（5）选择内阴影，设置如图 3-20 所示，颜色为 RGB（130，228，255）。等高线设置如图 3-21 所示。

（6）选择内发光，设置如图 3-22 所示，颜色为 RGB（0，45，98）。

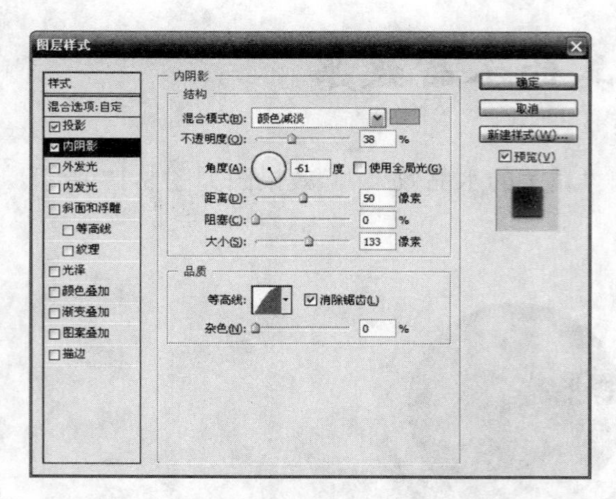

图 3-20　内阴影效果

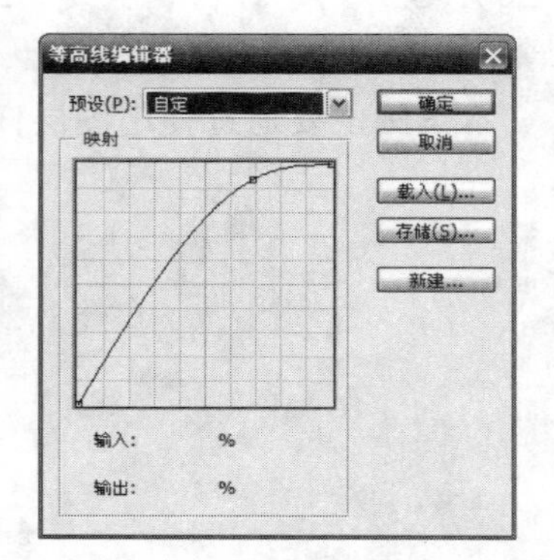

图 3-21　内阴影等高线设置

（7）选择斜面和浮雕，设置如图 3-23 所示，颜色为 RGB（25，45，75）。

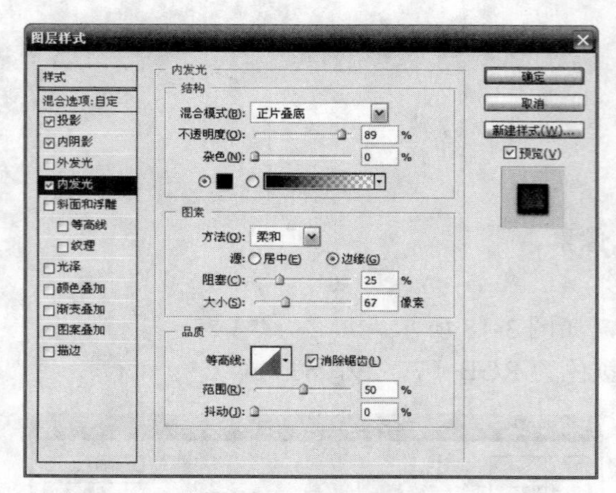

图 3-22　内发光效果

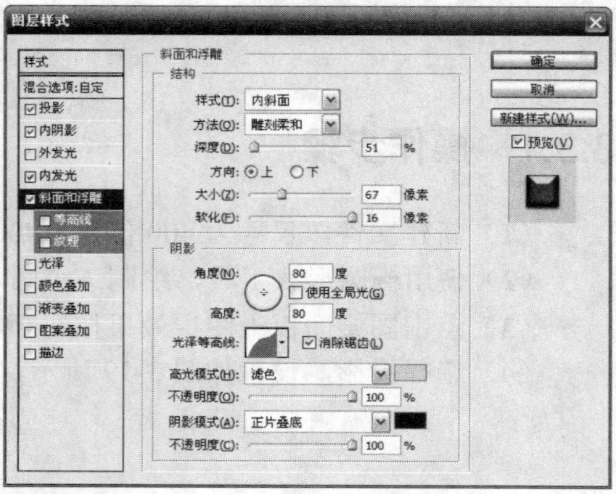

图 3-23　斜面和浮雕效果

（8）设置阴影等高线如图 3-24 所示。选择斜面和浮雕下的等高线设置如图 3-25 所示。

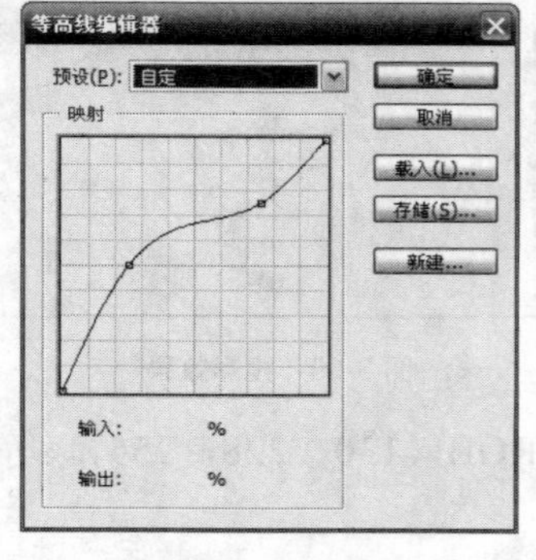

图 3-24　斜面和浮雕阴影等高线设置

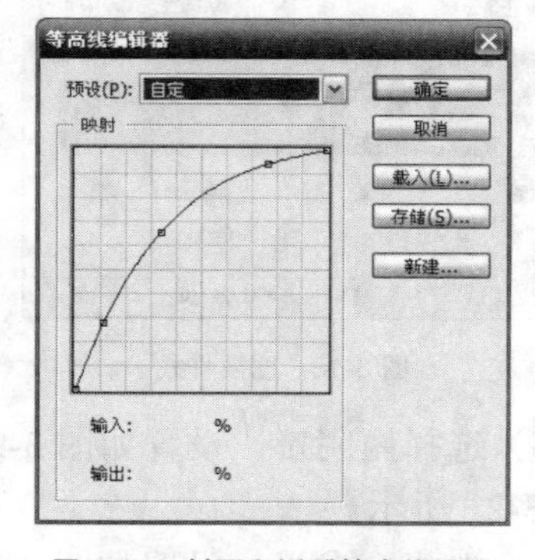

图 3-25　斜面和浮雕等高线设置

（9）选择光泽，设置如图 3-26 所示，颜色为 RGB（185，230，255）。

（10）选择颜色叠加，设置如图 3-27 所示，颜色为 RGB（34，105，195）。

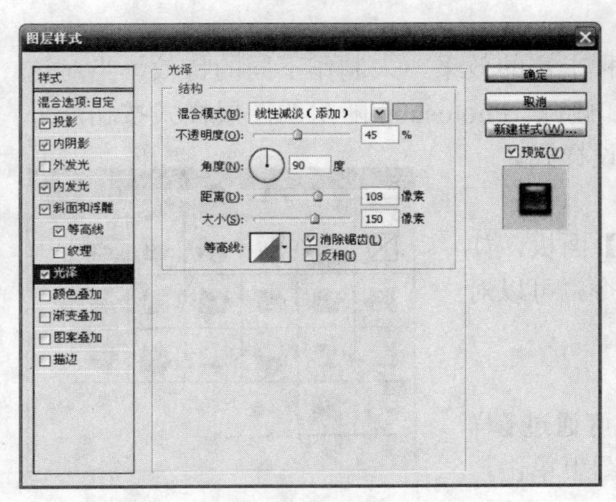

图 3-26 光泽效果

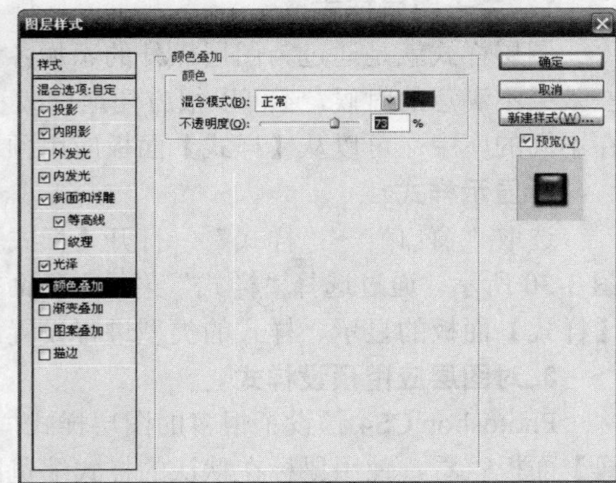

图 3-27 颜色叠加效果

（11）选择渐变叠加，设置如图 3-28 所示，颜色为 RGB（128，223，255）到 RGB（0，6，103）渐变。

（12）选择描边，设置如图 3-29 所示，颜色为 RGB（49，69，197）。

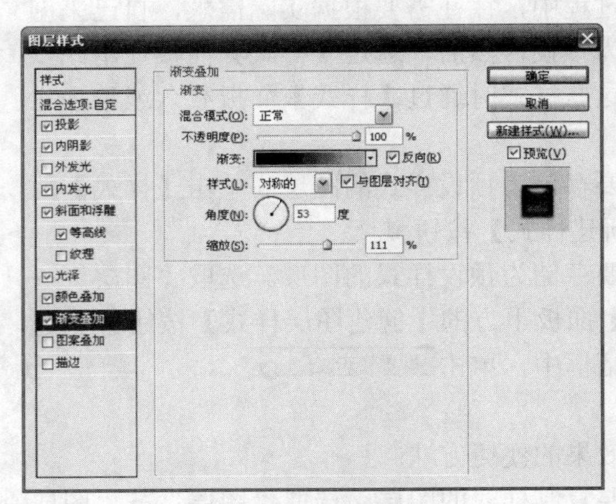

图 3-28 渐变叠加效果

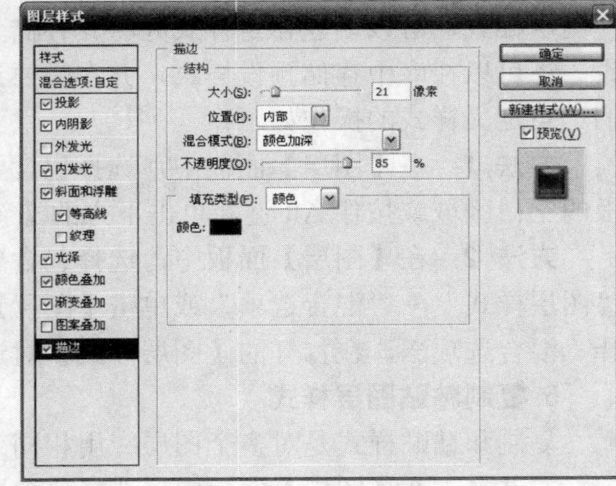

图 3-29 描边效果

（13）单击［确定］，完成水晶按钮制作。

3.3.2 相关知识——图层效果和图层样式

在 Photoshop 中，图层的重要性还表现在一个很重要的方面，那就是丰富的图层样式，图层样式是应用于一个图层或图层组的一种或多种效果。可以应用 Photoshop 附带提供的某一种预设样式，或者使用【图层样式】对话框来创建自定样式。应用图层样式后，“图层效果”图标 fx 将出现在【图层】面板中图层名称的右侧。可以在【图层】面板中展开样式，以便查看或编辑合成样式的效果。通过设置图层样式，可以制作出各种丰富的图层效果。

1. 关于图层样式

图层样式就是通过为图层额外的添加各种丰富的效果，来制作不同的特效，当对这些效果不满意的时候，还可以很方便地修改和删除。Photoshop 随附的图层样式按功能分在不同的库中，可以从【样式】面板应用预设样式。

2. 显示样式

选取“窗口”→“样式”，打开【样式】面板，如图 3-30 所示。通过选择“样式”菜单中的命令，可以对【样式】面板的显示、样式的类型进行设置。

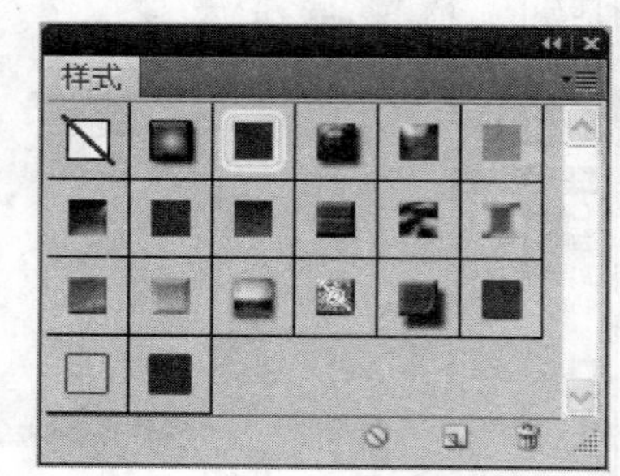

图 3-30 【样式】面板

3. 对图层应用预设样式

Photoshop CS4 预设了很多的图层样式，可通过【样式】面板察看，使用鼠标在默认的样式缩览图上单击，即可应用样式。

注意：

不能将图层样式应用于背景、锁定的图层或组。

4. 自定义样式

系统预设的样式很有限，在实际的做图过程中，往往需要根据实际需求，自己来创建图层样式，可以创建自定样式并将其存储为预设，然后，通过【样式】面板使用此预设。还可以在库中存储预设样式，并在需要这些样式时通过【样式】面板载入或移去它们。自定义样式的操作如下：

方法 1：在【图层】面板中，选择包含要存储为预设样式的图层。单击【样式】面板的空白区域或按住 Alt 键并单击下方的【新建样式】按钮。

方法 2：在【图层】面板中，选择包含要存储为预设样式的图层。选取“图层”→“图层样式”→“混合选项”或单击【图层】面板下方的【创建图层样式】按钮 *fx*，选择“混合选项”，在打开的【图层样式】对话框中，单击 新建样式(W)... 。

5. 复制粘贴图层样式

复制和粘贴样式是对多个图层应用相同效果的便捷方法。

方法 1：在【图层】面板中，选择包含要复制样式的图层。选取“图层”→“图层样式”→“复制图层样式”。

从面板中选择目标图层，然后选取“图层”→“图层样式”→“粘贴图层样式”。粘贴的图层样式将替换目标图层上的现有图层样式。

方法 2：在【图层】面板中，按住 Alt 键并将单个图层效果从一个图层拖动到另一个图层以复制图层效果。或将“效果”栏从一个图层拖动到另一个图层也可以复制图层样式。

6. 清除图层样式

当新建的图层样式不需要的时候，可以将图层样式删除，而不会影响到当前图像。

方法 1：在【图层】面板中，右击要删除样式的图层，在弹出的快捷菜单中选择【清除图层样式】。

方法 2：在【图层】面板中，将需要删除的某个效果选择，拖移到【删除图层】图标上，可以删除选定的单个效果，如果将【图层样式图标】*fx* 选择并拖动到删除图标上，则可以将所有图层样式清除。

3.4 用图层混合模式创建特殊效果

图层的混合模式决定了进行图像编辑（包括绘画、擦除、描边或填充等）时，当前选定的绘图颜色如何与图像原有的基色进行混合，或当前层如何与下面的层进行色彩混合。使用混合模式可以创建各种特殊效果。

图层混合模式可以在【图层】面板左上角的“图层属性设置区”的混合模式下拉菜单中选择。要选择工具的混合模式，可从选项栏的“模式”弹出式菜单中选取。

3.4.1 操作步骤

下面，通过两张图像的图层混合来观看应用各种图层混合命令的效果。

（1）打开本章图像素材，如图 3-31 所示。

（2）在【图层】面板中选择一个图层或组。

（3）选取混合模式。在【图层】面板中，从“混合模式”弹出式菜单中选取一个选项。或选取“图层”→“图层样式”→“混合选项”，然后从“混合模式”弹出式菜单中选取一个选项，完成的效果之一如图 3-32 所示。

图 3-31　图像素材

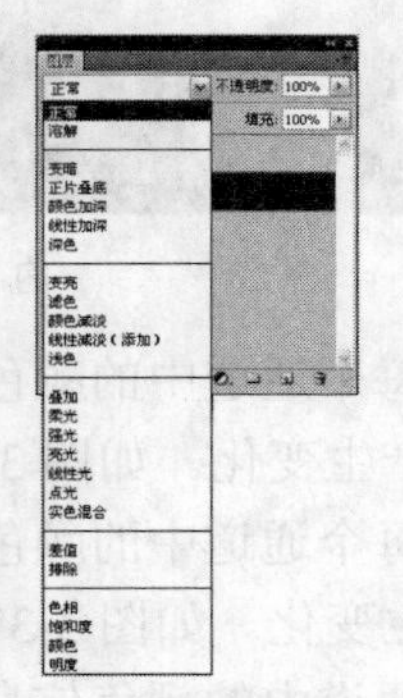

图 3-32　【图层】面板及混合效果图

3.4.2 相关知识——图层混合模式

通过设置不同的图层混合模式可以产生丰富的图像效果。应用这些模式之前我们先来认识下面几个概念：

基色：是图像中的原稿颜色。

混合色：是通过绘画或编辑工具应用的颜色。

结果色：是混合后得到的颜色。

你知道吗？

默认情况下，图层组的混合模式是“穿透”，这表示组没有自己的混合属性。为组选取其他混合模式时，可以有效地更改图像各个组成部分的合成顺序。首先会将组中的所有图层放在一起。然后，这个复合的组会被视为一幅单独的图像，并利用所选混合模式与图像的其余部分混合。因此，如果为图层组选取的混合模式不是“穿透”，则组中的调整图层或图层混合模式将不会应用于组外部的图层。

混合模式列表

- **正常** 编辑或绘制每个像素使其成为结果色。是默认模式。在处理位图图像或索引颜色图像时，正常模式也称为阈值。如图 3-33 所示。
- **溶解** 编辑或绘制每个像素，使其成为结果色。但是，根据任何像素位置的不透明度，结果色由基色或混合色的像素随机替换。效果同前。
- **变暗** 查看每个通道中的颜色信息，并选择基色或混合色中较暗的颜色作为结果色。比混合色亮的像素被替换，比混合色暗的像素保持不变。如图 3-34 所示。
- **正片叠底** 查看每个通道中的颜色信息，并将基色与混合色复合。结果色总是较暗的颜色。任何颜色与黑色复合将产生黑色，任何颜色与白色复合将保持不变。如图 3-35 所示。

图 3-33 正常

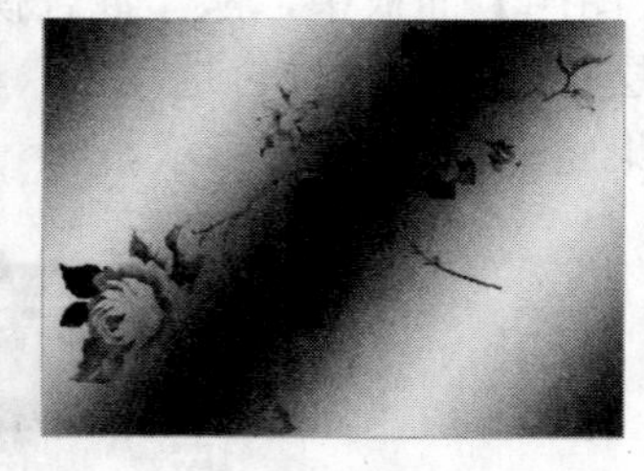

图 3-34 变暗

图 3-35 正片叠底

- **颜色加深** 查看每个通道中的颜色信息，并通过增加对比度使基色变暗以反映混合色。与白色混合后不产生变化。如图 3-36 所示。
- **线性加深** 查看每个通道中的颜色信息，并通过减小亮度使基色变暗以反映混合色。与白色混合后不产生变化。如图 3-37 所示。
- **变亮** 查看每个通道中的颜色信息，并选择基色或混合色中较亮的颜色作为结果色。比混合色暗的像素被替换，比混合色亮的像素保持不变。如图 3-38 所示。
- **滤色** 查看每个通道的颜色信息，并将混合色的互补色与基色复合。结果色总是较亮的颜色，用黑色过滤时颜色保持不变，用白色过滤将产生白色。此效果类似于多个摄影幻灯片在彼此之上投影。如图 3-39 所示。
- **颜色减淡** 查看每个通道中的颜色信息，并通过减小对比度使基色变亮以反映混

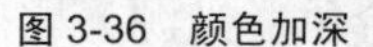

图 3-36 颜色加深

图 3-37 线性加深

图 3-38 变亮

合色。与黑色混合则不发生变化。如图 3-40 所示。

● **线性减淡** 查看每个通道中的颜色信息，并通过增加亮度使基色变亮以反映混合色。与黑色混合则不发生变化。如图 3-41 所示。

图 3-39 滤色

图 3-40 颜色减淡

图 3-41 线性减淡

● **叠加** 复合或过滤颜色，具体取决于基色。图案或颜色在现有像素上叠加，同时保留基色的明暗对比。不替换基色，基色与混合色相混以反映原色的亮度或暗度。如图 3-42 所示。

● **柔光** 使颜色变亮或变暗，具体取决于混合色。此效果与发散的聚光灯照在图像上相似。如果混合色（光源）比 50%灰色亮，则图像变亮，就像被减淡了一样；如果混合色（光源）比 50%灰色暗，则图像变暗，就像被加深了一样。用纯黑色或纯白色绘画会产生明显较暗或较亮的区域，但不会产生纯黑色或纯白色。如图 3-43 所示。

● **强光** 复合或过滤颜色，具体取决于混合色。此效果与耀眼的聚光灯照在图像上相似。如果混合色（光源）比 50%灰色亮，则图像变亮，就像过滤后的效果。这对于向图像中添加高光非常有用。如果混合色（光源）比 50%灰色暗，则图像变暗，就像复合后的效果。这对于向图像添加暗调非常有用。用纯黑色或纯白色绘画会产生纯黑色或纯白色。如图 3-44 所示。

图 3-42 叠加

图 3-43 柔光

图 3-44 强光

● **亮光** 通过增加或减小对比度来加深或减淡颜色，具体取决于混合色。如果混合色（光源）比 50%灰色亮，则通过减小对比度使图像变亮。如果混合色比 50%灰色暗，则通过增加对比度使图像变暗。如图 3-45 所示。

● **线性光** 通过减小或增加亮度来加深或减淡颜色，具体取决于混合色。如果混合色（光源）比 50%灰色亮，则通过增加亮度使图像变亮。如果混合色比 50%灰色暗，则通过减小亮度使图像变暗。如图 3-46 所示。

● **点光** 根据混合色替换颜色，具体取决于混合色。如果混合色（光源）比 50%灰色亮，则替换比混合色暗的像素，而不改变比混合色亮的像素。如果混合色比 50%灰色暗，则替换比混合色亮的像素，而不改变比混合色暗的像素。这对于向图像添加特殊效果非常有用。如图 3-47 所示。

图 3-45　亮光

图 3-46　线性光

图 3-47　点光

● **差值** 查看每个通道中的颜色信息，并从基色中减去混合色，或从混合色中减去基色，具体取决于哪一个颜色的亮度值更大。与白色混合将反转基色值；与黑色混合则不产生变化。如图 3-48 所示。

● **排除** 创建一种与“差值”模式相似但对比度更低的效果。与白色混合将反转基色值。与黑色混合则不发生变化。如图 3-49 所示。

● **色相** 用基色的亮度和饱和度以及混合色的色相创建结果色。如图 3-50 所示。

图 3-48　差值

图 3-49　排除

图 3-50　色相

● **饱和度** 用基色的亮度和色相以及混合色的饱和度创建结果色。在无（0）饱和度（灰色）的区域上用此模式绘画不会产生变化。如图 3-51 所示。

● **颜色** 用基色的亮度以及混合色的色相和饱和度创建结果色。这样可以保留图像中的灰阶，并且对于给单色图像上色和给彩色图像着色都会非常有用。如图 3-52 所示。

● **明度** 用基色的色相和饱和度以及混合色的亮度创建结果色。此模式创建与“颜色模式相反的效果。如图 3-53 所示。

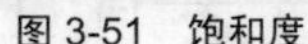

图 3-51 饱和度

图 3-52 颜色

图 3-53 明度

● **浅色** 比较混合色和基色的所有通道值的总和并显示值较大的颜色。“浅色”不会生成第三种颜色（可以通过“变亮”混合获得），因为它将从基色和混合色中选取最大的通道值来创建结果色。如图 3-54 所示。

● **深色** 比较混合色和基色的所有通道值的总和并显示值较小的颜色。“深色”不会生成第三种颜色（可以通过“变暗”混合获得），因为它将从基色和混合色中选取最小的通道值来创建结果色。如图 3-55 所示。

● **实色混合** 将混合颜色的红色、绿色和蓝色通道值添加到基色的 RGB 值。如果通道的结果总和大于或等于 255，则值为 255；如果小于 255，则值为 0。因此，所有混合像素的红色、绿色和蓝色通道值要么是 0，要么是 255。这会将所有像素更改为原色：红色、绿色、蓝色、青色、黄色、洋红、白色或黑色。如图 3-56 所示。

图 3-54 浅色

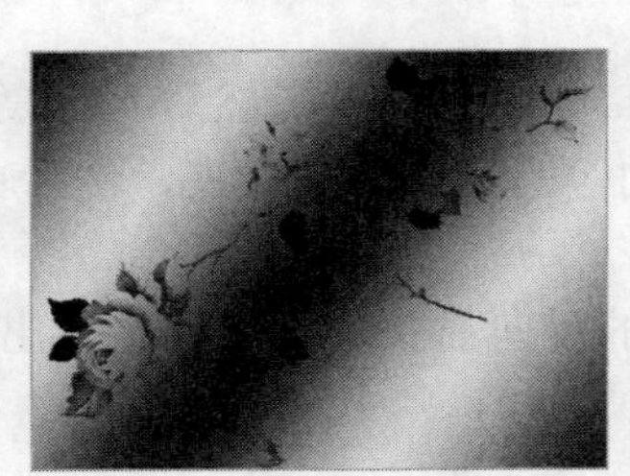

图 3-55 深色

图 3-56 实色混合

3.4.3 相关知识——用等高线修改图层效果

在创建自定【图层样式】时，可以使用等高线来控制“投影”、“内阴影”、“内发光”、“外发光”、“斜面和浮雕”以及“光泽”效果在指定范围上的形状。例如，“投影”中的“线性”等高线将导致不透明度在线性过渡效果中逐渐减少。使用“自定”等高线可以用来创建独特的阴影过渡效果。

可以在【等高线编辑器】对话框和弹出式“预设管理器”面板中选择、复位、删除或更改等高线的预览。如图 3-57、图 3-58 所示。

1. 创建自定等高线

（1）在【图层样式】对话框中选择“投影”、“内阴影”、“内发光”、“外发光”、“斜面和浮雕”、“等高线”或“光泽”效果。

（2）单击【图层样式】对话框中的等高线缩览图。

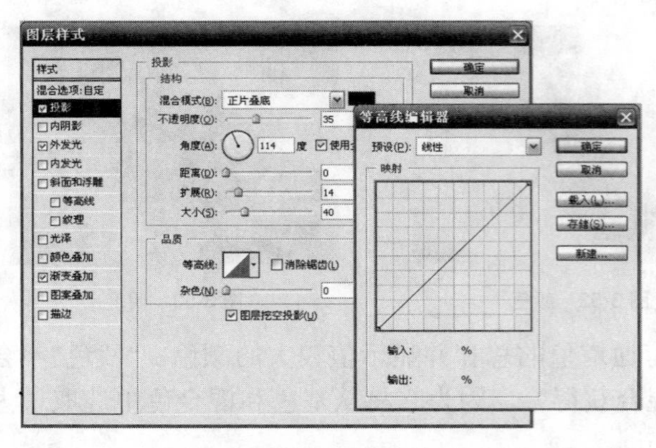

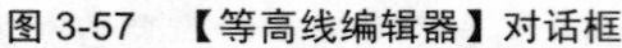
图 3-57 【等高线编辑器】对话框

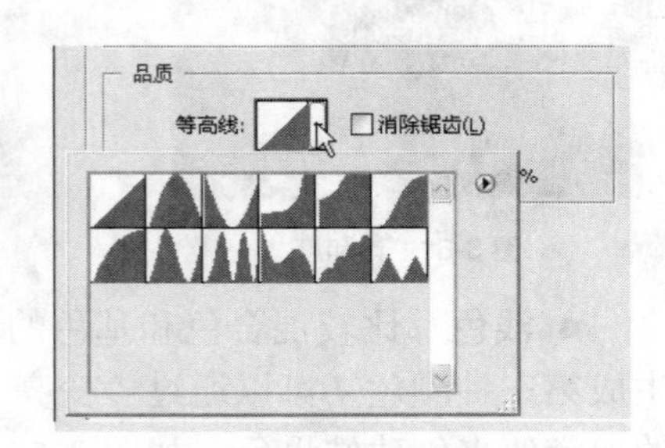

图 3-58 弹出式“预设管理器”

（3）单击等高线以添加点，并拖动以调整等高线。或者，输入“输入”值和“输出”值。

（4）要创建尖角而不是平滑曲线，请选择点并单击“边角”。

（5）要将等高线存储到文件，请单击“存储”并命名等高线。

（6）要将等高线存储为预设，请选取“新建”。

（7）单击 确定 。新等高线即会被添加到弹出式面板的底部。

2. 载入等高线

单击【图层样式】对话框中的等高线，然后在【等高线编辑器】对话框中选取 载入(L)... 。转到包含要载入的等高线库的文件夹，然后单击 打开(O) 。

3. 删除等高线

单击当前选定等高线旁边的反向箭头，以便查看弹出式面板。按住 Alt 键并单击要删除的等高线。

3.5 蒙版图层

勤学好问 什么是蒙版图层？在应用蒙版图层时需要掌握哪些方法和技巧？

很多学习 Photoshop 的人在学到蒙版部分的时候感觉不能完全的弄懂，总觉得蒙版是个非常抽象的概念，而蒙版在实际应用中的作用却是非常之大。蒙版图层是一项重要的复合技术，可用于将多张照片组合成单个图像，也可用于局部的颜色和色调校正。可以向图层添加蒙版，然后使用此蒙版隐藏部分图层并显示下面的图层。如图 3-59 所示。

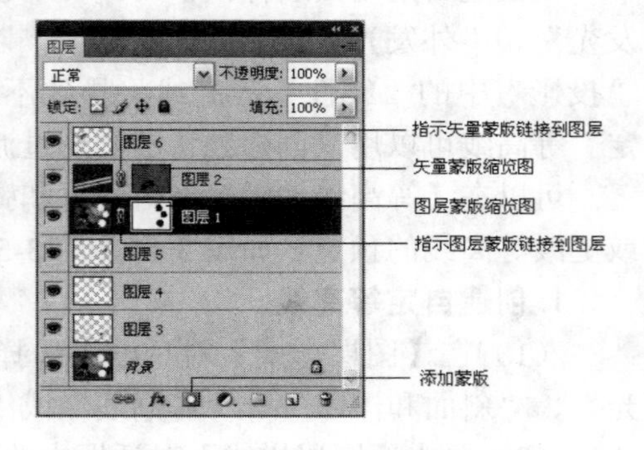

图 3-59 【图层】面板

3.5.1 图层蒙版和矢量蒙版

Photoshop 的蒙版是用来保护图像的任何区域都不受编辑的影响，并能使对它的编辑操作作用到它所在的图层，从而在不改变图像信息的情况下得到实际的操作结果。它将不同的灰度色值转化为不同的透明度，使受其作用图层上的图像产生相对应的透明效果。它的模式为灰度，与色彩没有关系，范围从 0～100，黑色为完全透明，白色为完全不透明，不同的灰度对应不同的透明度。

可以创建两种类型的蒙版：

- 图层蒙版是与分辨率相关的位图图像，它们是由绘画或选择工具创建的。
- 矢量蒙版与分辨率无关，由钢笔或形状工具创建。

图层蒙版和矢量蒙版是非破坏性的，这表示以后可以返回并重新编辑蒙版，而不会丢失蒙版隐藏的像素。

在【图层】面板中，图层蒙版和矢量蒙版都显示为图层缩览图右边的附加缩览图。

对于图层蒙版，此缩览图代表添加图层蒙版时创建的灰度通道。矢量蒙版缩览图代表从图层内容中剪下来的路径。如图 3-60 所示。

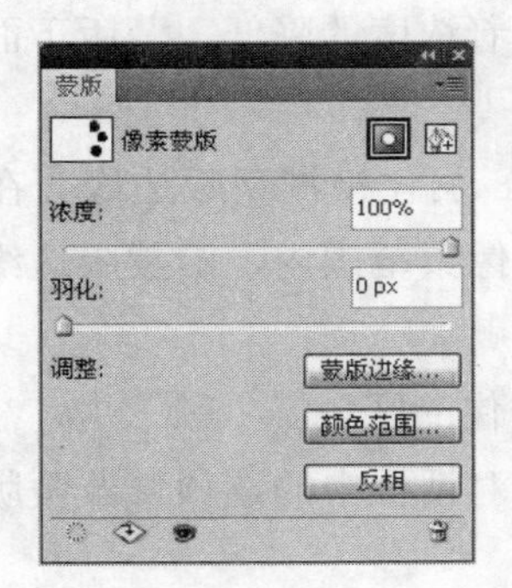

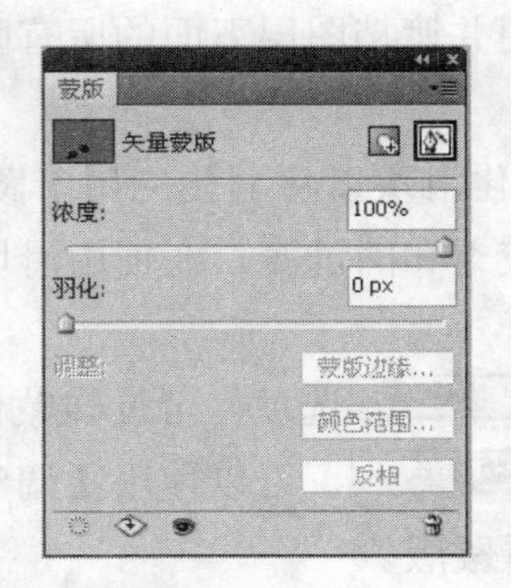

图 3-60 “图层蒙版”和“矢量蒙版”面板

3.5.2 编辑图层蒙版和矢量蒙版

1. 编辑图层蒙版

（1）在【图层】面板中，选择包含要编辑的蒙版的图层。

（2）单击【蒙版】面板中的【选择像素蒙版】按钮，使之成为现用状态。蒙版缩览图的周围将出现一个边框。

注意：

当蒙版处于现用状态时，前景色和背景色均采用默认灰度值。

（3）选择任一编辑或绘画工具。

（4）执行下列操作之一：

- 要从蒙版中减去并显示图层，请将蒙版涂成白色。
- 要使图层部分可见。可将蒙版绘成灰色，灰色越深，色阶越透明；灰色越浅，色阶越不透明。

- 要向蒙版中添加并隐藏图层或组，请将蒙版绘成黑色，下方图层变为可见的。

你知道吗？

要将拷贝的选区粘贴到图层蒙版中，在【图层】面板中按住Alt键单击图层蒙版缩览图，以便选择和显示蒙版通道。选取“编辑”→“粘贴”，在图像中拖移选区以产生所需的蒙版效果，然后选取“选择”→“取消选择”。

2. 编辑矢量蒙版

（1）在【图层】面板中，选择包含要编辑的矢量蒙版的图层。

（2）单击【蒙版】面板中的【选择矢量蒙版】按钮，或单击【路径】面板中的缩览图。然后使用形状、钢笔或直接选择工具更改形状。

3. 更改蒙版不透明度或调整边缘

（1）在【图层】面板中，选择包含要编辑的蒙版的图层。

（2）单击【蒙版】面板中的【像素蒙版】按钮使之成为现用状态。

（3）在【蒙版】面板中，拖动浓度滑块以调整蒙版不透明度。达到100%的浓度时，蒙版将完全不透明并遮挡图层下面的所有区域。随着浓度的降低，蒙版下面的更多区域变得可见。

（4）拖动羽化滑块以将羽化应用于蒙版边缘。羽化模糊蒙版边缘会在蒙住和未蒙住区域之间创建较柔和的过渡。在使用滑块设置的像素范围内，沿蒙版边缘向外应用羽化。

（5）使用 反相 选项，可反转蒙住和未蒙住的区域。

（6）单击 蒙版边缘... ，可以使用【调整蒙版】对话框中的选项修改蒙版边缘，并针对不同的背景查看蒙版。

（7）单击 颜色范围... 。在【色彩范围】对话框中，从“选择”菜单中选择“取样颜色”。选择“本地化颜色簇”，根据图像中的不同色彩范围来构建蒙版。

4. 选择并显示图层灰度蒙版

为了更轻松地编辑图层蒙版，可以显示灰度蒙版自身或将灰度蒙版显示为图层上的宝石红颜色叠加。

方法1：按住Alt键单击图层蒙版缩览图，可以只查看灰度蒙版。要重新显示图层，按住Alt键单击图层蒙版缩览图，或单击眼睛图标，如图3-61所示。

方法2：按住Alt+Shift组合键然后单击图层蒙版缩览图以查看图层上采用宝石红蒙版颜色的蒙版。同时按住Alt键和Shift键并再次单击缩览图，关闭颜色显示。

5. 停用或启用图层蒙版

执行下列操作之一：

- 按住Shift键并单击【图层】面板中的图层蒙版缩览图，可以停用蒙版。

● 选择包含要停用或启用的图层蒙版的图层，然后选取“图层”→“图层蒙版”→“停用”或“图层”→“图层蒙版”→“启用”。

● 当蒙版处于禁用状态时，“图层”面板中的蒙版缩览图上会出现一个红色的×，并且会显示出不带蒙版效果的图层内容。

6. 应用或删除图层蒙版

可以应用图层蒙版以永久删除图层的隐藏部分。图层蒙版是作为 Alpha 通道存储的，因此应用和删除图层蒙版有助于减小文件大小。也可以删除图层蒙版，而不应用更改。

在【图层】面板中，选择包含图层蒙版的图层。在【蒙版】面板中，单击【像素蒙版】按钮。

执行下列操作之一：

● 要在图层蒙版永久应用于图层后移去此图层蒙版，请单击“蒙版”面板底部的【应用蒙版】按钮。

● 要移去图层蒙版，而不将其应用于图层，将蒙版缩览图拖移到【图层】面板下方的“删除图层”图标上，或单击【蒙版】面板底部的【删除】按钮上，可以删除图层蒙版。

● 也可以使用“图层”菜单应用或删除图层蒙版。选择包含要删除的蒙版的图层，然后选取“图层”→“图层蒙版”→“删除”，可以删除图层蒙版。

● 在蒙版缩览图上单击鼠标右键，在弹出的菜单中选择相应的命令，如图 3-62 所示。

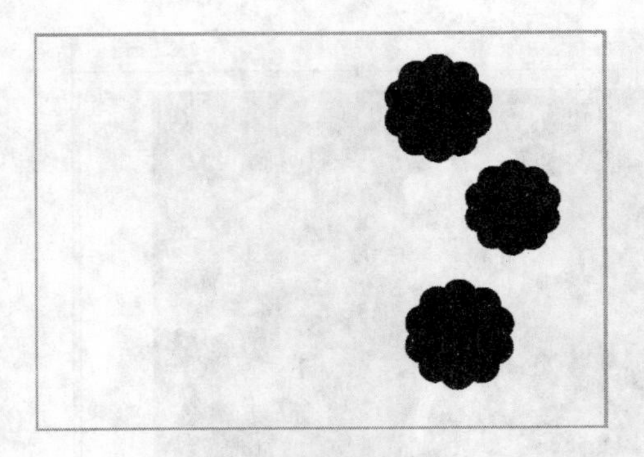

图 3-61 显示灰度蒙版

图 3-62 图层蒙版快捷菜单

注意：

当删除某个图层蒙版时，无法将此图层蒙版永久应用于智能对象图层。

3.6 用剪贴蒙版合成图像

勤学好问 什么是剪贴蒙版？剪贴蒙版通常需要几个图层？

在图层中有一种特殊的图层蒙版——剪贴蒙版。在剪贴蒙版中，可以使用当前图层的内容来蒙盖它下面的图层。下面图层的形状保持不变，而图像的内容完全被上层图像替代。本案例主要通过使用剪贴蒙版制作合成图像效果，效果图如图 3-63 所示。

图 3-63 剪贴蒙版效果

3.6.1 操作步骤

（1）新建文件，尺寸为 400 像素×250 像素，背景内容为“黑色”。

（2）打开一张背景为单色的卡通图像，使用魔棒工具单击图像的背景，然后选择“选择”→“反向”，得到卡通图像选区，使用移动工具，将其移动到新建文件上，如图 3-64 所示。

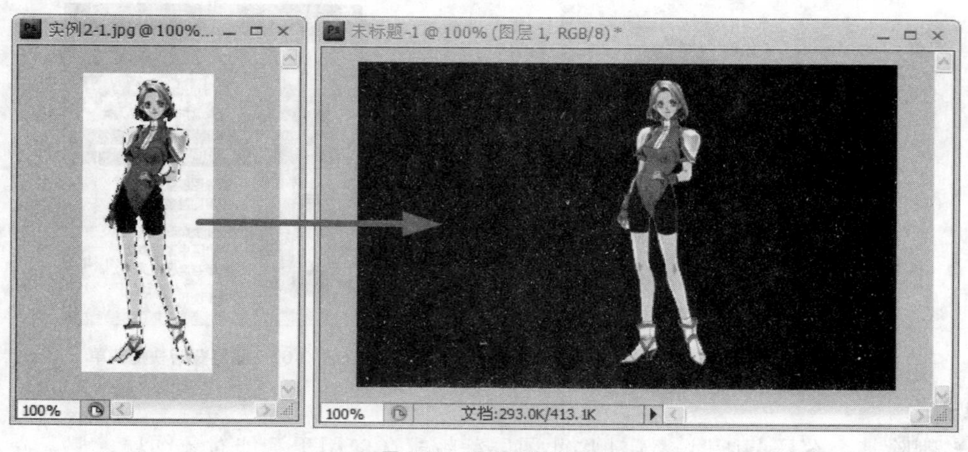

图 3-64 得到图像外形

（3）打开一张静物素材图片，将其拖动到新建文件上。在新建文件的【图层】面板上，按住 Alt 的同时点击静物素材与卡通图层的中缝，如图 3-65 所示，得到剪贴蒙版效果，如图 3-66 所示。

（4）设置前景色为白色，使用文字工具 T，输入文本，得到最终效果，如图 3-63 所示。

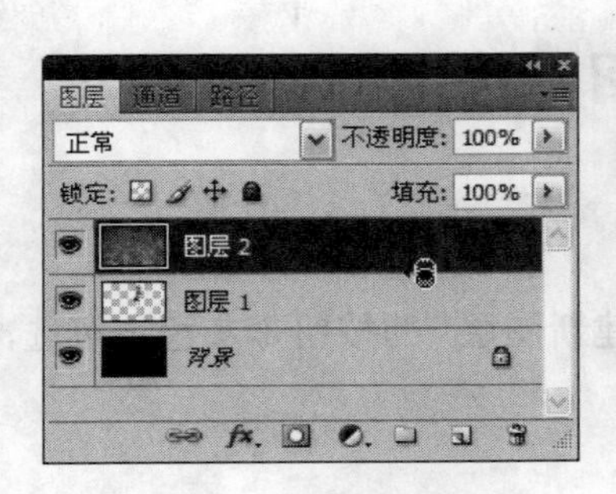

图 3-65 创建剪贴蒙版

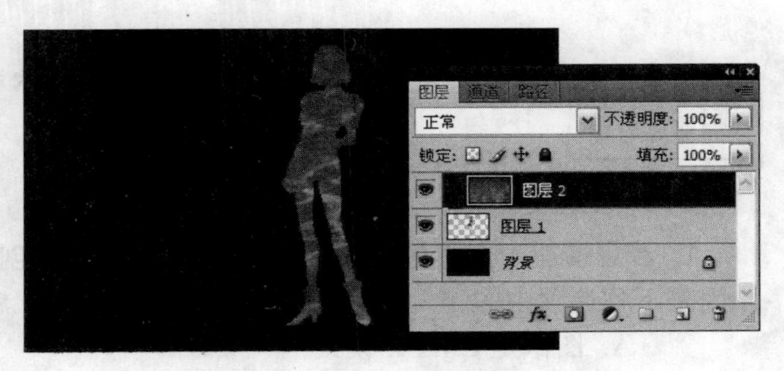

图 3-66 剪贴蒙版效果

3.6.2 相关知识

1. 创建剪贴蒙版的方法

(1) 按住 Alt 键，将指针放在分隔两个图层的线上(指针变成两个交迭的圆)，然后单击，创建剪贴蒙版，

(2) 如果需要解除剪贴蒙版中图层关系，按住 Alt 键，将指针放在图层调板上分隔两组图层的线上，指针会变成两个交迭的圆，然后单击。

2. 剪贴蒙版的使用注意事项

剪贴蒙版中只能包括连续图层。剪贴蒙版中的基底图层名称带下划线，上层图层的缩览图是缩进的，并显示一个指向下层的剪贴蒙版图标箭头↲。注：创建好的剪贴蒙版会自动应用最底层图层的不透明度和模式属性。

3. 立体效果的表现方法

在二维的图像中表现三维效果，最简单的方法就是加强图像的明暗对比。使用适当的工具在图像的明暗部位适当的加强，比如，应该是高光的部位，使用减淡工具使其变亮，在暗部使用加深工具使其变暗，只有这样才能使观众感觉到立体的效果。

3.7 本章小结

本章以案例的形式详细介绍了图层的基本概念、图层面板、图层的基本操作、图层和组的创建与删除、图层编辑、图层的合并、图层的样式，以及图层蒙版，其中详细介绍了图层蒙版和矢量蒙版、剪贴蒙版及其应用。

图层是 Photoshop 中极其重要的内容，正是有了图层的应用，才有了图像处理千变万化的特殊效果。学好用好图层，是能否掌握 Photoshop 的关键，请学习者按照教材中的实例反复练习操作，相信掌握图层的概念和灵活运用它是不难做到的。

3.8 思考与练习

前思后想

一、选择题

1. 若想增加一个图层，但在图层面板的最下面“创建新图层”的按钮是灰色不可选，原因是下列选项中的哪一个（假设图像是 8 位/通道）？

A. 图像是 CMYK 模式
B. 图像是双色调模式
C. 图像是灰度模式
D. 图像是索引颜色模式

2. 下列哪些方法可以建立新图层？

A. 双击图层面板的空白处
B. 单击图层面板下方的新建按钮
C. 使用鼠标将当前图像拖动到另一张图像上
D. 使用文字工具在图像中添加文字

3. 在 Photoshop CS4 中提供了哪些图层合并方式？

A. 向下合并
B. 合并可见层
C. 拼合图层
D. 合并链接图层

4. 下列操作不能删除当前图层的是：

A. 将此图层用鼠标拖至垃圾桶图标上
B. 在图层面板右边的弹出菜单中选删除图层命令
C. 直接按 Delete 键
D. 直接按 Esc 键

二、填空题

1. 移动图层中的图像时，如果按住 Shift 键同时按键盘上的箭头键，每次可以移动________像素的距离？

2. 当一个图层成为另一个图层的蒙版时，可利用图层和图层之间的________关系创建特殊效果？

3. 如果在图层上增加一个蒙版，当要单独移动蒙版时，首先要解除________之间的链接，再选择蒙版，然后选择移动工具就可以移动了。

4. 在图层上建立蒙版只能是白色的，这种对图层蒙版的描述正确吗？________

三、操作题

本案例结合本章所学图层的相关知识，把打开的三幅图像，应用剪贴蒙版的操作方法，进行了图像的整合，完成的剪贴蒙版图像效果如图 3-67 所示。图层面板如图 3-68

所示。

图 3-67 剪贴蒙版效果图

图 3-68 图层面板

具体操作步骤如下：

（1）打开光盘第 3 章“素材”中的 3 幅图片“人物”、“花”和“相框”。如图 3-69~3-71 所示。

图 3-69 “人物”

图 3-70 “花”

图 3-71 “相框”

（2）在图层面板中，将图像从上到下按“花”、“人物”和“相框”的顺序堆叠起来，适当调整图像大小，并将上面的两幅图像去除背景。

（3）选择背景层，将“边框”图像中间部分选中后，新建一图层，并填充渐变色。

（4）按住 Alt 键，将鼠标分别单击分隔上面两个图层的线上（鼠标会变成两个交迭的圆），然后单击，创建剪贴蒙版，完成后的效果如图 3-67 所示。

注意： 创建好的剪贴蒙版会自动应用最底层图层的不透明度和模式属性。

如果需要解除剪贴蒙版中的图层关系，按住 Alt 键，将鼠标放在图层面板上分隔上面两个图层的线上（指针会变成两个交迭的圆），然后单击。

（5）至此，本操作练习结束。

第4章 移花接木——选区

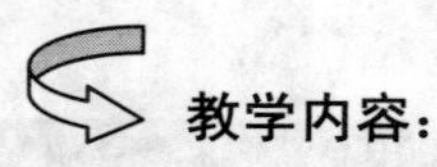

教学内容：

选区内容是 Photoshop 学习中极其重要的内容，掌握选区的应用是能否更好地学习后续课程内容的关键。本章主要介绍了选区的概念、选区的意义及选区的创建与编辑，并通过“移花接木”、“创建柔和的图像边缘”、“风景壁画”等案例的制作过程，系统介绍了在应用选择工具的过程中所涉及的各种选择工具的使用方法和技巧。同时还介绍了存储与载入选区、选区内容的修饰、自定义图案及画笔的方法等。通过本章学习，为 Photoshop CS4 其他工具和命令的使用奠定了基础。

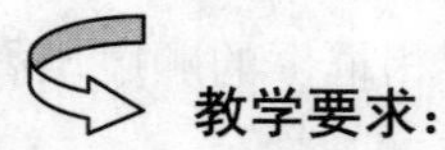

教学要求：

教学重点	能力要求	相关知识
创建选区的方法	熟练掌握多种建立选区的方法	选取工具、色彩范围
选区的调整和编辑	掌握选区的多种编辑方法	选区移动、变换、缩放、扩展
选区的应用	运用选区命令，调整选区边缘	羽化、平滑、填充、描边
存储、载入选区	掌握存储选区、载入选区的方法和意义	存储选区、载入选区
选区与其他工具的配合	熟知选区与其他工具和命令相配合	定义图案和画笔

勤学好问 什么是选区？在 Photoshop CS4 中的选区很重要吗？

在进行图像处理时，与图像处理关系比较密切的一项工作就是区域选择，利用选择工具可以创建单一选区、复合选区，同时通过对选择工具的设置可以编辑选区、移动选区、羽化和消除锯齿、存储和载入选区、对选区内容进行处理等。因而，掌握选择工具的使用方法，是图像处理的基础，也是极其重要的内容。

4.1 选区概述

选区用于分离图像的一个或多个部分。通过选择特定区域，可以编辑效果和应用滤镜并将其应用于图像的局部，同时保持未选定区域不会被改动。

Photoshop 提供了单独的工具组，用于建立栅格数据选区和矢量数据选区。例如，若要选择像素，可以使用选框工具或套索工具，也可以使用“选择”菜单中的命令来选择全部像素、取消选择或重新选择。

要选择矢量数据，可以使用钢笔工具或形状工具，这些工具将生成名为路径的精确轮廓。可以将路径转换为选区或将选区转换为路径。

4.1.1 用工具快速建立选区

1.【选框工具】

【选框工具】包括【矩形选框工具】、【椭圆选框工具】以及宽度为 1 个像素的【单行选框工具】、【单列选框工具】。默认情况下，从选框的一角拖移选框即可。如图 4-1 所示。

图 4-1 矩形选框工具、椭圆选框工具、单行选框工具、单列选框工具

你知道吗？

要重新放置矩形、圆角矩形或椭圆选框的位置，首先拖移以创建边框，一直按下鼠标左键，然后按住空格键并继续拖移。如果需要继续调整选区的边框，请松开空格键，

但是要一直按下鼠标左键。

按快捷键 Ctrl+A，可以将画布全部选择。

按快捷键 Ctrl+D，可以取消选区。

要重新选择取消掉的选区，可以按 Shift +Ctrl +D 键。

要选择除当前选区外的部分，即反选，可以按 Shift+Ctrl+I 键。

2.【套索工具】

【套索工具】对于绘制选区边框的手绘线段十分有用。

使用【套索工具】、【多边形套索工具】和【磁性套索工具】，可以选择曲线区域。特别是使用【磁性套索工具】，可以沿颜色变化比较大的图像边缘选取。具体选取方法如图 4-2 所示。

图 4-2　套索工具、多边形套索工具及磁性套索工具

3.【快速选择工具】和【魔棒工具】

使用【快速选择工具】，利用可调整的圆形画笔笔尖可快速“绘制”选区。拖动时，选区会向外扩展并自动查找和跟随图像中定义的边缘。如图 4-3 所示。

【魔棒工具】可以选择颜色一致的区域（例如，一朵花），而不必跟踪其轮廓。可以基于与单击的像素的相似度，为魔棒工具的选区指定色彩范围或容差，如图 4-4 所示。

图 4-3　使用快速选择工具

图 4-4　使用魔棒工具

4.1.2 用“色彩范围”命令创建选区

“色彩范围”命令可选择现有选区或整个图像内指定的颜色或颜色子集。如果想替换选区，在应用此命令前应确认已取消选择所有内容。

具体操作步骤如下：

（1）选取“选择”→“色彩范围”，弹出【色彩范围】对话框。

（2）打开“选择”下拉列表，选取【取样颜色】工具。也可以从“选择”菜单中选择颜色或色调范围，但是不能调整选区。

注意：

“溢色”选项仅适用于 RGB 和 Lab 图像（溢色是无法使用印刷色打印的 RGB 或 Lab 颜色）。如果正在图像中选择多个颜色范围，则选择“本地化颜色簇”来构建更加精确的选区。

（3）选择显示选项：

选择范围 预览由于对图像中的颜色进行取样而得到的选区。白色区域是选定的像素，黑色区域是未选定的像素，而灰色区域是部分选定的像素。

图像 预览整个图像。例如，可能需要从不在屏幕上的一部分图像中取样。

注意：

若要在【色彩范围】对话框中的“图像”和“选择范围”预览之间切换，按 Ctrl 键。

（4）将指针放在图像或预览区中单击，对所包含的颜色进行取样。如图 4-5 所示。

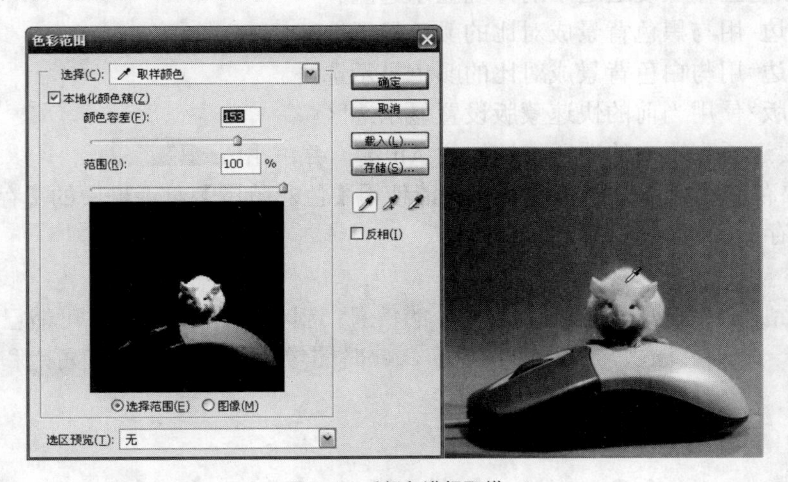

图 4-5 对颜色进行取样

（5）使用“颜色容差”滑块或输入一个数值来调整选定颜色的范围。“颜色容差”设置可以控制选择范围内色彩范围的广度，并增加或减少部分选定像素的数量（选区预览中的灰色区域）。设置较低的“颜色容差”值可以限制色彩范围，设置较高的“颜色容差”值可以增大色彩范围。如图 4-6 所示。

如果已选定“本地化颜色簇”，则使用“范围”滑块以控制要包含在蒙版中的颜色与取样点的最大和最小距离。

图 4-6 增大“颜色容差”将扩展选区

（6）调整选区

要添加颜色，请选择加色吸管工具，并在预览区域或图像中单击。

要移去颜色，请选择减色吸管工具，并在预览区域或图像中单击。

注意：

按住 Shift 键，可临时启动加色吸管工具。按住 Alt 键，可以启动减色吸管工具。

（7）要在图像窗口中预览选区，请为“选区预览”选取一个选项：

无 不在图像窗口中显示预览。

灰度 按选区在灰度通道中的外观显示选区。

黑色杂边 用与黑色背景成对比的颜色显示选区。

白色杂边 用与白色背景成对比的颜色显示选区。

快速蒙版 使用当前的快速蒙版设置显示选区。

（8）要还原到原来的选区，请按住 Alt 键，并单击 复位 。

（9）要存储和载入色彩范围设置，请使用【色彩范围】对话框中的【存储】和【载入】按钮以存储和重新使用当前设置。

注意：

如果看到“选中的像素不超过 50%”的信息，选区边界将不可见。可能已从“选择”菜单中选取一个颜色选项，例如“红色”，此时图像不包含任何带有高饱和度的红色色相。

4.2 移花接木——蝶恋花

勤学好问 **移花接木是用两幅图像拼合出完整的图像效果吗？**

“移花接木”效果应用广泛，如易容换装，想变就变。许多搞笑的作品都是利用“移花接木”效果实现的。本案例应用了选区基本工具和命令，通过在一幅图像中将蝴蝶图像选取出来，移入另一幅图像中，进行缩放、反转等操作，制作完成了“移花接木—蝶恋花”的效果。本案例综合了选区的多项知识点，并配合了选区的调整、变换等基本操作命令。通过本案例的操作，能够了解和掌握选区工具的使用方法。完成的效果如图 4-7 所示。

图 4-7 “蝶恋花”的图像效果

4.2.1 操作步骤

1. 打开图像素材

打开本章素材文件夹中名为“蝶”和“花”的图像素材文件，如图 4-8、图 4-9 所示。

图 4-8 素材“蝶”

图 4-9 素材“花”

2. 创建选区

（1）单击窗口“蝶”图像，选择【魔棒工具】。

（2）在【魔棒工具】选项栏中，选区范围会随选中的选项而变化，如图 4-10 所示。

图 4-10 魔棒工具选项栏

在选项栏中，可以指定以下任意选项：

容差 指的是颜色范围，确定选定像素的相似点差异。以像素为单位输入一个值，范围介于 0 到 255 之间。如果值较低，则会选择与所单击像素非常相似的少数几种颜色。如果值较高，则会选择范围更广的颜色。如图 4-11、图 4-12 所示，分别是容差=10、容差=50 的选择结果。当容差等于 255 的时候相当于选择所有像素，即全选。

图 4-11　容差=10 的选择结果

图 4-12　容差=50 的选择结果

消除锯齿　定义平滑的边缘。

连续　只选择使用相同颜色的邻近区域。否则，将会选择整个图像中使用相同颜色的所有像素。

对所有图层取样　使用所有可见图层中的数据选择颜色。否则，魔棒工具将只从现用图层中选择颜色。

（3）在图像中，单击背景颜色。如图 4-13 所示。选中“连续”，则容差范围内的所有相邻像素都被选中了。否则，将选中容差范围内的所有像素。

注意： 不能在位图模式的图像或 32 位/通道图像上使用魔棒工具。

你知道吗？

如果没有选中“连续”而直接使用魔棒工具选择选区，还可以通过单击“选择”→“选取相似”，将图像中其他相同容差值的像素部分选中。

3. 选区反向

选取“选择”→“反向”或按下 Ctrl+Shift+I 键，可反选选区。

4. 增减选区范围

选择【套索工具】或【磁性套索工具】，按下 Alt 键，鼠标旁边会出现一个减号。选择图像下方选区中花的图像，便可减去该部分。调整选区后的效果如图 4-14、图 4-15 所示。

你知道吗？

建立选区后，配合工具选项栏中的选项，可以完成选区的增减和交叉。

在选项栏中选择“添加到选区”选项或按住 Shift 键并拖动可以添加选区。

在选项栏中选择“从选区减去”选项或按住 Alt 键并拖动可以减去选区。

在选项栏中选择“与选区交叉”选项或按住 Alt+Shift 组合键并拖动，可以交叉选区。

图 4-13 单击背景颜色

图 4-14 减少选区

图 4-15 增加选区

5. 移动和变换选区

（1）选择【移动工具】，将鼠标放在选区内，鼠标呈现剪刀形状，如图 4-16 所示。按住鼠标左键将选区内的图像拖移至另一图像窗口中。

（2）选取“编辑”→“变换”，在子菜单中选择调整方式。或选取“选择”→“变换选区”(Ctrl +T)，通过拖移选区四周的 8 个空心点，对选区进行调整。如图 4-17 所示。

图 4-16 将鼠标放在选区内

图 4-17 对选区进行调整

6. 选区的旋转、翻转和自由变形

对选区的调整可分为手动调整和数字调整。

（1）手动调整

如果要进行缩放，请拖移手柄。拖移角手柄时按住 Shift 键可按比例缩放。

如果要进行旋转，可将指针移动到定界框的外部（指针变为弯曲的双向箭头），然后拖移；按 Shift 键可将旋转限制为按 15° 增量进行。

如果要相对于定界框的中心点扭曲，可按住 Alt 键，并拖移手柄。

如果要自由扭曲，可按住 Ctrl 键并拖移手柄。

如果要斜切，可按住 Ctrl+Shift 键，并拖移边手柄。当定位到边手柄上时，指针变为带一个双向箭头的白色箭头。

如果要应用透视，可按住 Ctrl+Alt+Shift 键，并拖移角手柄。当定位到角手柄上时，指针将会变为灰色箭头。

（2）数字调整

可以通过变换选区的状态栏进行数字调整，如图 4-18 所示。

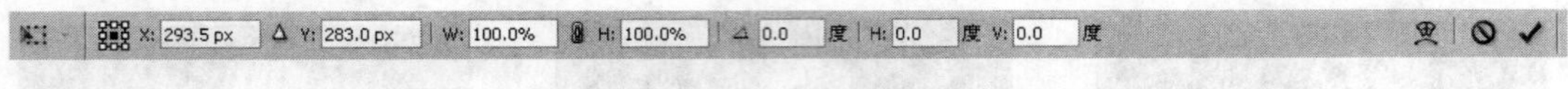

图 4-18 变换选区的状态栏

如果要更改参考点，可单击选项栏的参考点定位符上的方块图标。

如果要移动项目，可在选项栏的“X（水平位置）”和“Y（垂直位置）”文本框中输入参考点的新位置的值。在 Photoshop 中，单击【使用参考点相关定位】按钮，可以相对于当前位置指定新位置。

如果要进行缩放，可在选项栏的“W”和“H”文本框中输入百分比。在 Photoshop 中，单击【链接】按钮可保持长宽比。

如果要根据数字旋转，可在选项栏的“旋转”文本框中输入角度。

如果要根据数字斜切，可在选项栏的“H（水平斜切）”和“V（垂直斜切）”文本框中输入角度。

如果要在自由变换和变形模式间切换，可单击选项栏的按钮。

在对选区进行修改的过程中，如果要还原上一次手柄调整，可单击“编辑”→“还原”。确定修改可按 Enter 键或单击选项栏中的【提交】按钮✔或者在变换选框内双击。如果要取消变换，请按 Esc 键或单击选项栏中的【取消】按钮。

（3）调整“蝶”图像到适当位置。复制一图层，再次进行调整，完成后的图像效果如图 4-7 所示。

4.2.2 相关知识

1. 选项栏

在选项栏中可以指定一个选区选项，可以指定羽化设置，打开或关闭消除锯齿功能，并通过消除锯齿和羽化来平滑硬边缘。还可以为【矩形选框工具】或【椭圆选框工具】选取一个样式，如图 4-19 所示。

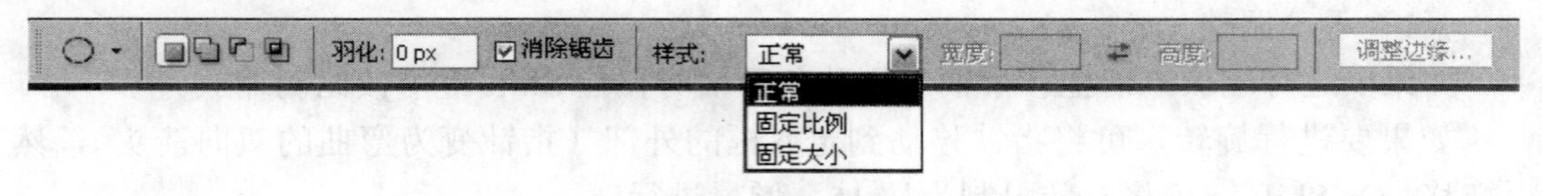

图 4-19 选项栏

正常 通过拖动确定选框比例。

固定比例 设置长宽比。输入长宽比的值(在Photoshop中，十进制值有效)，例如，若要绘制一个宽是长两倍的选框，请输入宽度 2 和长度 1。

固定大小 为选框的长度和宽度指定固定的值，输入整数像素值。记住，创建 1 英寸选区所需的像素数取决于图像的分辨率。

2. 选择菜单

执行“选择”命令对已建立的选区进行精确的数字修改，增加或减少现有选区中的像素，并清除基于颜色的选区内外留下的零散像素。

在“选择”菜单及其中的“修改”子菜单中有如下选项：

● 边界：边界命令可选择在现有选区边界的内部和外部的像素的宽度。当要选择图像区域周围的边界或像素带，而不是该区域本身时（例如清除粘贴的对象周围的光晕效果），此命令将很有用。

3. “选择”菜单的应用

（1）打开一幅图像，使用选区工具建立选区，如图 4-20 所示。

（2）选取“选择”→“修改”→“边界”，打开【边界选区】对话框，如图 4-21 所示。

（3）为新选区边界宽度输入 30 像素值，然后单击确定。

（4）会创建一个新的柔和边缘选区，该选区将在原始选区边界的内外分别扩展 15 像素。如图 4-22 所示。

图 4-20 打开图像并建立选区

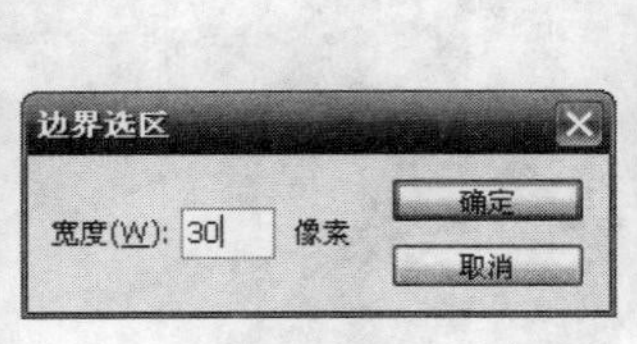

图 4-21 【边界选区】对话框

图 4-22 新选区

● 平滑：清除基于颜色的选区内外留下的零散像素。选取“选择”→“修改”→“平滑”，在打开的【平滑选区】对话框中，“取样半径”中输入 1 到 100 之间的像素值，然后单击确定。如图 4-23 所示。

● 扩展或收缩：使用该命令，可使选区边界扩大或者缩小，如图 4-24、图 4-25 所示。

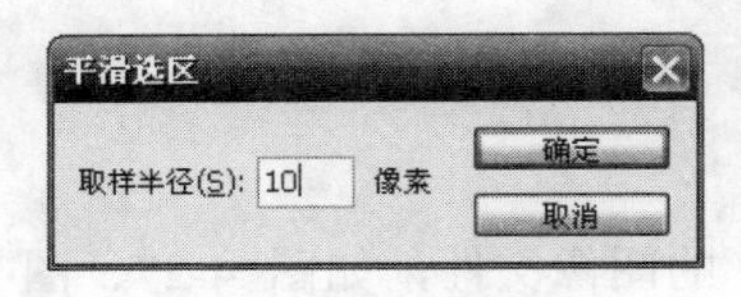

图 4-23 平滑

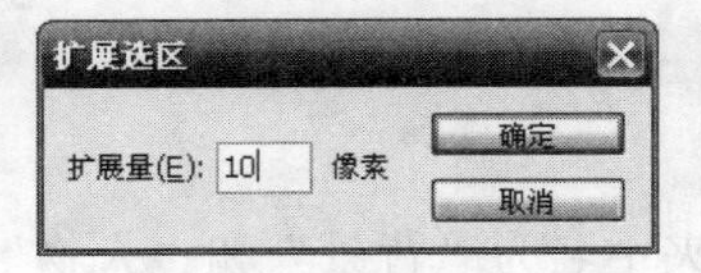

图 4-24 扩展

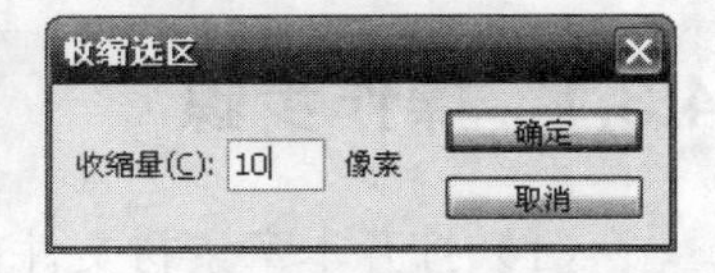

图 4-25 收缩

● 扩大选取或选取相似：扩展选区以包含具有相似颜色的区域。

（1）选取“选择”→“扩大选取”，以包含所有位于魔棒选项中指定的容差范围内的相邻像素；

（2）选取“选择”→“选取相似”，以包含整个图像中位于容差范围内的像素，而不只是相邻的像素。若要以增量扩大选区，请多次选取上述任一命令。

注意：

以上两个选项在“选择”菜单中。无法在位图模式图像或 32 位/通道图像上使用“扩大选取”和“选取相似”命令。

你知道吗？

选区是可以进行放大和缩小的，但不能进行形状的改变。这里的修改只是修改了选区，对画布并没有任何影响。

4.3 创建柔和的“图像边缘效果”

勤学好问 选区建立后，边缘比较硬，如何让其软化？

本案例通过在一幅图像中创建选区，羽化选区边缘，移动选区的操作，创建出唯美的画面效果。通过本案例的学习和操作，将会进一步加深对选区的理解，增强对选区的应用能力，并能利用选区的功能创建出各种丰富多彩的图像效果。如图 4-26 所示。

图 4-26 图像效果

4.3.1 操作步骤

（1）打开本章素材文件夹中名为“背景”和“人物”的图像文件，如图 4-27、图 4-28 所示。

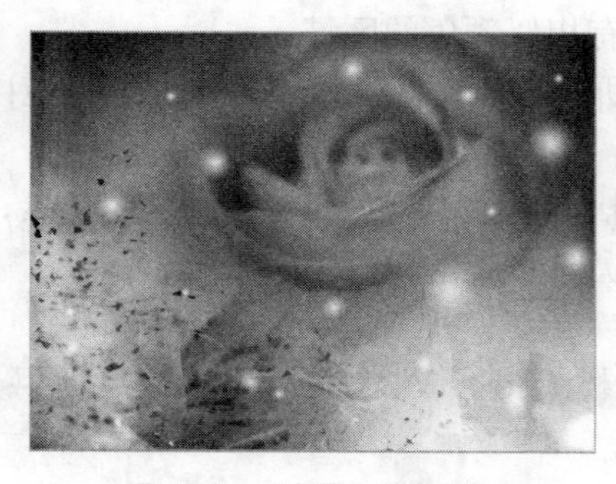

图 4-27 “背景”图像文件

图 4-28 “人物”图像文件

（2）使用任一【选择工具】在图像中创建选区。如图 4-29 所示。

（3）单击选项栏中的“调整边缘”，或选取“选择”→“调整边缘”，打开【调整边缘】对话框，以设置用于调整选区的选项，如图 4-30 所示。调整时窗口中图像的效果如图 4-31 所示。

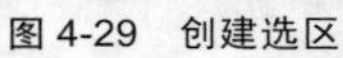

图 4-29 创建选区

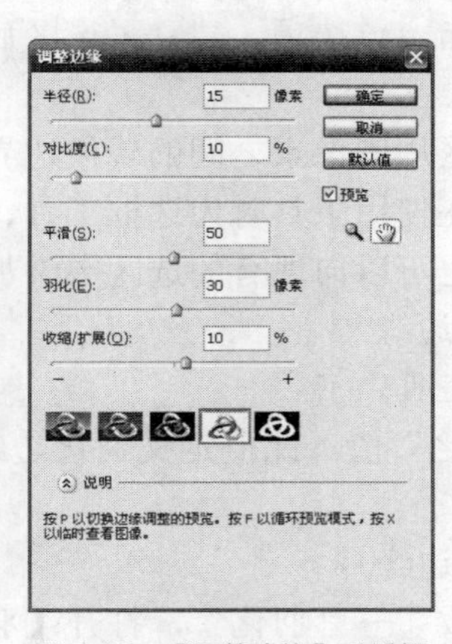

图 4-30 【调整边缘】对话框

图 4-31 图像的效果

（4）单击 确定 ，完成图像的调整，图像窗口的效果如图 4-32 所示。

（5）选择【选择工具】，将选区内的图像拖入“背景”图像窗口中，适当调整图像大小，如图 4-33 所示。

图 4-32 完成图像的调整

图 4-33 “背景”图像窗口

（6）完成后的图像效果如图 4-26 所示。

4.3.2 相关知识

可以通过消除锯齿和通过羽化来平滑硬边缘。

1. 使用消除锯齿功能选择像素

消除锯齿：通过软化边缘像素与背景像素之间的颜色过渡效果，使选区的锯齿状边缘平滑。由于只有边缘像素发生变化，因此不会丢失细节。消除锯齿在剪切、拷贝和粘贴选区以创建复合图像时非常有用。

（1）选择套索工具、多边形套索工具、磁性套索工具、椭圆选框工具或魔棒工具。

（2）在选项栏中选择“消除锯齿”选项。

注意：

消除锯齿适用于套索工具、多边形套索工具、磁性套索工具、椭圆选框工具和魔棒工具。使用这些工具之前必须指定该选项。建立了选区后，将无法添加消除锯齿功能。

2. 定义羽化边缘

羽化：通过建立选区和选区周围像素之间的转换边界来模糊边缘。该模糊边缘将丢失选区边缘的一些细节。可以在使用工具时为选框工具、套索工具、多边形套索工具或磁性套索工具定义羽化边缘，也可以向现有的选区中添加羽化边缘。

（1）为选择工具定义羽化边缘

①选择任一套索或选框工具。

②在选项栏中输入“羽化”值。此值定义羽化边缘的宽度，范围可以是 0～250 像素。

（2）为现有选区定义羽化边缘

①选取“选择”→“修改”→“羽化”，打开【羽化选区】对话框。如图 4-34 所示。

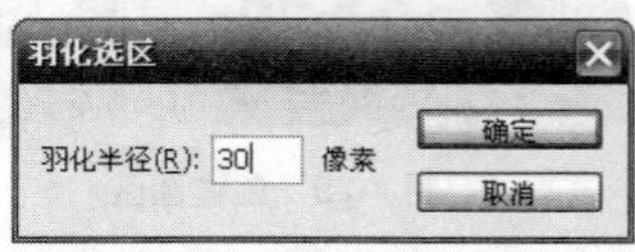

图 4-34 【羽化选区】对话框

②输入“羽化半径”的值，然后单击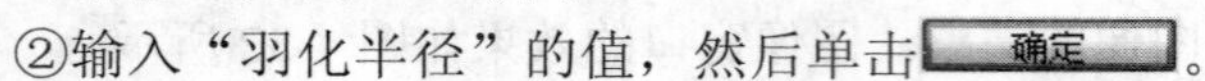。

你知道吗？

如果选区小而羽化半径大，则小选区可能变得非常模糊，以至于看不到并因此不可选。如果看到“选中的像素不超过 50%”信息，请减小羽化半径或增大选区。或单击【确定】以接受采用当前设置的蒙版，并创建无法看到其边缘的选区。

注意：

仅在移动、剪切、拷贝或填充选区后，羽化效果才会很明显。

3. 调整边缘

“调整边缘”选项可以提高选区边缘的品质并允许对照不同的背景查看选区以便轻松编辑。

半径：决定选区边界周围的区域大小，将在此区域中进行边缘调整。增加半径可以在包含柔化过渡或细节的区域中创建更加精确的选区边界，如短的毛发中的边界或模糊边界。

对比度：锐化选区边缘并去除模糊的不自然感。增加对比度可以移去由于“半径”设置过高而导致在选区边缘附近产生的过多杂色。

平滑：减少选区边界中的不规则区域（“山峰和低谷”）以创建更加平滑的轮廓。输入一个值或将滑块在 0～100 之间移动。

羽化：在选区及其周围像素之间创建柔化边缘过渡。输入一个值或移动滑块以定义羽化边缘的宽度（0～250 像素）。

收缩/扩展：收缩或扩展选区边界。输入一个值或移动滑块以设置一个介于 0～100% 之间的数以进行扩展，或设置一个介于 0～－100%之间的数以进行收缩。这对柔化边缘选区进行微调很有用。收缩选区有助于从选区边缘移去不需要的背景色。

4. 存储选区

（1）使用任何选区工具建立一个选区。

（2）选取“选择”→“存储选区”，打开【存储选区】对话框，如图 4-35 所示。

（3）在【存储选区】对话框中指定以下“目标”选项，单击确定。

文档 选取现用文件作为来源。

通道 选取一个新通道，或选取包含要载入的选区的通道。

名称 允许为选区输入一个名称。

5. 载入选区

（1）打开要使用的两个图像，使目标图像成为现用图像。

（2）选取“选择”→“载入选区”，打开【载入选区】对话框，如图 4-36 所示。

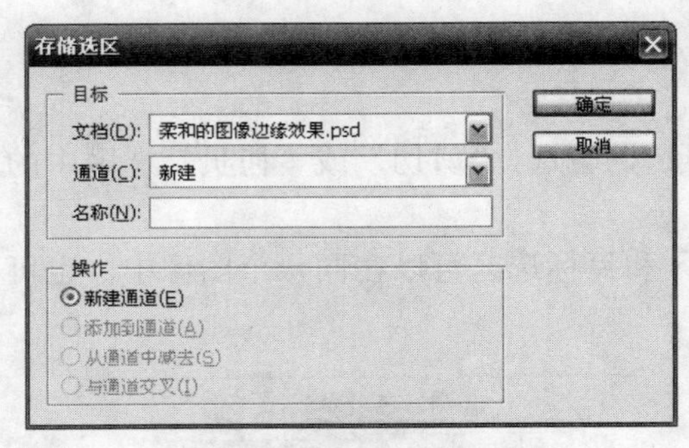

图 4-35 【存储选区】对话框

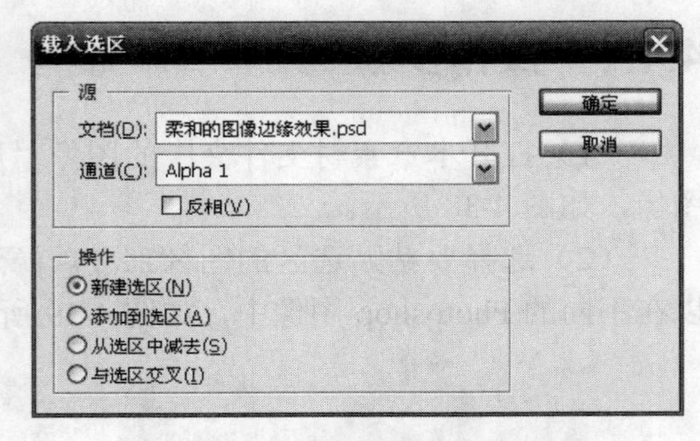

图 4-36 【载入选区】对话框

（3）在【载入选区】对话框中指定“源”选项：

文档 选取源图像。

通道 选取包含要以蒙版形式加载的选区的通道。

反相 使非选定区域处于选中状态。

操作 指定在目标图像已包含选区的情况下如何合并选区。

（4）选择一个“操作”选项，以便指定在目标图像已包含选区的情况下如何合并选区，单击确定。

新建选区 将当前选区存储在新通道中。

添加到选区 将当前选区添加到目标通道中的现有选区。

从选区中减去 从目标通道内的现有选区中减去当前选区。

与选区交叉 从与当前选区和目标通道中的现有选区交叉的区域中存储一个选区。

4.4 应用选区创建“风景”壁画

本案例应用“将一个选区粘贴到另一个选区中”的方法，创建了一幅画框精美的“风景”壁画，效果如图 4-37 所示。

图 4-37 “风景”壁画效果图

4.4.1 操作步骤

（1）打开本章素材文件夹中的图像“风景”，全选，“剪切”或“拷贝”选区中的图像，如图 4-38 所示。

（2）选择要粘贴选区的图像部分。源选区和目标选区可以在同一个图像中，也可以在不同的 Photoshop 图像中，如图 4-39 所示。

图 4-38 “剪切”或“拷贝”选区中的图像

图 4-39 选择要粘贴选区的图像部分

（3）选取“编辑”→“贴入”。

“贴入”命令将剪切或拷贝的选区粘贴到同一图像或不同图像中的另一个选区中。源选区粘贴到新图层，而目标选区边框将转换为图层蒙版，源选区的内容在目标选区被蒙版覆盖。如图 4-40 所示。

在【图层】面板中，源选区的图层缩览图出现在目标选区的图层蒙版缩览图旁边。图层和图层蒙版之间没有链接，也就是说，可以单独移动其中的每一个，如图 4-41 所示。

（4）选择【移动工具】，或者按住 Ctrl 键以启动移动工具。然后拖移源内容，直到想要的部分被蒙版覆盖，如图 4-42 所示。

你知道吗？

要指定底层图像的显示通透程度，请在【图层】面板中单击图层蒙版缩览图，选择

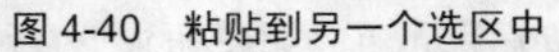

图 4-40 粘贴到另一个选区中

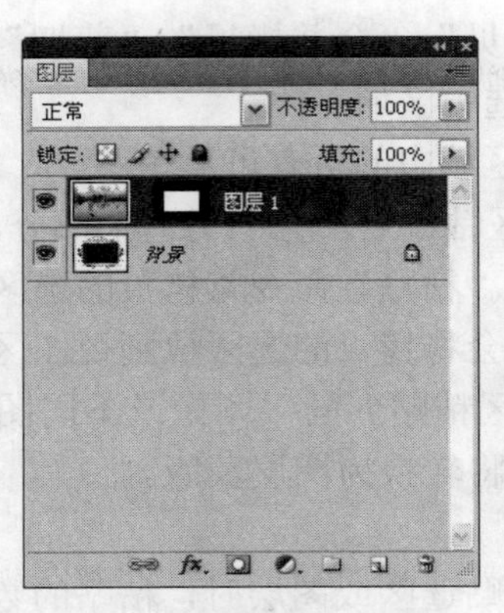

图 4-41 图层和蒙版之间没有链接

图 4-42 拖移源内容

一种绘画工具，然后编辑蒙版：

若要隐藏图层下面的图像，请用黑色绘制蒙版。

若要显示图层下面的图像，请用白色绘制蒙版。

若要部分显示图层下面的图像，请用灰色绘制蒙版。

（5）如果对结果满意，可以选取“图层”→“向下合并”。

4.4.2 相关知识

1. 移动选区

（1）选择【移动工具】，将工具放置在选区中，如图 4-43 所示。

（2）在选区边框内移动指针，并将选区拖动到新位置。如果选择了多个区域，则在拖动时将移动所有区域。如图 4-44 所示。

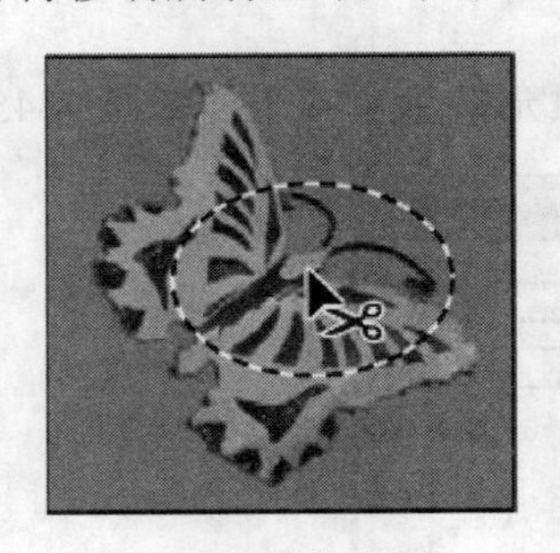

图 4-43 原来的选区

图 4-44 用【移动工具】移动选区之后

2. 剪切、拷贝和粘贴选区

可以使用“剪切”或“拷贝”命令在 Photoshop 和其他应用程序之间拷贝选区内容。在剪切或拷贝另一个选区之前，原先剪切或拷贝的选区一直保留在剪贴板上。剪贴板是不可见的程序。

在图像内或图像间拖移选区时可以使用移动工具移动选区，或者使用“拷贝”、“合并拷贝”、“剪切”和“粘贴”命令拷贝和移动选区。用移动工具拖移可节省内存，这是因为没有使用剪贴板，而“拷贝”、“合并拷贝”、“剪切”和“粘贴”命令使用剪贴板。

拷贝 拷贝当前图层上的选中区域。

合并拷贝 合并拷贝选中区域中的所有可见图层。

粘贴 将剪切或拷贝的选区粘贴到图像的另一个部分，或将其作为新图层粘贴到另一个图像。如果有一个选区，则“粘贴”命令将拷贝的选区放到当前的选区上。如果没有当前的选区，则“粘贴”命令会将拷贝的选区放到视图区域的中央。

贴入 将剪切或拷贝的选区粘贴到同一图像或不同图像的另一个选区内。源选区粘贴到新图层，而目标选区边框将转换为图层蒙版。

注意：

在不同分辨率的图像中粘贴选区或图层时，粘贴的数据保持它的像素尺寸。这将使粘贴的部分与新图像不成比例。在拷贝和粘贴之前，使用“图像大小”命令使源图像和目标图像的分辨率相同。

3. 清除选区内的图像

清除选区内的图像比较常见，只要在建立选区后单击 Delete 键就可以了。如果是在背景层进行的清除，选区内容将会被背景色取代；如果是在其他层进行清除，选区内容将成为透明像素。

4.5 选区内容的修饰

4.5.1 填充颜色、图案到选区

（1）建立选区。

（2）选择“编辑”→“填充”命令，在选区内填充颜色及图案，如图 4-45 所示。

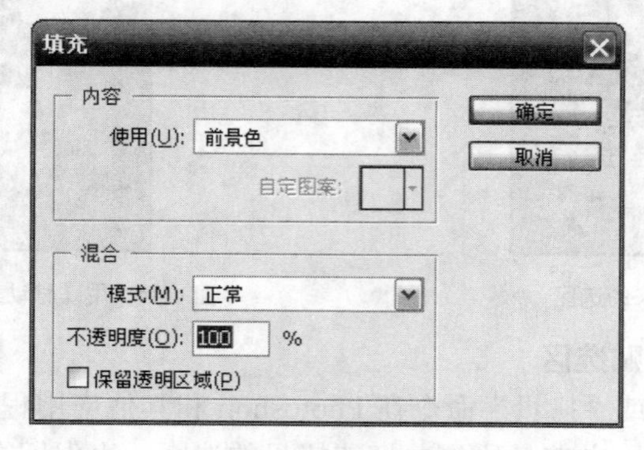

图 4-45 【填充】对话框

（3）在打开的【填充】对话框中“内容”选项栏的“使用”下拉列表中选择“前景色”、“背景色”或“图案”等选项。也可以使用【画笔工具】、【油漆桶工具】或【渐变工具】等在选区范围内填充颜色、图案及渐变，如图 4-46 所示。

图 4-46　在选区内使用画笔工具、油漆桶工具及渐变工具

注意： 尽量要在新建图层上进行处理，避免破坏原图像。

4.5.2　对选择范围描边

可以使用“描边”命令在选区、图层或路径周围绘制彩色边框。

（1）选取一种前景色。

（2）选择要描边的区域或图层。

（3）单击“编辑”→“描边”，打开【描边】对话框，如图 4-47 所示。

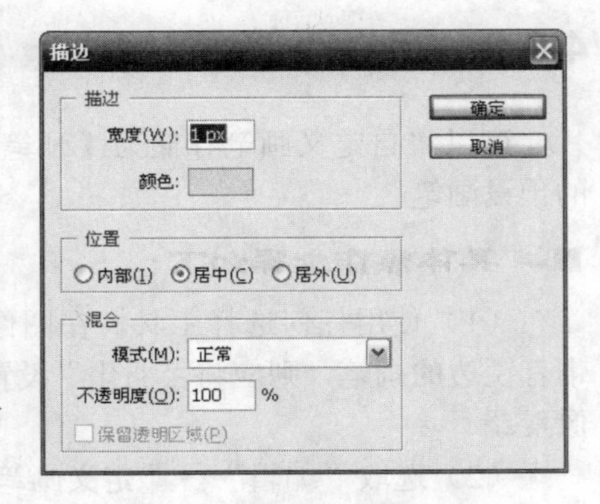

图 4-47　【描边】对话框

（4）在【描边】对话框中指定描边边框的宽度。

（5）“位置”选项栏用于指定是在选区或图层边界的内部、外部还是中心放置边框。

（6）指定不透明度和混合模式。

（7）如果正在处理图层，而且只需要对包含像素的区域进行描边，请选择“保留透明区域”选项。

4.6　自定义图案及画笔

在使用画笔及填充工具的时候，可以自定义图案及笔刷。

4.6.1　将图像定义为预设图案

可以将任何一幅图像定义为预设图案。

具体操作步骤如下：

（1）在任何打开的图像上使用【矩形选框工具】选择用作图案的区域。

注意：

必须将“羽化”值设置为 0，并且图像的尺寸尽量不要过大。

（2）选取“编辑”→“定义图案”。

（3）在打开的【图案名称】对话框中输入图案的名称并单击[确定]，如图 4-48 所示。

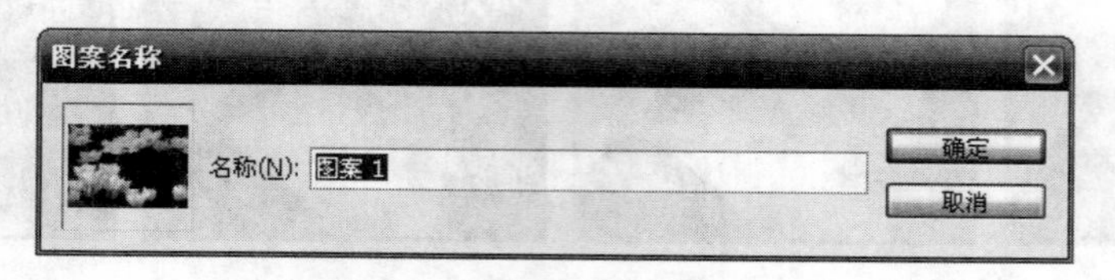

图 4-48 【图案名称】对话框

注意：

如果正在使用某个图像中的图案并将它应用于另一个图像，则 Photoshop 将转换颜色模式。

4.6.2 定义画笔

可以将自定义画笔存储为【画笔】面板、“画笔预设”选取器和“预设管理器”中的预设画笔。

具体操作步骤如下：

（1）使用任何选择工具，在图像中选择要用作自定义画笔的部分。如果希望创建带有锐边的画笔，则应将“羽化”设置为 0。画笔形状的大小最大可达 2500 像素×2500 像素。

（2）选取“编辑”→“定义画笔预设”。

（3）在打开的【画笔名称】对话框中为画笔命名并单击[确定]，如图 4-49 所示。

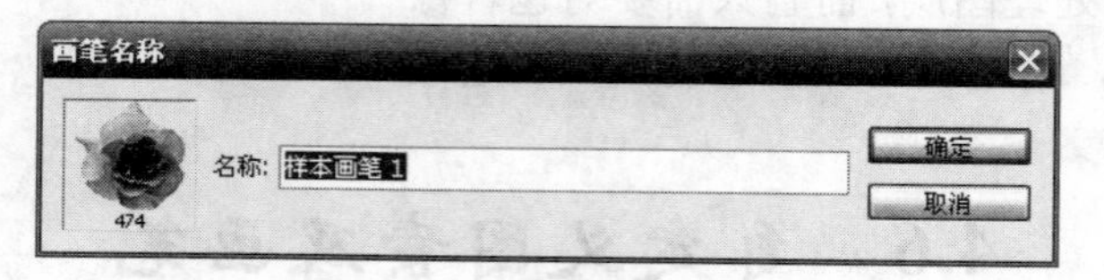

图 4-49 【画笔名称】对话框

注意：

如果要定义具有柔边的画笔，请使用灰度值选择像素（彩色画笔的形状显示为灰度值）。为使画笔形状更鲜明，应让图像自身尽量是黑色并且显示在纯白色背景上（画笔的形状与将来要使用的颜色无关，显示为灰度图像）。

4.7 本章小结

本章通过“蝶恋花”、创建柔和的“图像边缘效果”等案例详细介绍了选区的相关知识。选区是图像处理中极其重要的概念，也是图像处理的基础。可以说没有选区，就谈不上图像的处理。因此，应该熟练掌握和运用选区，掌握创建选区的各种选择工具，并灵活应用选区，完成各种图像效果的设计与制作。

本章从建立选区入手，介绍了创建选区、编辑选区、应用选区等实用的方法；还详细介绍了选区的编辑、移动、隐藏选区等操作以及使选区反相、选择范围旋转、翻转和自由变形、柔化选区边缘的方法以及存储和载入选区；在选区的用途方面介绍了选区内容的处理、选区内容的修饰、定义图案和画笔等。相信这些实用的内容将会为进一步深入学习和掌握 Photoshop CS4 奠定良好的基础。

4.8 思考与练习

前思后想

一、选择题

1. 设置一个适当的羽化值，然后对选区内的图形进行多次 Del 操作可以实现______。

A．选区边缘的锐化效果　　B．选区边缘的模糊效果

C．选区扩边　　D．选区扩大

2.修改命令是用来编辑已经做好的选择范围，它提供了哪些功能？______

A. 扩边　B. 扩展　C. 收缩　D. 平滑

3. 变换选区命令可以对选择范围进行哪些编辑？______

A. 缩放　B. 变形　C. 不规则变形　D. 旋转

4. Photoshop 提供了修边功能，修边可分为哪几种类型？______

A. 清除图像的黑色边缘

B. 清除图像的白色边缘

C. 清除图像的灰色边缘

D. 清除图像的锯齿边缘

二、填空题

1. 在【色彩范围】对话框中为了调整颜色的范围，应当调整____________数值。

2. ________________________________命令具有还原操作的作用。

3. ____________类型的图层可以将图像自动对齐和分布。

4. Photoshop 提供了很多种图层的混合模式，________________混合模式可以在绘图工具中使用而不能在图层之间使用。

第5章 落笔生花——绘画

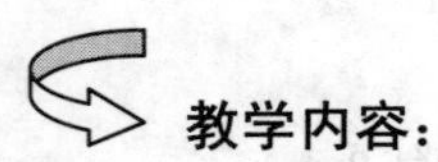

教学内容：

绘画工具是Photoshop绘画和图像处理的基础，掌握了绘画工具的使用方法可以帮助我们更好地处理图像和编辑图像。本章通过“卡通线稿上色”、“羽毛扇”、“杂志封面”制作等案例，详细介绍了如何运用Photoshop CS4中的绘画工具进行颜色的填充、图像的绘制和编辑的方法与技巧。通过本章的学习与实践，能够掌握绘画工具的使用方法，这些看似平常的工具，却都有着不同寻常的用途。

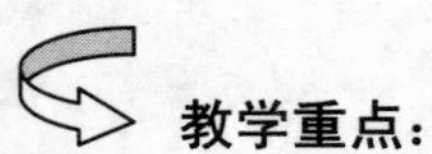

教学重点：

教学重点	能力要求	相关知识
选取颜色	掌握选取颜色的方法	拾色器、颜色面板、吸管工具
画笔面板及设置	掌握画笔工具的设置及应用	形状动态、渐隐、双重画笔等
画笔工具的应用	运用画笔工具组中工具进行作品绘制	画笔工具、铅笔工具、替换工具
编辑和修改图像工具	掌握抹除工具、填充工具组的使用方法	橡皮擦、背景橡皮擦、魔术橡皮擦 油漆桶工具、渐变工具
图像修饰工具组	掌握图像修饰工具进修复照片的方法	仿制图章工具、修补工具、模糊工具、锐化工具、涂抹工具、污点修复画笔工具、红眼工具等
图像恢复工具组	掌握图像恢复工具组工具的使用方法	历史记录画笔、历史记录艺术画笔

5.1 概 述

绘画是 Photoshop 绘图和图像处理的基础，掌握了绘画工具的使用方法可以帮助我们更好地处理图像和编辑图像。

随着计算机技术的飞速发展，用 Photoshop 绘画已经成为一种时尚，软件的应用能力可激发设计者的灵感和创新能力，可以得到更为精美的图像效果，创造出更完美的艺术作品。本章从介绍各类绘画的表现形式入手，全面介绍 Photoshop 绘画工具中画笔、图章、渐变和油漆桶等工具的设置及使用方法和技巧。

5.1.1 关于 Photoshop 绘画

Photoshop 绘画是利用计算机图形、图像生成技术和软件技术让计算机产生单色或多色图像。Photoshop 绘画的表现形式非常丰富，如：油画、国画、水彩画、版画、CG 及卡通、漫画、插画等都可以通过 Photoshop 来绘制完成。运用 Photoshop 中的各种工具，可使计算机绘画与艺术创作相结合，从而产生特殊的艺术效果，形成独特的艺术风格。

5.1.2 Photoshop 绘画的三要素

1. 绘画要素之——造型

造型能力主要来自于基础绘画中素描、速写技能的培养，即画面的比例、动势和体积关系的合理协调。用 Photoshop 绘制出的作品的好坏很大程度上取决于设计者如何把握主题形象的造型特点及形体比例关系。而要想准确地把握形体的造型，还要求熟悉形体的生理结构，如：人、动物等的生理结构。一个人物形象可能是夸张的，但这种夸张必须建立在准确把握其生理结构的基础之上，这样设计的形象造型才能生动，打动观众。

2. 绘画要素之二——色彩

色彩是数字艺术的重要元素之一，它能产生独特的心理效应，令作品产生先声夺人的效果。所以要进行绘画必须掌握基础绘画中的色彩知识。

Photoshop 提供了若干用于绘画或编辑图像颜色的工具。图像的颜色受软件应用技术的影响很大。因而，只有深刻了解 Photoshop 绘画工具的各种功能，掌握 Photoshop 颜色的设置方法，才能实现理想的色彩效果。

3. 绘画要素之三——明暗关系

在绘画中仅仅把握住了明快的色彩还不够，有时画面仍然不够生动，这是因为在色彩的运用中还缺少明暗的变化。明暗关系是塑造绘画造型的立体感和光感的重要手段，如果美术绘画没有明暗关系，画面将会显得单一和没有立体感。只有在电脑绘画中把握明与暗、黑与白、光与影、高光与反光的各种层次关系，才能表现出既生动又符合视觉印象的绘画作品来。

5.2 卡通线稿上色

卡通人物是目前 Photoshop 画笔初期练习的一个比较常见的案例形式。本案例通过进行颜色设置、画笔设置及应用绘画工具中的画笔、加深和减淡等工具，绘制出一张可爱的卡通人物形象，效果如图 5-1 所示。

图 5-1 “卡通线稿上色”效果图

注意：

上色前需要确定画面光源的方向，才能确定光影关系，为人物及衣着明暗进行着色。

5.2.1 基本绘制方法

通常都是采用扫描仪扫描手绘稿件，得到初期的线稿。再通过对线稿进行处理或者重绘方式得到最终稿件，本例中的线稿为重绘稿。

1. 基本上色流程

打开文件后，复制线稿图层（Ctrl+J），将复制层的混合模式设置为正片叠底，锁定图层。在背景层与复制层之间新建图层，根据颜色部位的前后关系利用画笔配合油漆桶进行上色。

2. 绘制过程

（1）绘制基色。如果需要填色的面积过大，首先使用画笔对需要进行上色的局部边缘细致描绘出一个闭合区域，再配合【油漆桶工具】进行填充；如果需要填色的面积过小，直接使用画笔进行填充。

（2）锁定。单击【图层】面板上的【锁定透明像素】按钮，避免绘制其他部分时对该部分误操作。

（3）绘制明暗，利用画笔绘制出光影效果。

3. 操作步骤

（1）打开本章素材中的线稿图片，如图 5-2 所示。

图 5-2 线稿图片

（2）Ctrl+J（复制背景层），命名为“线稿”，设定图层混合模式为“正片叠底”并且单击【锁定全部】按钮。

（3）选择背景层，新建图层，选择【画笔工具】，单击选项栏上的【切换画笔面板】按钮，就会弹出【画笔】面板，如图 5-3 所示。在这里可以设置画笔种类，也就是画笔的大小和形状。

当我们在进行绘画、填充和描边选区等操作时 Photoshop 默认使用的颜色为前景色。就是工具箱颜色选区框上端的色块，也是使用画笔工具或油漆桶工具直接上色的时候，图像窗口上显示的颜色。背景色是下端色块，是使用背景色生成渐变填充和在图像的涂抹区域中填充的时候显示的颜色。

常用快捷键：

【画笔工具】的快捷键为 B；【画笔】面板的快捷键为 F5；调整画笔大小的快捷键缩小为[、放大为]；【橡皮擦工具】的快捷键为 E；【油漆桶工具】的快捷键为 G（如果当前显示的为【渐变工具】，可按 Shift+G 键）。

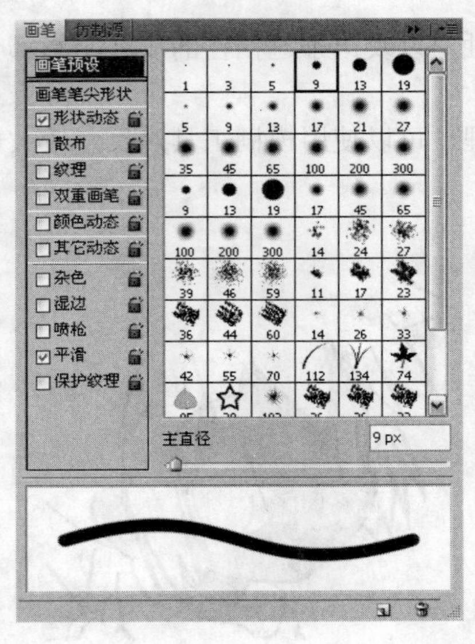

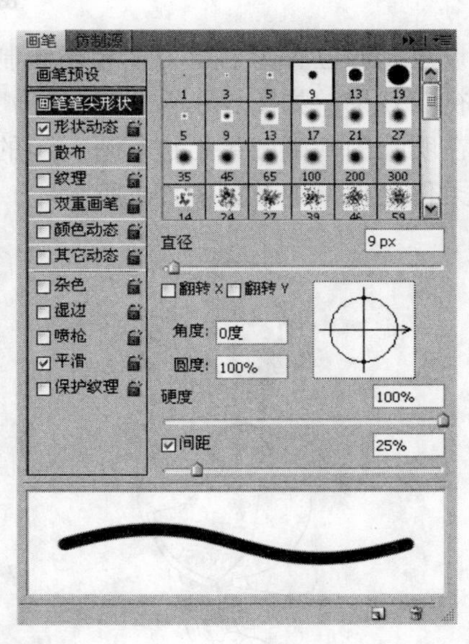

图 5-3 【画笔】面板

（4）按照基本绘制方法，首先绘制面部（在新图层上）。设置前景色为 RGB（241，219，155），设置画笔为尖角 9 像素，对面部及其他皮肤部分上色效果，如图 5-4 所示。

图 5-4 面部上色

（5）单击【图层】面板上的【锁定透明像素】按钮，设置前景色为 RGB（231，115，108），选择画笔工具，设置笔刷为“喷溅 24 像素”，按下 F5 键打开【画笔】面板。设置如下：

画笔笔尖形状：设置间距为 1%。

形状动态：大小抖动的控制设置为渐隐，步数为 40（可根据不同尺寸的图像，进行适当改变）。

选择“杂色”与“喷枪”。

在画笔工具选项栏中设置不透明度为 50%，流量为 50%，如图 5-5 所示。

图 5-5 画笔设置

设定光源位置为右上方，粗略绘制出头发、袖口以及裙子遮挡住的皮肤阴影部分，得到初步效果，如图 5-6 所示。

在明暗的基础效果上进行进一步的加工和处理，可以使用模糊工具对反差较大部分进行柔化处理，细节如图 5-7 所示。

图 5-6 初期光影效果

图 5-7 细节描绘

（6）按照此方法绘制眼睛，在使用画笔的过程中，可以使用快捷键随时控制画笔的笔尖大小，以得到最佳效果。如图 5-8 所示。

图 5-8 眼部细节描绘

（7）设置前景色为 RGB（255，201，92）绘制头发，并按照上面的步骤对头发的细节进行刻画，效果如图 5-9 所示。

图 5-9 头发

（8）继续按照上述方法绘制衣服，衣服的基础色调为 RGB（226，210，159），如图 5-10 所示。

（9）继续按照上述方法绘制鞋子，鞋子的基础色调为 RGB（65，32，2），如图 5-11 所示。

图 5-10 衣服

图 5-11 鞋子

（10）绘制发带，效果如图 5-12 所示。进行细节处理后完成整体绘制效果，如图 5-13 所示。

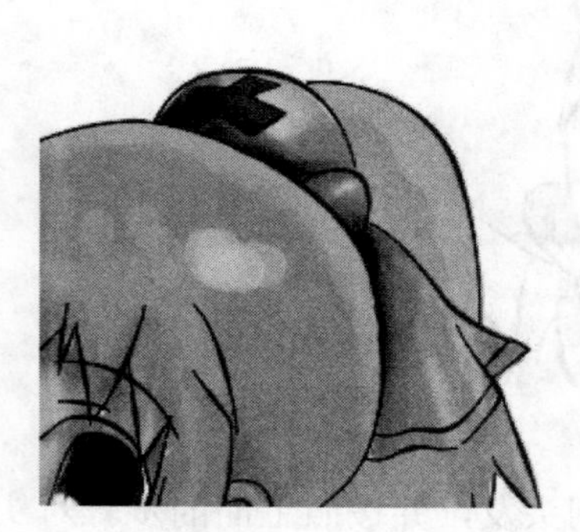

图 5-12 发带

图 5-13 整体绘制效果

（11）为图像配加背景，最终效果如图 5-1 所示。

5.2.2 相关知识

1. 选取颜色

我们生活在五彩缤纷的世界里，离开了颜色的世界会变得空洞乏味，使用 Photoshop 来绘制各种形式的作品更离不开颜色的设置。在 Photoshop 中定义颜色的方法有很多，下面将逐一介绍。

（1）用【拾色器】选择颜色

使用拾色器可以从颜色色谱中选择颜色，或以数字方式指定颜色。如要定义【拾色器】中的颜色，需要在工具箱中单击前景色或背景色色块打开【拾色器】对话框，如图 5-14 所示。【拾色器】对话框左侧的颜色方框区域称为色域，这一区域是供我们选择颜色用的。色域中能够移动的小圆圈是选取颜色的标志，色域右边为颜色滑块，用来调整颜色的不同色调。我们通过 Adobe 拾色器，可以设置前景色、背景色和文本颜色。另外，还可以使用拾色器在某些颜色和色调调整命令中设置目标颜色；在【渐变编辑器】中设置终止色；在【照片滤镜】面板中设置滤镜颜色；在填充图层、图层样式和形状图层中设置颜色。

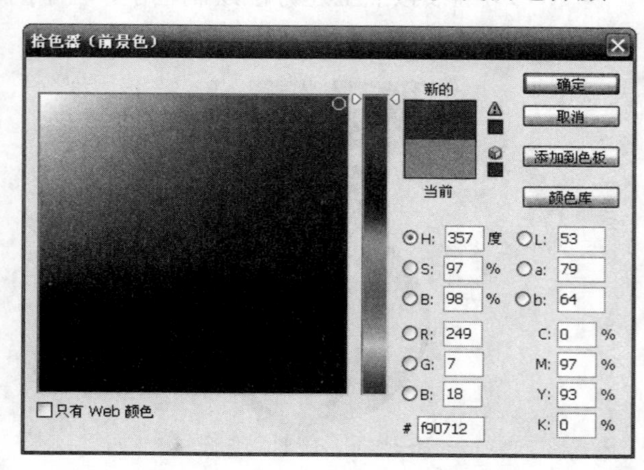

图 5-14 【拾色器】对话框

（2）用前景色和背景色选择颜色

在 Photoshop 工具箱中，当前的前景色显示在工具箱的颜色选区框上部，当前的背景色显示在下部。

前景色：当我们在进行绘画、填充和描边等操作时，Photoshop 默认使用的颜色为前景色，就是工具箱颜色选区框上端的色块，也是使用画笔工具或油漆桶工具直接上色的时候，图像窗口上显示的颜色。

背景色：背景色是如图 5-15 所示的下端色块，是使用背景色生成渐变填充和在图像的涂抹区域中填充的时候显示的颜色。

切换前景色和背景色：单击工具箱中的【切换前景色和背景色】图标，可以反转前景色和背景色。

默认前景色和背景色：单击工具箱中的【默认前景色和背景色】图标，就会还原为工具箱的基本颜色。也就是前景色是黑色，背景色是白色。

（3）用【颜色】面板选择颜色

【颜色】面板显示当前前景色和背景色的颜色值。使用【颜色】面板中的滑块，可以利用几种不同的颜色模型来编辑前景色和背景色。也可以从显示在面板底部的四色曲线图中的色谱中选取前景色或背景色。

图 5-15 前景色和背景色

（4）使用【吸管工具】选取颜色

【吸管工具】用来采集色样以指定新的前景色或背景色。可以从现用图像或屏幕上的任何位置采集色样。还可以在工具选项栏指定吸管工具的取样区域。例如，可以设置吸管采集指针下 3×3 像素区域内的色样值。修改吸管的取样大小将影响【信息】面板中显示的颜色信息。若要选择新的前景色，请在图像内单击。或者，将指针放置在图像上，按鼠标左键并在屏幕上的任何位置拖移。前景色选区框会随着拖移动态地变化。松开鼠标左键，即可拾取新颜色。要选择新的背景色，请按住 Alt 键并在图像内单击。或者，将指针放置在图像上，按 Alt 键，按鼠标左键并在屏幕上的任何位置拖移。背景色选区框会随着拖移动态地变化。松开鼠标按键，即可拾取新颜色。

注意：

要在使用任一绘画工具时临时使用【吸管工具】，请按住 Alt 键。

2.【画笔工具】的使用及画笔设置方法

（1）【画笔工具】

我们可以用当前前景色进行绘画。默认情况下，【画笔工具】创建颜色的柔描边，而【铅笔工具】创建硬边手画线。也可以将【画笔工具】用作喷枪，对图像应用颜色喷涂。

选项栏上画笔的基本参数如下：

模式 从“模式”下拉列表中选取一种混合模式。

不透明度 通过拖移“不透明度”滑块来指定不透明度。

流量 对于画笔工具，通过拖移“流量”滑块来指定流动速率。流量可指定油彩的涂抹速度。随着值的减少，油彩的涂抹速度也会降低。

喷枪 单击【喷枪】按钮，可将画笔用作喷枪。选择【喷枪工具】在图像中一直单击，颜料可以一直喷出来。

（2）画笔设置

画笔设置在整个绘画过程中应用非常广泛，是绘画的基础。在绘画过程中首先要设置相关工具，而画笔设置在众多绘画工具中都能用到，且变化不大，由此可见其重要性。因此在这里我们将对画笔设置做重点讲解。

（3）【画笔】面板

【画笔】面板可用于选择预设画笔和设计自定画笔。执行“窗口”→“画笔”命令，或者在选中了【画笔工具】、【橡皮擦工具】、【减淡工具】或【模糊工具】时，单击选项栏右侧的【切换画笔面板】按钮就可以打开【画笔】面板。【画笔】面板中的画笔预设提供了 11 个功能，可以改变画笔的大小和整体形态。

①画笔笔尖形状

利用各选项可以改变画笔的大小、角度、粗糙程度等属性。利用以下选项，可以自定义各种形态的画笔，如图 5-16 所示。

直径：控制画笔大小。输入以像素为单位的值或拖移滑块来设置，如图 5-17 所示。

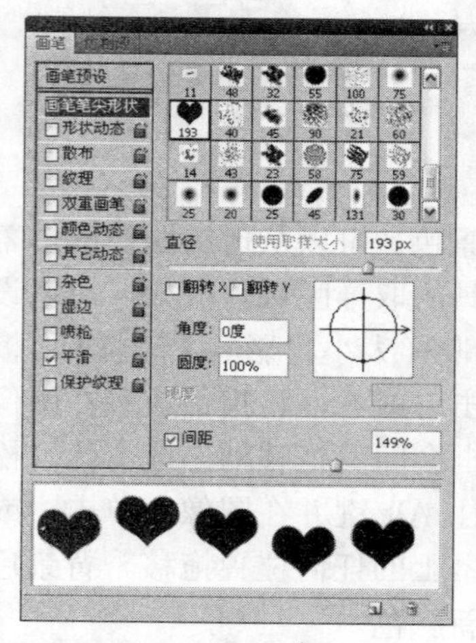

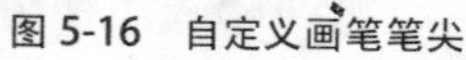

图 5-16　自定义画笔笔尖

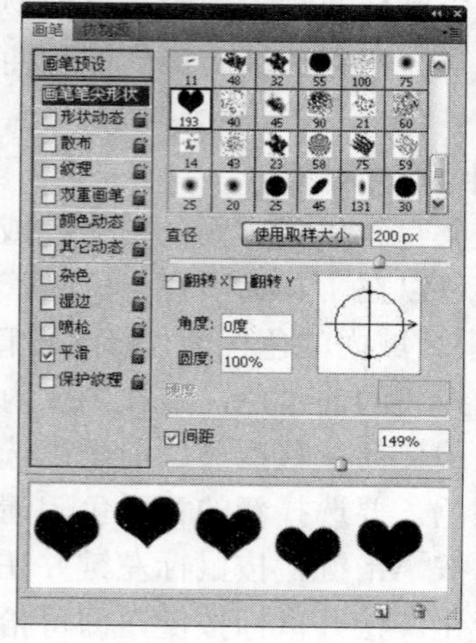

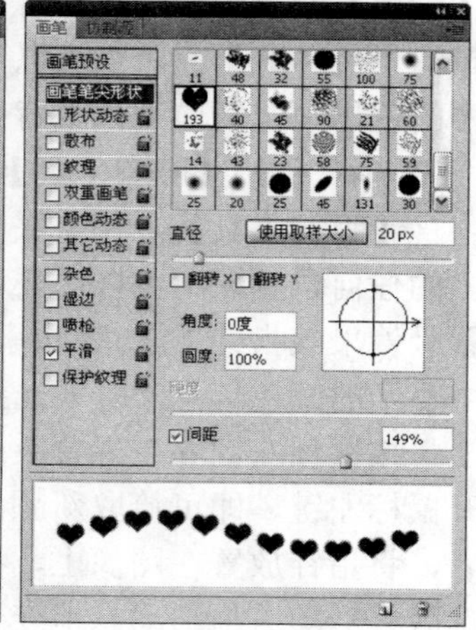

图 5-17　不同直径的画笔

使用样本大小：将画笔复位到它的原始直径。只有在画笔笔尖形状是通过采集图像中的像素样本创建的情况下，此选项才可用。

翻转 X、翻转 Y：改变画笔笔尖在其 X、Y 轴上的方向，如图 5-18 所示。

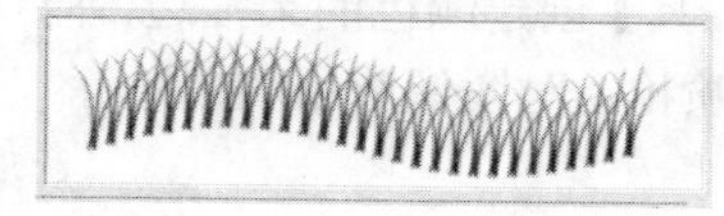

原图

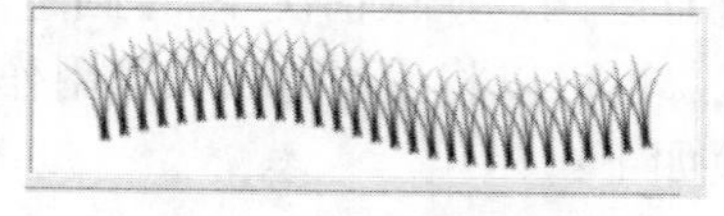

沿 X 方向翻转

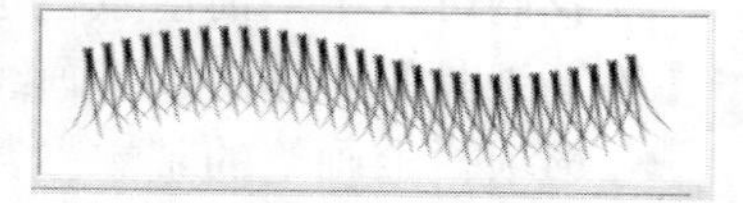

沿 Y 方向翻转

图 5-18　在 X、Y 方向翻转画笔

角度：指定椭圆画笔或样本画笔的长轴从水平方向旋转的角度。键入度数，或在预览框中拖移水平轴进行设置，如图 5-19 所示。

圆度：指定画笔短轴和长轴的比率。输入百分比值，或在预览框中拖移点进行设置。

100% 表示圆形画笔，0%表示线形画笔，介于两者之间的值表示椭圆画笔。

硬度：控制画笔硬度中心的大小。键入数值，或者使用滑块输入画笔直径的百分比值进行设置，如图 5-20 所示。

间距：控制描边中两个画笔笔迹之间的距离。如果要更改间距，请键入数值，或使用滑块输入画笔直径的百分比值。当取消选择此选项时，光标的速度决定间距，如图 5-21 所示。

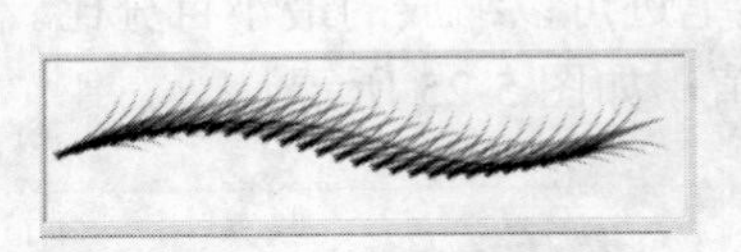

图 5-19 带角度的画笔

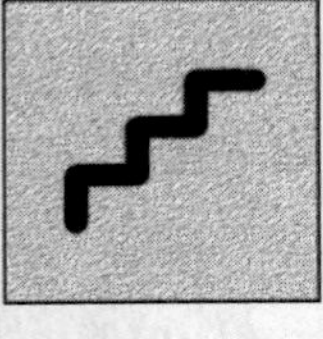

图 5-20 不同硬度

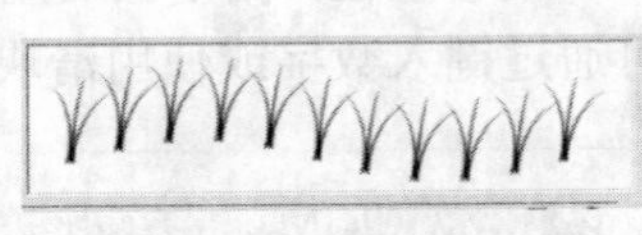

图 5-21 增大间距

②形状动态

【画笔】面板提供了许多将动态（或变化）元素添加到预设画笔笔尖的选项。例如，可以设置在描边路线中改变画笔笔迹的大小、颜色和不透明度的选项。

形状动态决定描边中画笔笔迹的变化，无形状动态和有形状动态的画笔笔迹如图 5-22 所示。

图 5-22 无形状动态和有形状动态的画笔笔迹

大小抖动：指定描边中画笔笔迹大小的改变方式。值越高，画笔的轮廓形态就越不规则，如图 5-23 所示。从“控制”下拉列表中选取选项如下：

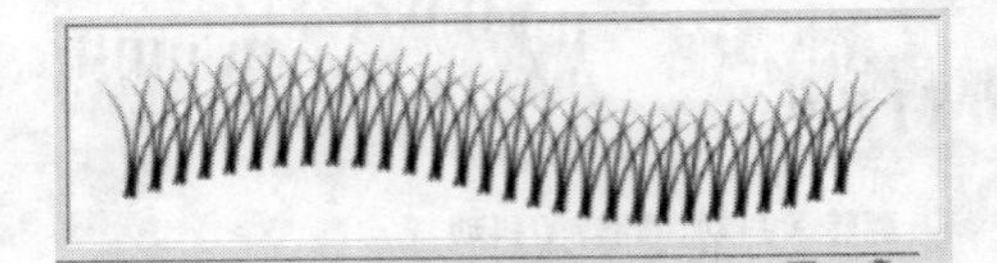
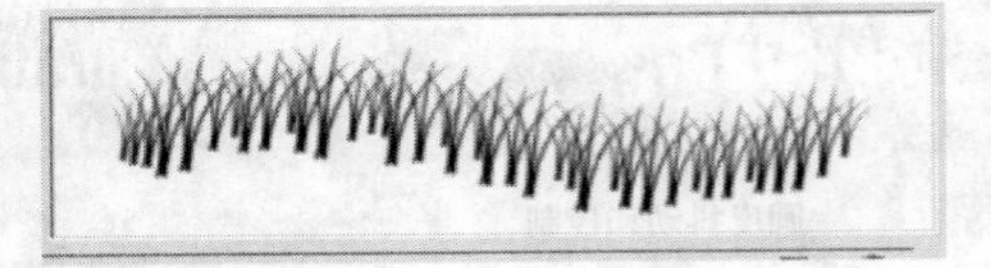

图 5-23 不同的大小抖动值

关 指定不控制画笔笔迹的大小变化。

渐隐 指定数量的步长在初始直径和最小直径之间渐隐（一个步长等于画笔笔尖的一个笔迹）。该值的范围可以从 1 到 9999，如图 5-24 所示。

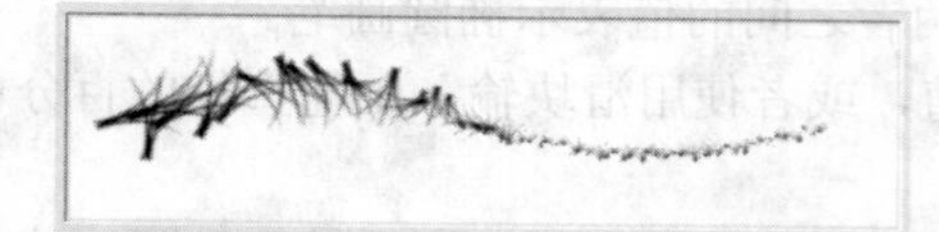

图 5-24 不同的渐隐值

钢笔压力、钢笔斜度、光笔轮 依据钢笔压力、钢笔斜度、光笔轮位置来改变初始直径和最小直径之间的画笔笔迹大小。

最小直径：指定当启用【大小抖动】或【控制】时画笔笔迹可以缩放的最小百分比。可通过键入数字或使用滑块来输入画笔笔尖直径的百分比值，如图 5-25 所示。

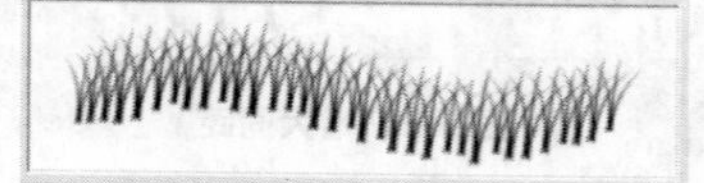

最小直径值为 0%

最小直径值为 50%

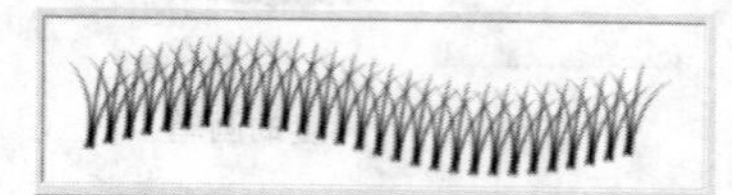

最小直径值为 100%

图 5-25 不同的最小直径值

角度抖动和控制：指定描边中画笔笔迹角度的改变方式。要指定抖动的最大百分比，可输入一个是 360 度的百分比的值。

圆度抖动和控制：指定画笔笔迹的圆度在描边中的改变方式。要指定抖动的最大百分比，请输入一个指明画笔长短轴之间的比率的百分比。

翻转 X 抖动、翻转 Y 抖动：允许随即翻转的画笔。

不同的抖动如图 5-26 所示。

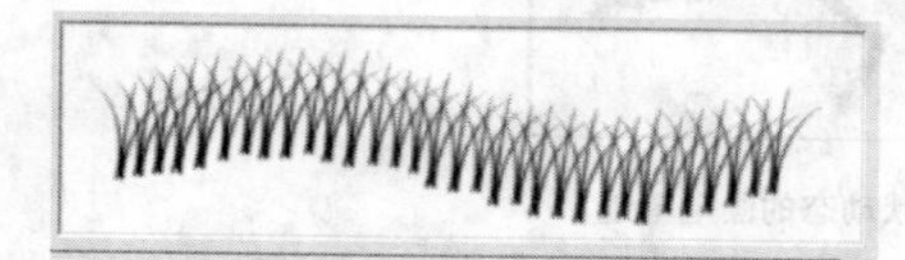

角度抖动值为 0%

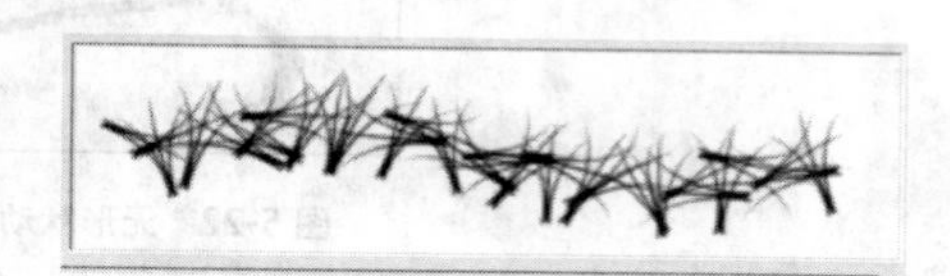

角度抖动值为 30%

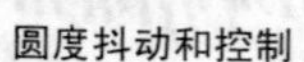

圆度抖动和控制

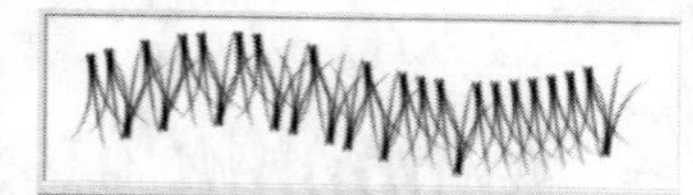

翻转 X 抖动、翻转 Y 抖动

图 5-26 不同的抖动

③散布

【散布】画笔可确定描边中笔迹的数目和位置，如图 5-27 所示。

散布和控制：设置画笔的分散程度。指定画笔笔迹在描边中的分布方式。当选择“两轴”时，画笔笔迹按径向分布。当取消选择“两轴”时，画笔笔迹垂直于描边路径分布。

要指定散布的最大百分比，请输入一个值。该值越高，分散的范围就越广。要控制画笔笔迹的散布变化，请从“控制”下拉菜单中选取一个选项。

数量：指定在每个间距间隔应用的画笔笔迹数量。该值越高，画笔重复率越高，如图 5-28 所示。

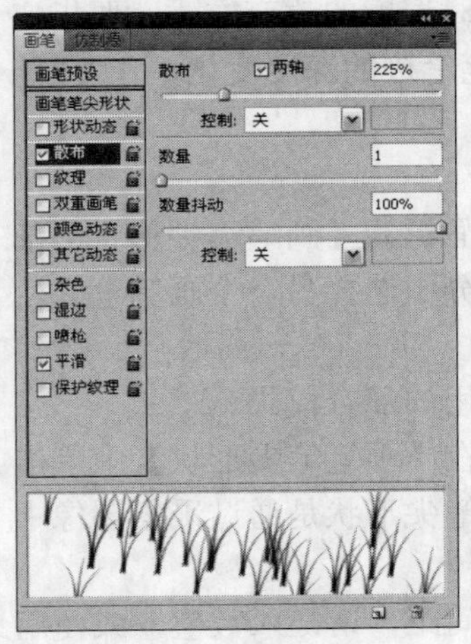

图 5-27 画笔散布

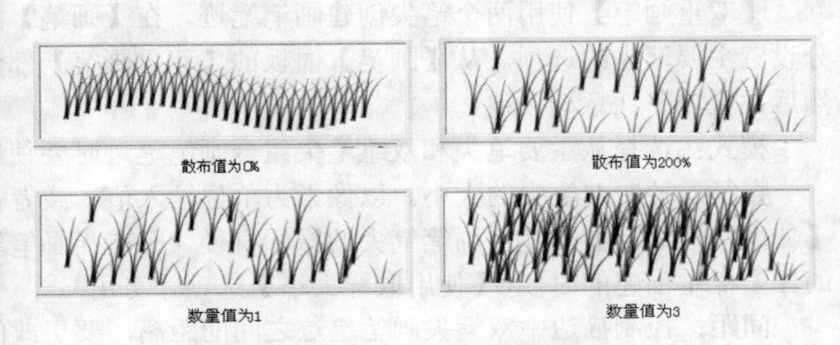

图 5-28 画笔散布值和数量值效果

数量抖动和控制：指定画笔笔迹的数量如何针对各种间距间隔而变化。要指定在每个间距间隔处涂抹的画笔笔迹的最大百分比，请输入一个值。要指定希望如何控制画笔笔迹的数量变化，从“控制”下拉列表中选取一个选项：

关 指定不控制画笔笔迹的数量变化。

渐隐 按指定数量的步长将画笔笔迹数量从“数量”值渐隐到 1。

钢笔压力、钢笔斜度、光笔轮、旋转 依据钢笔压力、钢笔斜度、光笔轮位置或钢笔的旋转来改变画笔笔迹的数量。

④纹理

【纹理】画笔是利用图案使描边看起来像是在带纹理的画布上绘制一样。

单击【图案】样本，然后从弹出式面板中选择一个图案。设置下面的一个或多个选项：

反相：基于图案中的色调反转纹理中的亮点和暗点。当选择“反相”时，图案中的最亮区域是纹理中的暗点，因此接收最少的油彩；图案中的最暗区域是纹理中的亮点，因此接收最多的油彩。当取消选择“反相”时，图案中的最亮区域接收最多的油彩；图案中的最暗区域接收最少的油彩。

缩放：指定图案的缩放比例。键入数值，或者使用滑块来输入图案大小的百分比值。

为每个笔尖设置纹理指定在绘画时是否分别渲染每个笔尖。如果不选择此选项，则无法使用“深度”变化选项。

模式：指定用于组合画笔和图案的混合模式（请参阅关于混合模式）。

深度：指定油彩渗入纹理中的深度。键入数值，或者使用滑块来输入值。如果是 100%，则纹理中的暗点不接收任何油彩。如果是 0%，则纹理中的所有点都接收相同数量的油彩，从而隐藏图案。

最小深度：指定当“深度控制”设置为“渐隐”、“钢笔压力”、“钢笔斜度”或“光笔轮”，并且选中“为每个笔尖设置纹理”时油彩可渗入的最小深度。

深度抖动和控制：指定当选中“为每个笔尖设置纹理”时深度的改变方式。要指定抖动的最大百分比，请输入一个值。要指定希望如何控制画笔笔迹的深度变化，请从“控制”下拉列表中选取一个选项。

⑤双重画笔

【双重画笔】使用两个笔尖创建画笔笔迹。在【画笔】面板的【画笔笔尖形状】部分设置主要笔尖的选项。从【画笔】面板的【双重画笔】部分中选择另一个画笔笔尖，然后设置以下任意选项：

模式：选择从主要笔尖和双重笔尖组合画笔笔迹时要使用的混合模式。

直径：控制双笔尖的大小。以像素为单位输入值，或者在【画笔笔尖形状】中单击【使用取样大小】来使用画笔笔尖的原始直径（只有当画笔笔尖形状是通过采集图像中的像素样本创建的时候，【使用取样大小】选项才可用）。

间距：控制描边中双笔尖画笔笔迹之间的距离。要更改间距，请键入数值，或使用滑块输入笔尖直径的百分比。

散布：指定描边中双笔尖画笔笔迹的分布方式。当选中“两轴”时，双笔尖画笔笔迹按径向分布。当取消选择“两轴”时，双笔尖画笔笔迹垂直于描边路径分布。要指定散布的最大百分比，请键入数值或使用滑块来输入值。

数量：指定在每个间距间隔应用的双笔尖画笔笔迹的数量。键入数字或者使用滑块来输入值。

⑥颜色动态

颜色动态决定描边路线中油彩颜色的变化方式。

⑦其他效果

杂色：为个别画笔笔尖增加额外的随机性。当应用于柔画笔笔尖（包含灰度值的画笔笔尖）时，此选项最有效。

湿边：沿画笔描边的边缘增大油彩量，从而创建水彩效果。

喷枪：将渐变色调应用于图像，同时模拟传统的喷枪技术。【画笔】面板中的【喷枪】选项与选项栏中的【喷枪】选项相对应。

平滑：在画笔描边中生成更平滑的曲线。当使用光笔进行快速绘画时，此选项最有效；但是它在描边渲染中可能会导致轻微的滞后。

保护纹理：将相同图案和缩放比例应用于具有纹理的所有画笔预设。选择此选项后，在使用多个纹理画笔笔尖绘画时，可以模拟出一致的画布纹理。

3. 减淡、加深、模糊工具的使用

（1）【减淡工具】和【加深工具】

【减淡工具】或【加深工具】采用了用于调节照片特定区域的曝光度的传统摄影技术，可用于使图像区域变亮或变暗。摄影师减弱光线以使照片中的某个区域变亮（减淡），或增加曝光度使照片中的区域变暗（加深）。

选择图像中要更改的对象："中间调"可更改灰度的中间范围；"暗调"可更改黑暗的区域；"高光"可更改明亮的区域。

（2）【模糊工具】

【模糊工具】可柔化图像中的硬边缘或区域，以减少细节。

4. 擦除工具的使用

（1）【橡皮擦工具】

在图像中拖移时，【橡皮擦工具】会更改图像中的像素。如果在背景层中或在透明区域被锁定的图层中工作，像素将更改为背景色；否则像素将被擦成透明。还可以使用橡皮擦使受影响的区域返回到【历史记录】面板中选中的状态。方法就是选择【橡皮擦工具】，设置不透明度（100%的不透明度将完全抹除像素、较低的不透明度将部分抹除像素）。要抹除图像的已存储状态或快照，应在【历史记录】面板中单击状态或快照的左列，然后在选项栏中选择"抹除历史记录"。

（2）【魔术橡皮擦工具】

用【魔术橡皮擦工具】在图层中单击时，该工具会自动更改所有相似的像素。其他效果与橡皮擦工具相同。

（3）【背景橡皮擦工具】

【背景橡皮擦工具】可用于在拖移时将图层上的像素抹成透明，从而可以在抹除背景的同时在前景中保留对象的边缘。通过指定不同的取样和容差选项，可以控制透明度的范围和边界的锐化程度。

5.3 羽毛扇

这一案例主要讲解的是运用【涂抹工具】制作羽毛效果，再通过自由变换，制作出羽毛扇的效果。如图 5-29 所示。

图 5-29 "羽毛扇"效果图

5.3.1 基本制作方法

（1）新建文件，800 像素×800 像素。将前景色设为黑色。

（2）新建图层，选择【多边形套索工具】，绘制一个三角形的羽毛茎，并按 Alt+Delete 键填充前景色，按 Ctrl+D 键取消选区，效果如图 5-30 所示。

（3）绘制一羽毛扇柄，选择【涂抹工具】，选择“喷溅 27 像素”，强度为 70%，沿羽毛茎的边缘将羽毛翼涂抹出来，效果如图 5-31 所示。

图 5-30 绘制羽毛茎　　图 5-31 羽毛效果

（4）选取“图像”→“调整”→“渐变映射”，在弹出的对话框中选择“蓝，红，黄渐变”，如图 5-32 所示。

（5）为该图层设置投影效果，设置项目如图 5-33 所示。

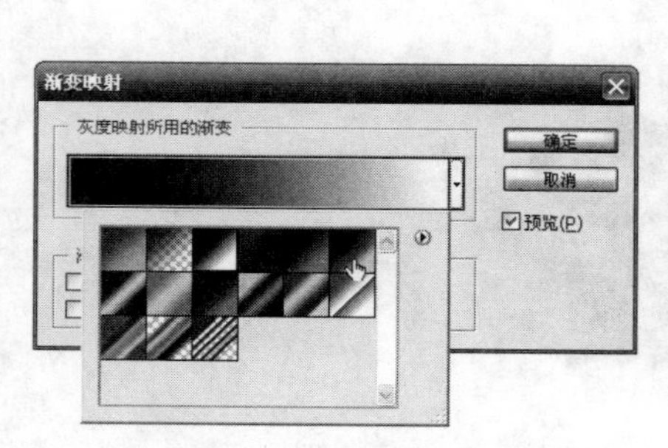

图 5-32 渐变映射

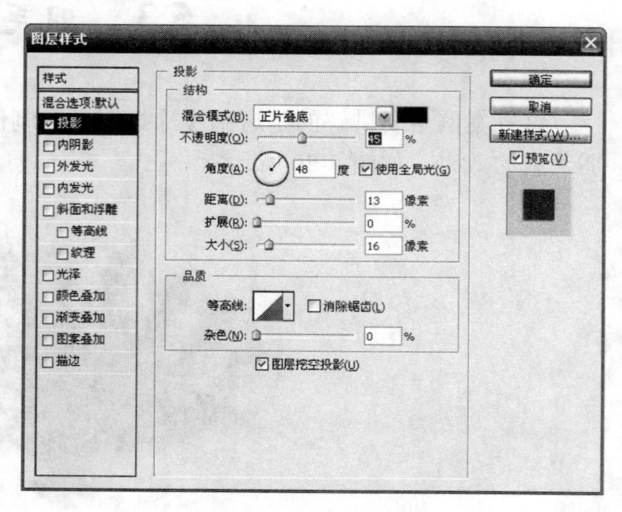

图 5-33 投影效果设置

（6）按 Ctrl+T 键（自由变换），将旋转中心挪到底端，旋转角度为 15°，如图 5-34 所示，按 Enter 键。

（7）连续按下8次Ctrl+Shift+Alt+T键，得到扇子效果，如图5-35所示。

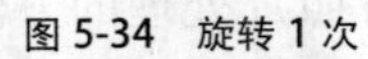
图5-34 旋转1次

图5-35 旋转复制8次

（8）单击【图层】面板的最上层图层，按Shift键单击第一个羽毛层，按Ctrl+G键（编组）。执行自由变换，将羽毛扇子扶正。效果如图5-29所示。

5.3.2 相关知识

1. 【涂抹工具】的使用

【涂抹工具】可以模拟在湿颜料中拖移手指的效果。该工具可拾取描边开始位置的颜色，并沿拖移的方向展开这种颜色。

手指绘画：可使用每个描边起点处的前景色进行涂抹。如果取消选择该选项，涂抹工具会使用每个描边的起点处指针所指的颜色进行涂抹。

2. 【油漆桶工具】的使用

【油漆桶工具】填充颜色值与单击像素相似的相邻像素，但【油漆桶工具】不能用于位图模式的图像。

选择油漆桶工具进行填充颜色的方法：

（1）选取一种前景色。

（2）选择【油漆桶工具】。

（3）指定是用前景色还是用图案填充选区。

（4）指定绘画的混合模式和不透明度。

（5）输入填充的容差。

容差定义了必须填充的像素颜色的相似程度。值的范围可以从0到255。低容差会填充颜色值范围内与所单击像素非常相似的像素。高容差则填充更大范围内的像素。

（6）要平滑填充选区的边缘，选择“消除锯齿”。

（7）要仅填充与所单击像素邻近的像素，请选择“连续”；不选则默认为填充图像中的所有相似的像素。

（8）要基于所有可见图层中的合并颜色数据填充像素，请选择“所有图层”。

（9）单击要填充的图像部分，即会使用前景色或图案填充指定容差内的所有指定像素。

5.4 杂志封面

本节为“杂志封面”制作。封面构成要素有杂志名称、图形、色彩等。图形是封面的重要构成要素，图形形式有黑白画、彩色插画、摄影照片等，其表现形态可以是写实的、漫画的、装饰的、卡通的、变形的、抽象的。是用视觉艺术手段来传达商品或劳务信息的。图形的内容要突出商品或服务的个性，通俗易懂，简洁明快，有强烈的视觉冲击力。封面设计要把表现技法与杂志主题密切结合起来，发挥其有力的宣传效果。

这一案例主要讲解的是运用 Photoshop 的绘画工具进行照片处理的方法与技巧以及渐变、油漆桶、画笔等工具的使用方法，最终效果如图 5-36 所示。

图 5-36 杂志封面完成效果

5.4.1 基本制作方法

1. 人物的处理

（1）打开人物素材图片，这张照片里的人物跟我们所要设计的杂志主打单元的主题很相符，但是照片里的人物的眼部并不是很完美，有很多皱纹，我们需要处理一下才可以用。

Photoshop 里的很多工具都可以帮助我们来修复照片上的皱纹瑕疵。比如：【仿制图章工具】、【修复画笔工具】、【修补工具】，这里采用了【修补工具】。使用【修补工具】在图像中拖移以选择想要修复的区域（有皱纹的地方），将选区边框拖移到想要从中进行取样的区域（平滑的肌肤）。松开鼠标左键时，原来选中的区域被使用样本像素进行修补，如图 5-37 所示。修复后的效果如图 5-38 所示。

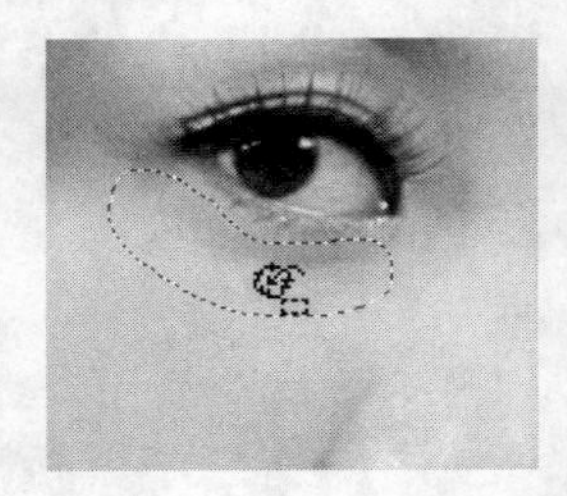
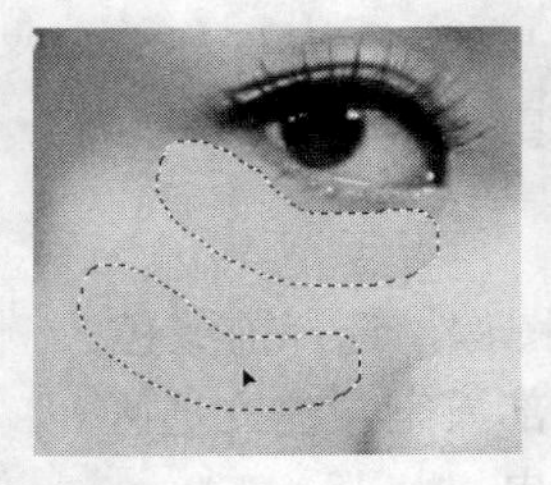

图 5-37 修补工具使用方法

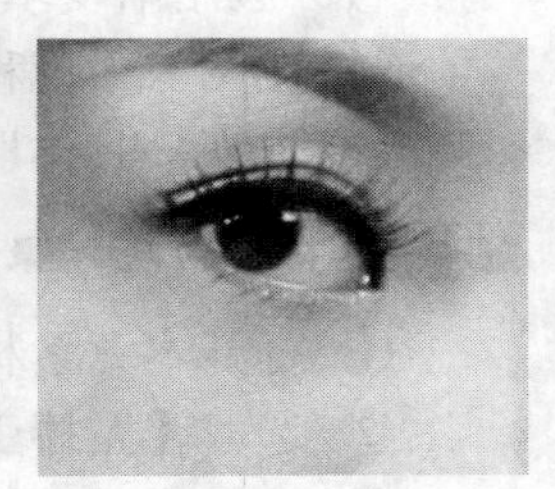

图 5-38 修补工具修复前后对比

（2）打开杂志标题素材，将人物图像拖曳到杂志文件上，摆放在文字层下面，并移动到适当位置。在图层面板上为文字图层新建蒙版（蒙版知识将在以后的章节中进行讲解）。按 X 键（交换前景色与背景色），选择尖角画笔，将文字与人物头像重叠部分擦掉，如图 5-39 所示。

图 5-39 最终效果

5.4.2 相关知识

1.【渐变工具】的使用

（1）应用渐变填充

通过在图像中拖移用渐变填充区域。起点（按下鼠标处）和终点（松开鼠标处）会影响渐变外观，具体取决于所使用的渐变工具。

具体操作步骤如下：

① 打开本章素材文件夹中的“天空”图像，选择前景色。

② 选取【魔棒工具】，单击图像上部天空，建立选区。

③ 选取【渐变工具】，在选区中拖曳。

（2）渐变工具选项栏（如图 5-40 所示）

使用渐变工具的时候，可以随意选择 Photoshop 提供的各种渐变样式，也可以确定渐变形态。

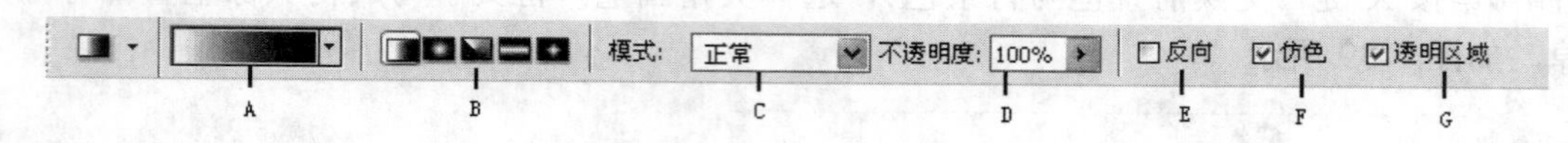

图 5-40 渐变工具选项栏

① **渐变预置框**：单击渐变栏右侧的箭头按钮，会弹出可查看渐变种类的预置框。在这里，可以选择 Photoshop 提供的各种渐变，并应用到图像上，如图 5-41 所示。单击渐变颜色栏，还会弹出渐变编辑器，在这里可以新建或者修改渐变效果。

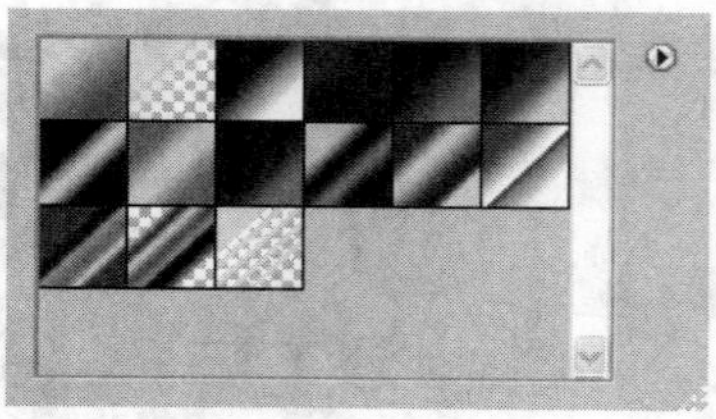

图 5-41 渐变预置框

② **渐变样式**：在选项栏中选择应用渐变填充的选项。

线性渐变：以直线从起点渐变到终点。

径向渐变：以圆形图案从起点渐变到终点。

角度渐变：以逆时针扫过的方式围绕起点渐变。

对称渐变：使用对称线性渐变在起点的两侧渐变。

菱形渐变：以菱形图案从起点向外渐变。终点定义菱形的一个角。

③ **模式**：指定绘画的混合模式。可参照图层混合模式。

④ **不透明度**：调节应用在图像上的渐变效果的不透明度。

⑤ **反向选项**：反转渐变填充中的颜色顺序。

⑥ **仿色选项**：用较小的带宽创建较平滑的混合。

⑦ **透明区域选项**：该选项用来确定对渐变填充使用透明区域蒙版。

（3）渐变编辑器

【渐变编辑器】对话框可用于通过修改现有渐变的拷贝来定义新渐变。还可以向渐变添加中间色，在两种以上的颜色间创建混合。Photoshop 提供了各种样式和颜色的渐变。而且使用【渐变编辑器】对话框，还可以按照用户所需的颜色制作渐变样式，并加以保存。选择渐变工具，单击渐变栏中的色彩，就会激活【渐变编辑器】对话框，如图 5-42 所示。

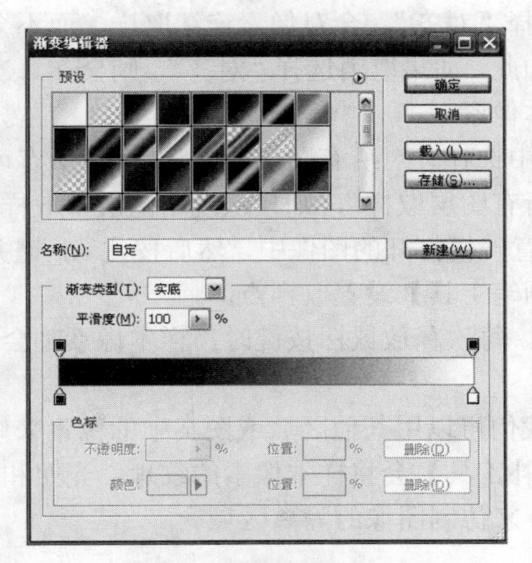

图 5-42 【渐变编辑器】对话框

① 预设：查看并选择 Photoshop 提供的渐变种类。

② 名称：查看或者更改当前选择的渐变名称。

③ 渐变类型：可以选择能够按照单色系列设置渐变颜色段的底色和显示所有颜色段的杂色。

④ 平滑度：设置渐变的柔和度。该值为 100%的时候，颜色变化等级会显示得更加自然。

⑤ 不透明度色标：显示在渐变栏上端。选择它，就会激活“色标”选项组中设置不透明度值的选项。

⑥ 色标：显示在渐变栏的下端。选择它，可以在色标选项组中设置应用渐变的颜色和位置。

⑦ 中点：可通过不透明度色标位置的调节，控制色标点的不透明程度。

⑧ 色标选项组：可以调整值或删除选中的不透明度色标或色标。

2. 修复画笔工具

【修复画笔工具】可用于修复瑕疵，使它们消失在周围的图像中。与仿制图章工具一样，使用【修复画笔工具】可以利用图像或图案中的样本像素来绘画。但是，修复画笔工具还可将样本像素的纹理、光照和阴影与源像素进行匹配，从而使修复后的像素不留痕迹地融入图像的其余部分。

具体操作步骤如下：

（1）打开一幅图像，选择【修复画笔工具】。

（2）单击选项栏中的画笔样本，并在弹出式面板中设置画笔选项。

（3）从选项栏的“模式”下拉列表中选取混合模式，选取“替换”可以保留画笔描边的边缘处的杂色、胶片颗粒和纹理。其他模式类似于前面介绍过的图层混合模式。

（4）在选项栏中选取用于修复像素的源，“取样”可以使用当前图像的像素，而“图案”可以使用某个图案的像素。如果选取了“图案”，从“图案”弹出式面板中选择一种。

（5）在选项栏中选择“对齐”，会对像素连续取样，而不会丢失当前的取样点，即使松开鼠标按键时也是如此。如果取消选择“对齐”，则会在每次停止并重新开始绘画时使用初始取样点中的样本像素。

（6）如果在选项栏中选择“对所有图层取样”，可从所有可见图层中对数据进行取样。如果取消选择“对所有图层取样”，则只从现用图层中取样。

（7）将指针置于任意一幅打开的图像中，然后按住 Alt 键并单击，可以这样来给处于取样模式中的【修复画笔工具】设置取样点。

（8）在图像中拖移。每次释放鼠标按键时，样本像素都会与现有像素混合。

3. 修补工具

【修补工具】使我们可以用其他区域或图案中的像素来修复选中的区域。像【修复画笔工具】一样，【修补工具】会将样本像素的纹理、光照和阴影与源像素进行匹配。还可以使用【修补工具】来仿制图像的隔离区域。

具体操作步骤如下：

（1）使用样本像素修复区域。在图像中拖移以选择想要修复的区域，并在选项栏中选择“源”或在图像中拖移，选择要从中取样的区域，并在选项栏中选择“目标”。将指针定位在选区内，如果在选项栏中选中了“源”，将选区边框拖移到想要从中进行取样的区域。松开鼠标按键时，原来选中的区域被样本像素修补。如果在选项栏中选中了“目标”，请将选区边框拖移到要修补的区域。松开鼠标按键时，新选中的区域被用样本像素进行修补。

（2）使用图案修复区域。在图像中拖移，选择要修复的区域。从选项栏的“图案”弹出式面板中选择“图案”，并单击“使用图案”即可。

4.【图案图章工具】的使用方法

【图案图章工具】可以用图案绘画。可以从图案库中选择图案或者创建自己的图案进行绘制。

具体操作步骤如下：

（1）选择图案。从图案库里选取图案。

（2）定义图案。在任何打开的图像上使用矩形选框工具，选择用作图案的区域。必须将“羽化”设置为 0 像素。

（3）执行“编辑”→“定义图案”命令，在【图案名称】对话框中输入图案的名称。

5.5 本章小结

本章通过“卡通线稿上色”、“羽毛扇”以及“杂志封面”这三个实例的制作，介绍了绘画工具的使用方法。本章涉及的基础知识有：画笔设置、画笔工具组、抹除工具组、填充工具组、图像修饰工具组等。

通过本章学习，能够了解绘画工具的使用方法。在以后的实例制作中，参照本章案例的使用方法举一反三，能够快速上手，并根据实例的不同选择不同的绘制方法，在学习中不断获得进步与提高。

5.6 思考与练习

一、选择题

1. 油漆桶工具可根据像素的颜色的近似程度来填充颜色，填充的内容包括：______。

A. 前景色　　B. 背景色　　C. 连续图案

2. 前景色填充的快捷键为______。

A. Ctrl+Delete　　B.Alt+Delete　　C. Shift+Delete

3. 下面关于画笔工具的说法正确的是______。

A. 图案是红色的，所定义出来的画笔就是红色的

B. 画笔笔刷的硬度可以通过“[”和“]”来控制

C. 在选择【画笔工具】的时候，按住 Alt 键不放，可以临时切换到【吸管工具】

D. 画笔定义后，直径、间距等不可以再进行设置

4. 在【画笔】对话框中可以设定画笔的______。

A. 直径　　B. 硬度

C. 颜色　　D. 间距

二、思考题

1.【画笔】面板可以进行哪些设置？

2. 如何设置透明渐变色？

3. 加深、减淡工具应用很广泛，那么加深、减淡工具如何在绘画过程中应用呢？

三、操作题

“绘制卡通形象”（线稿图如图 5-43 所示）

通过上机实训，进一步掌握绘画工具的使用方法。包括【画笔工具】、【加深工具】、【减淡工具】、【模糊工具】、【油漆桶工具】、【渐变工具】、【仿制图章工具】、【修复画笔工具】和【修补工具】等。

根据实例 1 的操作过程，对线稿进行分步骤上色，经过一些工具处理后完成形象生动、色彩鲜艳的卡通形象的绘制。

图 5-43　线稿图

第6章 得心应手——矢量绘图

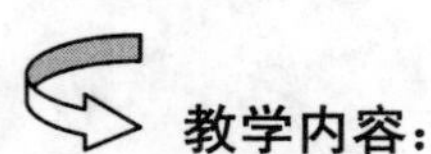

教学内容：

本章主要介绍了 Photoshop CS4 中的矢量绘图工具的使用方法和技巧。介绍了路径的概念以及用钢笔工具创建路径的方法。通过“人物的白描效果”、“绘制卡通人物”的案例，进一步了解和掌握矢量图形工具的绘制模式、创建形状图层的基本处理方法掌握路径面板的应用，掌握选区与路径之间的转换方法。

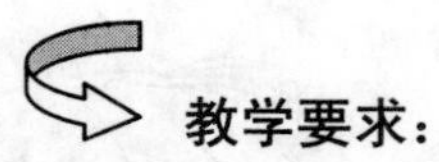

教学要求：

教 学 重 点	能 力 要 求	相 关 知 识
钢笔工具的使用	能根据需要进行物体外形绘制	钢笔工具、路径、直线、曲线
路径的应用	掌握对路径的调整及路径后期处理	路径、【路径】面板
形状工具与形状图层	掌握对形状图层内容的处理	更改图层内容

6.1 矢量绘图概述

勤学好问 **Photoshop CS4 中的矢量绘图功能重要吗?**

Photoshop 虽然是一款位图处理软件，但为了增强绘图能力，在位图处理工具的基础上还提供了矢量绘图工具。矢量工具绘制的路径或矢量形状都具有典型的矢量特征，其中最为常用的就是钢笔工具。在 Photoshop 中选定形状或钢笔工具开始进行绘图时，可通过选择选项栏中的图标来选取一种模式。选择的绘图模式将决定是在自身图层上创建矢量形状、还是在现有图层上创建工作路径或是在现有图层上创建栅格化形状。

6.1.1 认识路径

勤学好问 **什么是路径？贝塞尔曲线是什么？**

路径由一个或多个直线段或曲线段组成，这种绘制的线段也称为贝塞尔曲线。那么贝塞尔曲线又是什么呢？贝塞尔曲线是由三点的组合定义而成的，其中的一个点在曲线上，另外两个点是曲线的端点，拖动三个点可以改变曲度和方向，如图 6-1 所示。组成路径的元素有：锚点、线段、方向点和方向线，如图 6-2 所示。

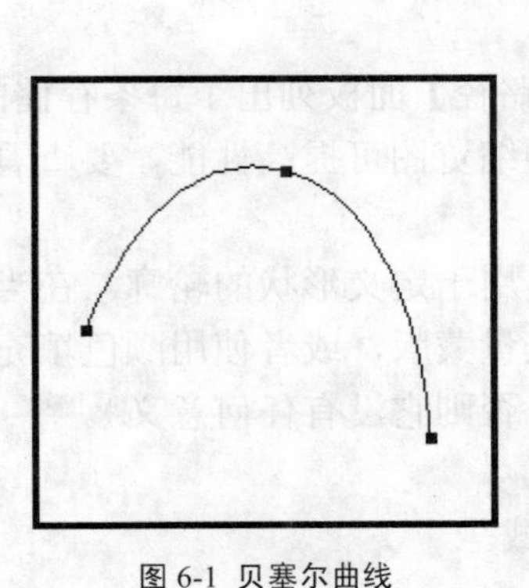

图 6-1 贝塞尔曲线

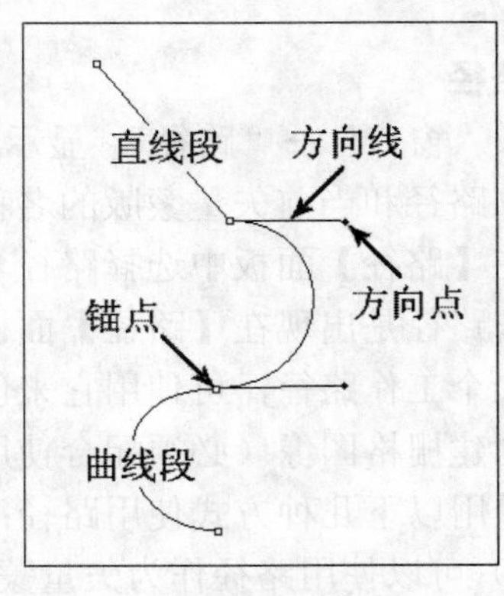

图 6-2 路径

锚点：路径中曲线或直线的端点。锚点有三种状态：直线锚点状态、曲线锚点状态、贝塞尔锚点状态，如图 6-3 所示。不同状态的锚点有着不同的特征：

● 直线锚点：锚点的两侧都是直线，并且这类锚点两侧不会出现方向线。

● 曲线锚点：锚点的两侧都是曲线，这种锚点两侧有方向线，当调节锚点一端方向线的方向时，另一侧的方向线也跟着一起调节。

● 贝塞尔锚点：锚点的两侧都是曲线，锚点两侧也有方向线，但与曲线锚点不同的是，当调节锚点一端方向线的方向时，另一侧的方向线不跟着一起调节。

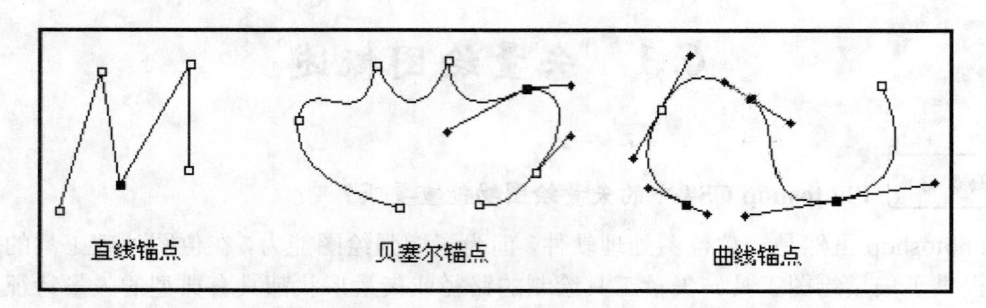

图 6-3　不同类型的锚点

6.1.2　绘制模式

使用形状或钢笔工具时，可以使用三种不同的模式进行绘制。在选定形状或钢笔工具时，可通过选择选项栏中的图标来选取一种模式。

1. 形状图层

在单独的图层中创建形状。可以使用【形状工具】或【钢笔工具】来创建形状图层。因为可以方便地移动、对齐、分布形状图层以及调整其大小，所以形状图层非常适于为Web页创建图形。可以选择在一个图层上绘制多个形状。形状图层包含定义形状颜色的填充图层以及定义形状轮廓的链接矢量蒙版。形状轮廓是路径，它出现在【路径】面板中。

2. 路径

选取"窗口"→"路径"，显示【路径】面板，【路径】面板列出了每条存储的路径、当前工作路径和当前矢量蒙版的名称和缩览图，关闭缩览图可提高性能。要查看路径，必须先在【路径】面板中选择路径名。

工作路径是出现在【路径】面板中的临时路径，用于定义形状的轮廓。在当前图层中绘制一个工作路径，可使用它来创建选区或创建矢量蒙版，或者使用颜色填充和描边路径以创建栅格图像（必须配合使用其他绘画工具，否则它没有任何意义）。

可以用以下几种方式使用路径：

（1）可以使用路径作为矢量蒙版来隐藏图层区域。

（2）将路径转换为选区。

（3）使用颜色填充或描边路径。

（4）将图像导出到页面排版或矢量编辑程序时，将已存储的路径指定为剪贴路径以使图像的一部分变得透明。

3. 填充像素

直接在图层上绘制，与绘画工具的功能非常类似。在此模式中工作时，创建的是栅格图像，而不是矢量图形。可以像处理任何栅格图像一样来处理绘制的形状。在此模式中只能使用形状工具。如图 6-4 所示。

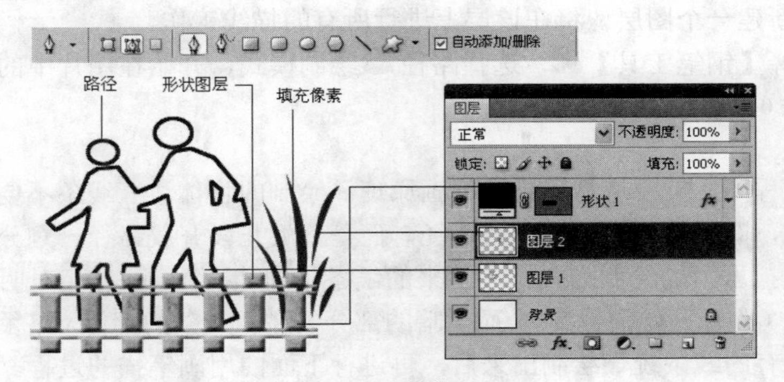

图 6-4 绘制模式

6.2 人物的白描效果

本节为【人物的白描效果】案例。主要通过绘制路径及配合使用画笔等工具完成中国古典绘画的白描效果。素材及效果图如图 6-5 所示。

图 6-5 人物白描素材及效果图

6.2.1 操作步骤

1. 打开素材文件

启动 Adobe Photoshop CS4 后，打开本章素材文件夹中的“人物”素材文件。

2. 描边

（1）新建一个图层，填充白色，并单击【图层】面板中的指示图层可见性的眼睛图标，将其隐藏。

（2）再新建一个图层，将在该层上进行所有的描线工作。

（3）选择【钢笔工具】，选择路径绘制模式，开始在图片中的各部分边缘进行勾线。如图 6-6 示。

注意：

描边的过程中，需要遵循一定的绘画原理。绘制的物体边缘线条不要一口气画完，而是分段绘制，即尽量不要绘制闭合路径，而是分成几段开放路径。划分开放路径的原则是，按照模拟压力的绘制方式绘制出来的线条是细-粗-细，因此相对明亮的部分要在线条细的部分（路径开始的位置），而阴暗的部分要在粗线条的部位（路径中间的位置）。

可以将所有的线条统一绘制出来后，再进行下面的用画笔描的过程。

（4）选择【画笔工具】，设置笔刷为 1 像素，单击【路径】面板上的【用画笔描边路径】按钮。

（5）保持当前的【画笔工具】，设置笔刷为 3 像素，按 Alt 键单击【路径】面板上的【用画笔描边路径】按钮，可以打开一个对话框，选择“模拟压力”。

注意：

设置模拟压力，可以创造出真实绘画中的笔触——细-粗-细的效果。

你知道吗？

可以用选择工具将某些路径例如头发外侧、衣服等位置选择再用 5 像素画笔，设置模拟压力后加粗描边。

（6）某些部位勾绘路径后，需要选取【路径】面板中的【用前景色填充路径】按钮，进行实色填充。例如，眼睛。如图 6-7 所示。

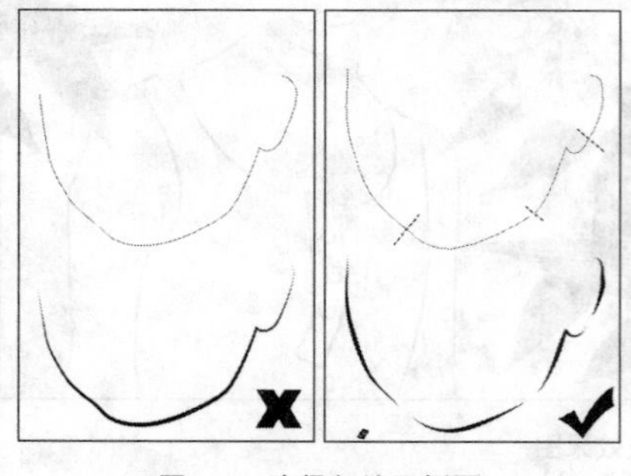

图 6-6　路径勾绘示例图

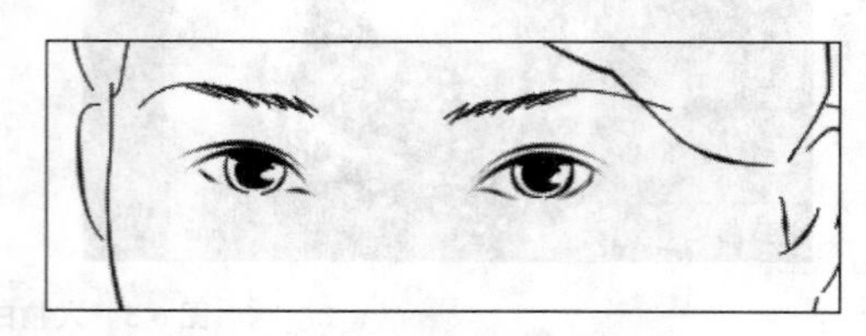

图 6-7　前景色填充

6.2.2　相关知识

对路径的处理主要有转换为选区或者使用颜色填充和描边的轮廓，这些操作主要都是在【路径】面板上进行的。

Photoshop CS4 提供多种钢笔工具。钢笔工具可用于绘制具有最高精度的图像；【自由钢笔工具】可用于像使用铅笔在纸上绘图一样来绘制路径；自由钢笔的“磁性的”

选项被选中后，该工具还可以转化为【磁性钢笔工具】，用于绘制与图像中已定义区域的边缘对齐的路径。可以组合使用钢笔工具和形状工具来创建复杂的形状。

可以通过单击起始锚点产生闭合路径或按 Ctrl 键单击路径外区域创建开放路径。

使用【钢笔工具】进行绘图之前，可以在【路径】面板中创建新路径以便自动将工作路径存储为命名的路径。

1. 绘制直线

选择钢笔工具后，在画布上依次移动位置，单击，确定锚点，以产生直线。

2. 绘制曲线

每一个锚点上都有两条方向线，方向线的长度和斜度决定了两侧的曲线的形状。通过选择【直接选择工具】调整方向线长度和角度。

在选择【钢笔工具】绘制曲线的时候，首先在曲线改变方向的位置添加一个锚点，然后按住鼠标不放拖动方向线（该条方向线的方向为下一段线条的切线），然后在下一个曲线改变方向的位置再添加一个锚点，然后按住鼠标不放拖动方向线（该条方向线的方向还是为下一段线条的切线，反相方向为刚才线段的切线）……以此类推形成曲线。一般而言，将方向线向计划绘制的下一个锚点延长约三分之一的距离，方向线可以以后调整。

3. 路径的调整

路径的调整可以使用【路径选择工具】、【直接选择工具】或使用【钢笔工具】配合快捷键直接进行调整。可调整的部分有：锚点、曲线及方向线。

4.【路径】面板

【路径】面板可以对所有形状工具或钢笔工具绘制出来的路径进行处理。如图 6-8 所示。

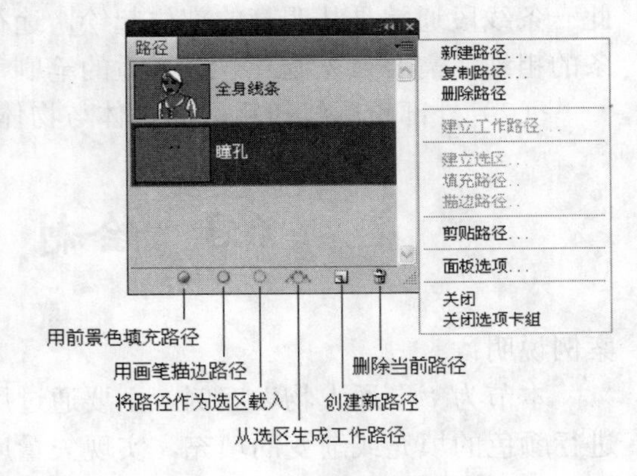

图 6-8 【路径】面板

你知道吗？

除转化为选区外，在选取【路径】面板上的前景色填充及用画笔描边按钮前，需要确定当前的工作图层为位图图层或任何形式图层的蒙版，对文字图层、形状图层等特殊性质的图层，系统会提示需要栅格化才能使用此类功能。

方法 1：将路径转换为选区的快捷键为 Ctrl+Enter。

方法 2：如果需要调出工具按钮的选项，可以按住 Alt 键再单击相应按钮。

方法 3：可以将现有的选区转换为路径，方法是创建选区后，再单击【路径】面板上的【从选区生成工作路径】按钮。

5. 使用路径过程中的注意事项

路径本身是一种矢量性质的参考线，在 Photoshop 中需要配合其他工具进行位图转换后才能发挥其作用。

用钢笔绘制路径的基本过程并不复杂，但如果要熟练掌握还需要一个比较长的练习。下面是几点在练习过程中需要注意的问题。

（1）直线可以通过直接单击绘制出来，然后可以转化为曲线，但因为锚点的两端方向线都是收起的，因此转化的时候需要使用【直接选择工具】，或选择【钢笔工具】配合 Alt 键进行处理。但这种方法的缺点是耗费的时间比较长。

（2）在应用钢笔绘制路径的时候，尽量要减少锚点数量。两个锚点之间的形状通过两侧的方向线来控制，分别有 C 型和 S 型两种，据此可以仔细判断物体外观进行绘制。但这不是绝对的，也可以根据个人习惯进行调整，需要牢记的是锚点越少路径外观越光滑。

（3）可以通过白描的方式，进行路径的练习。在选择素材的时候，可以选择相轮廓相对圆滑的物体进行描绘。

6. 白描绘画技巧

可以通过线条的粗细表现物体的外观属性。

（1）阴暗的部位通常用较粗的线条表现，而明亮的部位则用较细的线条表现。因此一条线段通常是从明亮的部位起绘，途径阴暗的部位后，停止于明亮的部位。产生线条的粗细，需要首先选择一个合适的笔刷，然后配合使用模拟压力。

（2）外部轮廓线较粗，而物体与物体的接缝处较细。

6.3 绘制“卡通人物”

案例说明：

本节为“卡通人物”案例。主要通过用【钢笔工具】绘制路径，然后转换为选区，进行颜色的填充或渐变的填充，实现矢量风格效果，如图 6-9 所示。

图 6-9 插画人物效果图

📖你知道吗？

相对于画笔，钢笔可以更好的绘制出曲线，因此，在绘制期间只使用【钢笔工具】及相应的选择工具，绘制模式选择路径。采用的方法是利用【钢笔工具】创建路径，然后将其转换成为选区，新建图层，再利用 Photoshop 的【油漆桶工具】进行纯色或【渐变工具】填充渐变。

注意：

路径转换选区的快捷键为 Ctrl+Enter 键，填充前景色的快捷键为 Alt+Delete，填充背景色的快捷键为 Ctrl+Delete。

6.3.1 操作步骤

（1）选择【钢笔工具】，在选项栏选择路径，勾绘男孩的外观轮廓。转换为选区后，设置前景色为 RGB（255，255，204），背景色为 RGB（255，153，102），使用【渐变工具】，选择前景色到背景色渐变，并设置渐变方式为径向渐变，在选区内进行径向填充如图 6-10 所示。

（2）绘制眼睛。设置前景色为 RGB（102，51，0），进行填充。如图 6-11 所示。

图 6-10 勾绘人物脸型

图 6-11 眼睛

（3）绘制腮红。设置前景色为 RGB（255，204，204），进行填充。如图 6-12 所示。

（4）绘制耳孔。设置前景色为 RGB（255，204，153），进行填充。如图 6-13 所示。

图 6-12 腮红

图 6-13 耳孔

（5）勾绘男孩的另一侧耳朵，在脸型图层后新建图层，转换为选区后，设置前景色为 RGB（255，255，204），背景色为 RGB（255，153，102），使用渐变工具，选择前景色到背景色渐变，并设置渐变方式为径向渐变，在选区内进行径向填充如图 6-14 所示。

（6）绘制耳孔。设置前景色为 RGB（255，153，102），进行填充。如图 6-15 所示。

图 6-14　另一侧耳朵

图 6-15　另一个耳孔

（7）勾绘男孩的头发，在脸型图层前新建图层，转换为选区后，设置前景色为 RGB（255，255，102），背景色为 RGB（255，204，102），使用渐变工具，选择前景色到背景色渐变，并设置渐变方式为线性渐变，在选区内进行径向填充。如图 6-16 所示。

（8）绘制头发。设置前景色为 RGB（255，255，102），使用渐变工具，选择前景色到透明渐变，并设置渐变方式为线性渐变，进行填充。如图 6-17 所示。

图 6-16　发型

图 6-17　头发

（9）为了加强头发的立体效果，在头发后绘制另一个面，设置前景色为 RGB（204，153，51）进行填充。如图 6-18 所示。

（10）绘制嘴巴。设置前景色为 RGB（204，102，102），进行填充。如图 6-19 所示。

（11）勾绘男孩的身体，在脸型图层后新建图层，转换为选区后，设置前景色为 RGB（255，204，204），背景色为 RGB（255，204，153），使用渐变工具，选择前景色到背

图 6-18 立体头发效果

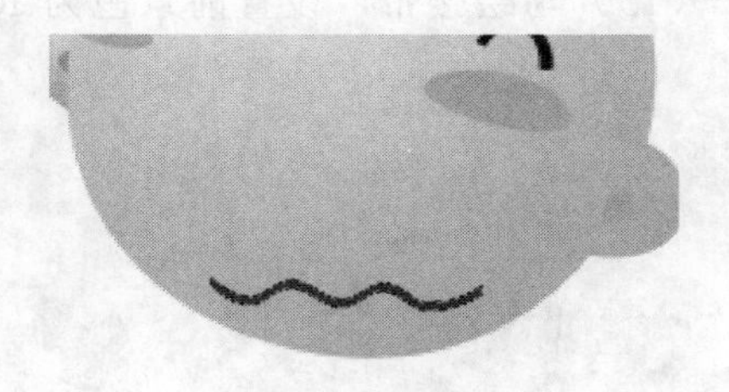

图 6-19 嘴巴

景色渐变，并设置渐变方式为线性渐变 ，在选区内进行径向填充，如图 6-20 所示。

（12）绘制手部阴影。设置前景色为 RGB（255，204，204），进行填充。如图 6-21 所示。

注意：

为了不让阴影部分超过身体，可以按 Alt 键的同时，将鼠标移动到【图层】面板上阴影与车身图层的中缝，当出现双圆标志的时候单击鼠标，建立剪贴组关系。

图 6-20 身体

图 6-21 手部阴影

（13）勾绘男孩身体阴影，设置前景色为 RGB（255，204，153），使用渐变工具，选择前景色到透明渐变，并设置渐变方式为线性渐变，在选区内进行径向填充，如图 6-22 所示。

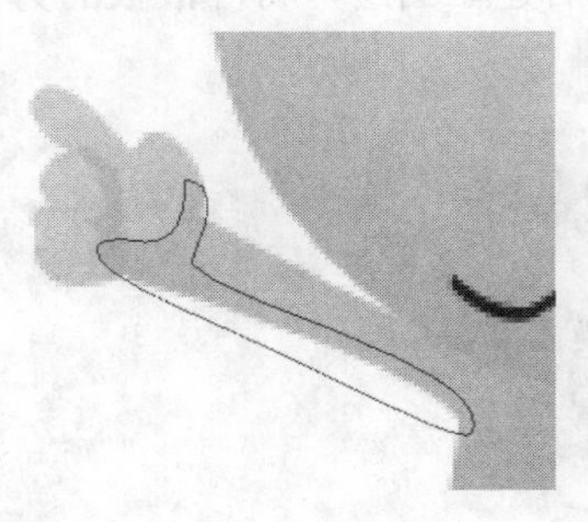

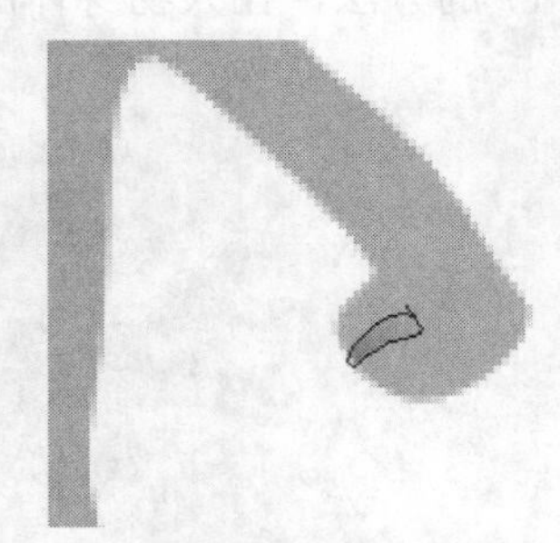

图 6-22 身体阴影

（14）绘制短裤。设置前景色为 RGB（255，255，102），背景色为 RGB（255，204，102），使用渐变工具，选择前景色到背景色渐变，并设置渐变方式为线性渐变，在选区内进行径向填充，如图 6-23 所示。

（15）勾绘腰带，设置前景色为 RGB（255，255，102），进行填充。如图 6-24 所示。

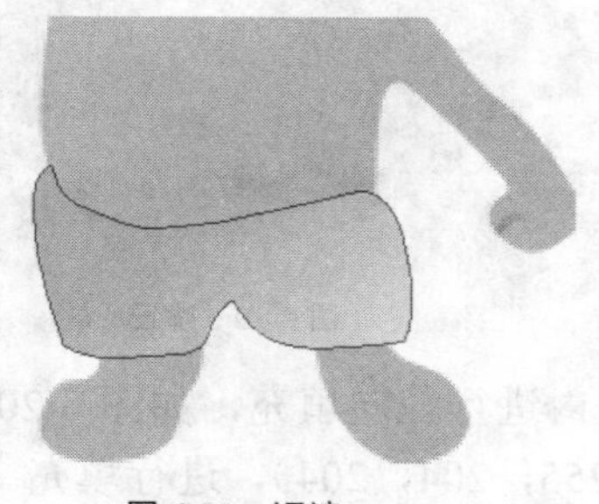
图 6-23　短裤

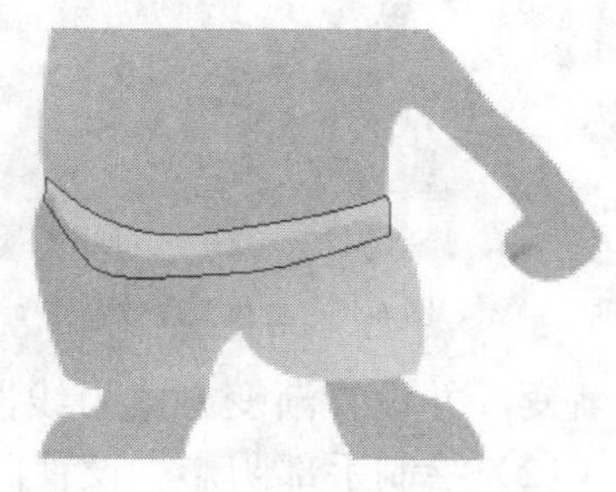
图 6-24　腰带

（16）一个卡通形象已经绘制完毕，但为了画面表现更加充分，又绘制了冲浪板。根据角度，会将手遮挡住，因此该部分的图层是建立在身体前。勾绘冲浪板一端形状，设置前景色为 RGB（204，255，255），进行填充。如图 6-25 所示。

（17）勾绘冲浪板阴影，设置前景色为 RGB（204，204，255），使用渐变工具，选择前景色到透明渐变，并设置渐变方式为线性渐变 ，在选区内进行径向填充如图 6-26 所示。

图 6-25　冲浪板

图 6-26　冲浪板阴影

（18）用 16 及 17 的方法，在人物身体图层后建立图层，将冲浪板的另一端补齐，如图 6-27 所示。

图 6-27　冲浪板另一侧

（19）勾绘阴影，设置前景色为 RGB（239，239，239），使用渐变工具，选择前景色到透明渐变，并设置渐变方式为线性渐变，在选区内进行径向填充如图 6-28 所示。

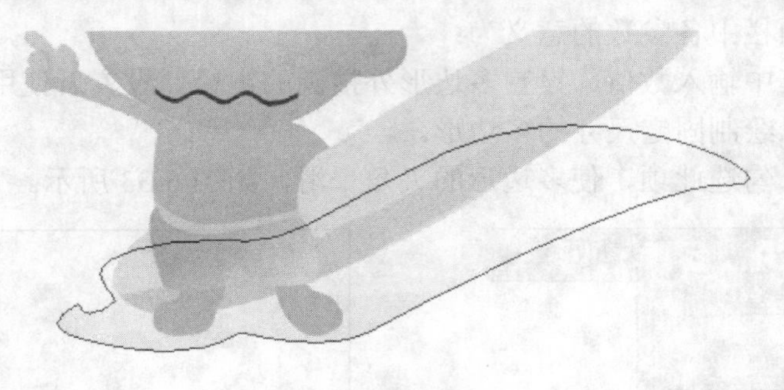

图 6-28　冲浪板另一侧

6.3.2　相关知识

1.【形状工具】

【形状工具】是比较典型的矢量类型工具，它包括矩形工具、圆角矩形工具、椭圆工具、多边形工具、直线工具和自定形状工具，如图 6-29 所示。

图 6-29 形状工具

每一种形状工具都对应着不同的工具选项栏，如图 6-30 所示。其中圆角矩形工具的半径选项控制圆角的大小，如果设置的量相对较大超过绘制矩形的形状，可以绘制出胶囊形状。如图 6-31 所示。

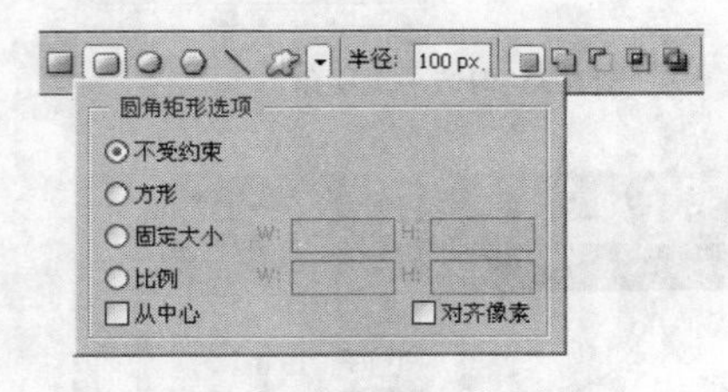

图 6-30　形状工具选项栏

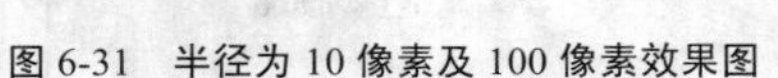

图 6-31　半径为 10 像素及 100 像素效果图

各选项的意义分别为：

不受约束：勾选该选项，可绘制任意尺寸的矩形。在该状态下按住键盘的 Shift 键可绘制出正方形。

方形：勾选该选项，表示可绘制任意尺寸的正方形。

固定大小：表示可以按照右边宽度和高度栏中输入的具体数值绘制矩形。

比例：表示按照右边宽度和高度栏中输入的比例大小绘制矩形。

从中心：表示绘制矩形时，起始点是矩形的中心点。

对齐像素：选择此选项后，可将矩形或圆角矩形的边缘自动对齐像素边界。

2.【多边形工具】

选择【多边形工具】，在属性面板中可以设置多边形的边数，如图 6-32 所示。

多边形选项栏中各参数的意义为：

半径：在其中输入数值，设置多边形外接圆的半径。设置后使用多边形工具，在图像中拖动就可以绘制固定尺寸的多边形。

平滑拐角：勾选此项，使多边形的夹角平滑，如图 6-33 所示。

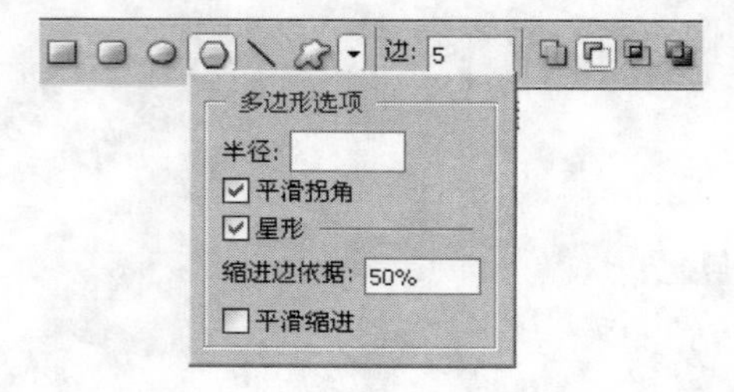

图 6-32　多边形工具的选项栏

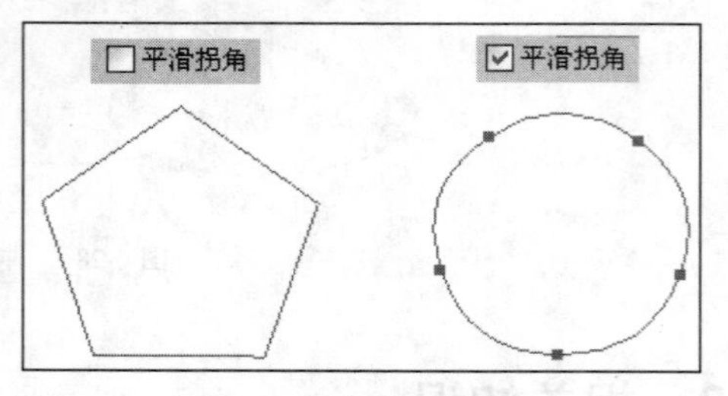

图 6-33 不同平滑拐角对比

星形：勾选此项，可绘制星形，并且其下的各个参数的设置也可启用。

平滑缩进：勾选此项，绘制的星形的内凹部分以曲线的形式表现，如图 6-34～6-37 所示。

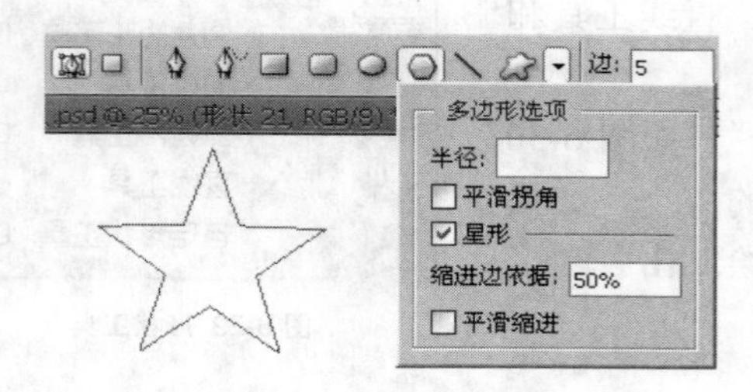

图 6-34 勾选星形选项

图 6-35 勾选平滑拐角

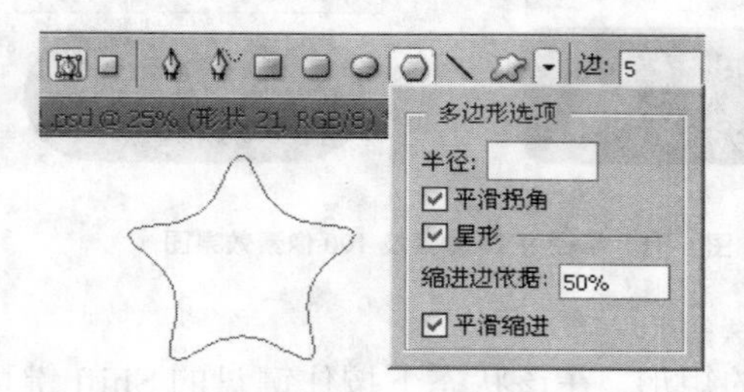

图 6-36　勾选平滑拐角与平滑缩进

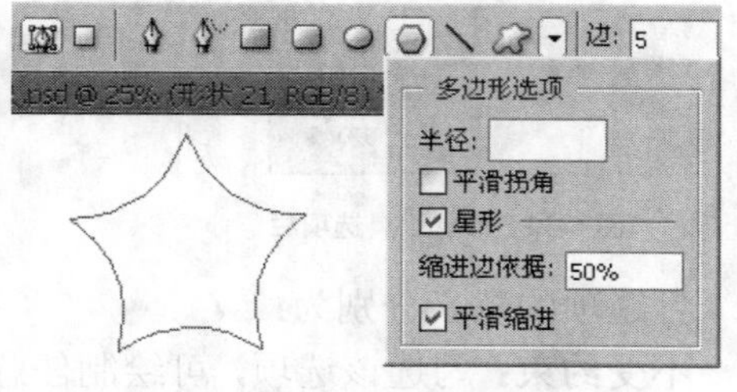

图 6-37　取消平滑拐角

3.【直线工具】

选择【直线工具】，箭头选项栏主要设置直线路径起点和终点的箭头属性。如图 6-38 所示。

起点和终点：勾选此项，表示绘制直线的起点和终点是带有箭头的。

宽度：设置箭头的宽度，使用线条的粗细作为比较。如 500%表示箭头的宽度为线条的粗细的 5 倍。

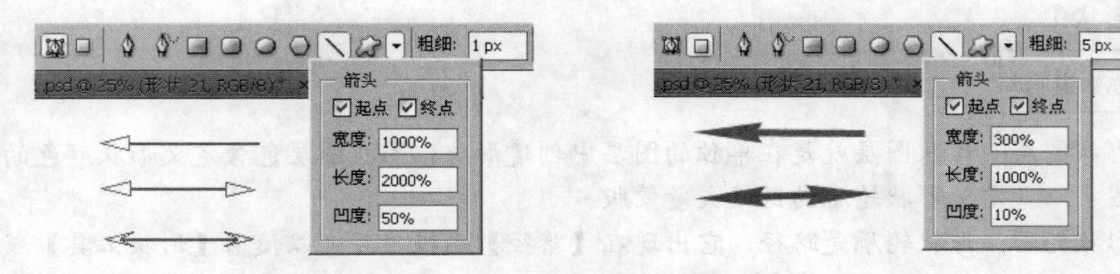

图 6-38 选择直线工具及其属性

长度：设置箭头的长度，同样使用线条的粗细作为比较。

凹度：设置箭头的凹度，使用箭头的长度作为比较。数值范围为：－50%～50%。

4.【自定形状工具】

前面使用形状工具绘制的都是一些简单的形状，但是在设计中常常会遇到需要绘制一些特殊形状的情况，在 Photoshop 中提供了一些自定形状工具，一起来看一看。

在工具箱中选择【自定形状工具】，此时选项栏显示如图 6-39 所示。

选项栏中各参数的意义分别为：

不受约束：勾选此项，可绘制任意尺寸的形状。此时想要绘制比例不变的形状，需要按住键盘的 Shift 键。

定义的比例：勾选此项，可绘制任意大小的形状。但此时形状的比例不会发生变化。

定义的大小：勾选此项，绘制的形状和定义时的大小是一致的。

固定大小：勾选此项，可按照右边宽度和高度栏中输入的具体数值绘制形状。

从中心：勾选此项，绘制形状时，起始点是形状的中心点。在选项栏中的形状下拉列表中，可选择系统提供的各种形状，如图 6-40 所示。

选择自己感觉满意的形状，在图像中拖动即可绘制该形状。如对该形状不满意，可使用路径调节工具，对其进行调节。

如果对系统显示的几种形状不满意，还可以点击显示框右上方的小三角，在其中的下拉菜单中选择系统提供的形状，然后单击追加(A)。

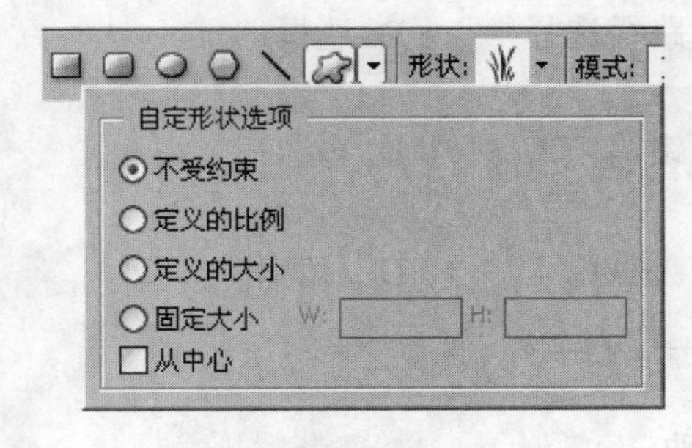

图 6-39 自定义形状工具的选项栏

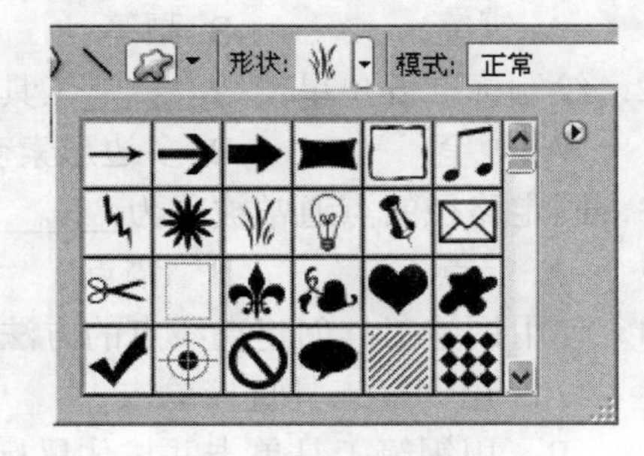

图 6-40 形状下拉列表

如果要选择系统以外提供的形状文件，还可以选择“载入形状”，在打开的【载入】对话框中选择需要的形状类型，单击载入(L)后，就会将形状添加到显示框中。

想要恢复到系统原来的设置，可以选择 “复位形状”，确定后，会弹出一个警示框，单击确定表示使用默认的形状代替当前形状；选择追加(A)表示将默认的形状添加到当前形状中。

你知道吗？

形状图层：形状图层就是在单独的图层中创建形状。形状图层包含定义形状颜色的填充图层以及定义形状轮廓的链接矢量蒙版。

形状轮廓：形状轮廓是路径，它出现在【路径】面板中。可以使用【形状工具】或【钢笔工具】来创建形状轮廓。

只有在形状图层栅格化后才可以在其上使用位图工具。

保持形状图层（不进行栅格化及合并）的好处是，可以随意放大及缩小画布，而图片本身不失真。

可以通过“编辑”→“键盘快捷键”命令为菜单命令附加快捷键。

6.4 本章小结

本章通过“人物的白描效果”、“卡通人物”案例的制作，详细介绍了 Photoshop 中矢量绘图的制作技巧，此外还介绍了使用【路径】面板、【钢笔工具】配合【形状工具】创建各种图形以及路径的使用技巧。通过本章的学习，可以掌握 PhotoshopCS4 中创建任何矢量图形的方法和技巧。

6.5 思考与练习

一、选择题

1. 我们通常使用______工具来绘制路径。

   A. 钢笔　B. 画笔　C. 路径选择　D. 选框

2. 绘制标准五角星使用______工具。

   A. 画笔　B. 多边形索套　C. 铅笔　D. 多边形

3. 固定路径的点通常被称为______。

   A. 端点　B. 锚点　C. 拐点　D. 角点

4. 使用钢笔工具创建直线点的方法是______。

   A. 用钢笔工具直接单击

   B. 用钢笔工具单击并按住鼠标左键拖动

   C. 用钢笔工具单击并按住鼠标左键拖动使之出现两个把手，然后按 Alt 键单击

   D. 按住 Alt 键的同时用钢笔工具单击

二、判断题

1. 钢笔工具是绘制路径的唯一工具。（　）

2．任何形状的路径都可以被定义为自定义形状。（ ）

3．画面上绘制的路径一定是闭合的。（ ）

4．按 Ctrl 键单击锚点，可以将平滑锚点转换为角点。（ ）

5．使用形状工具，系统一定会自动生成形状图层。（ ）

6．如果想在一个形状图层上使用滤镜，必须要先栅格化。（ ）

三、操作题

1．按照本章内容案例 1 的方法，根据人物素材图片绘制白描效果，如图 6-41 所示。

2．根据本章内容案例 2 的方法，绘制矢量风格图像，如图 6-42 所示。

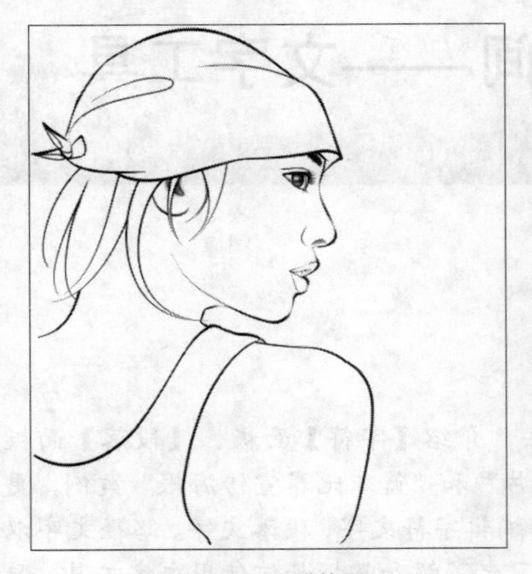

图 6-41 白描效果

图 6-42 矢量风格

注意：

绘制人物的顺序应该由下向上，大致的图层顺序是：背景－颈后头发－身体与脖子－衣服－阴影－颈前头发－耳朵－脸－阴影－鼻子－眼睛－嘴－上部头发阴影－头发。

第7章 字里行间——文字工具

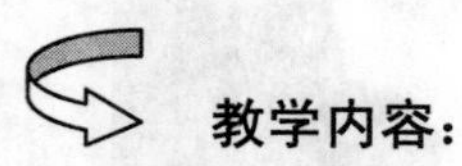

教学内容：

本章主要介绍文字工具的基本使用方法，介绍【字符】面板、【段落】面板及创建各种变形文字效果的方法。通过制作“名片”和“篮球比赛宣传海报”案例，更加全面且直观地介绍了应用文字工具分别创建和编辑字符文字、段落文字、路径文字以及文字变形效果的方法。通过本章的学习，使学习者了解和掌握如何使用文字工具，配合文字图层，制作丰富多彩的文字效果。

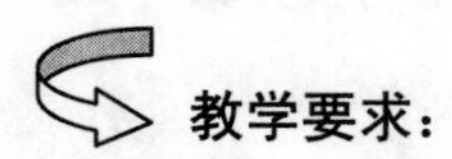

教学要求：

教学重点	能力要求	相关知识
文字工具的基本使用方法	创建点文字、段落文字、路径文字	字符面板、段落面板
字符面板	熟练掌握字符面板的设置	文字的大小、颜色、间距等
段落文字的创建与编辑	熟练掌握制作“名片”的方法	点文字；段落文字；路径文字
文字工具属性的设置	熟练掌握“篮球比赛宣传海报”的制作方法	文字变形、连字符

7.1 概 述

勤学好问　文字工具在 Photoshop 中重要吗？怎样应用？

文字工具在 Photoshop 的学习中是非常重要的内容，在广告、海报、招贴、包装、网页等设计制作中发挥着重要的作用。无论处理什么样的图像，都要或多或少地添加上文字，作为注释或者点缀。使用 Photoshop CS4 可以制作许多文字效果。所以熟练掌握 Photoshop 中的文字工具是非常重要的。

Photoshop 保留了基于矢量的文字轮廓，并在缩放文字或调整文字大小、存储 PDF 或 EPS 文件或将图像打印到 PostScript 打印机时使用。因此，也可以生成与分辨率无关的锐利边缘的文字。但是，在 Photoshop 中，当文字进行栅格化后，字符变成了具有与图像文件相同的分辨率，由像素组成，所以，当放大图像时，字符也会出现锯齿状边缘。

7.2 【文字工具】的基本使用方法

本节为“文字工具的基本使用方法”案例。主要介绍如何利用【文字工具】面板中的属性，对“字符文字”和“段落文字”进行很好的编辑。

【文字工具】面板由【字符】面板和【段落】面板组成。

7.2.1 认识【字符】面板

1. 打开【字符】面板

单击工具箱中的【文字工具】T。单击选项栏中的【切换字符和段落面板】按钮，便可打开【字符】面板，如图 7-1 所示。

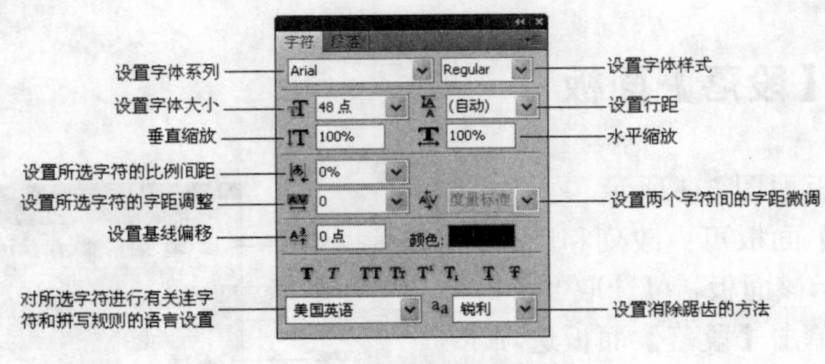

图 7-1　【字符】面板

2. 创建文字

可以通过三种方法创建文字：在点上创建、在段落中创建和沿路径创建。

点文字：是一个水平或垂直文本行，它从图像中单击的位置开始。要向图像中添加少量文字，在某个点输入文本是一种有效的方式。

段落文字：以水平或垂直方式控制字符流的边界。当想要创建一个或多个段落（比如为宣传手册创建文字）时，采用这种方式输入文本十分有用。如图 7-2 所示。

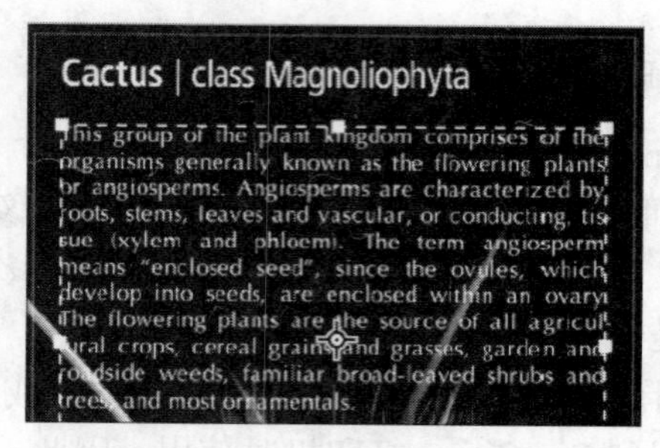

图 7-2　以点文字形式输入的文字（上图）和在外框中输入的文字（下图）

路径文字：是指沿着开放或封闭的路径的边缘流动的文字。当沿水平方向输入文本时，字符将沿着与基线垂直的路径出现。当沿垂直方向输入文本时，字符将沿着与基线平行的路径出现。在任何一种情况下，文本都会按将点添加到路径时所采用的方向流动。

你知道吗？

如果输入的文字超出段落边界或沿路径范围所能容纳的大小，则边界的角上或路径端点处的锚点上将不会出现手柄，取而代之的是一个内含加号（+）的小框或圆。

用文字工具在图像中单击可将文字工具置于编辑模式。当工具处于编辑模式下时，可以输入并编辑字符，还可以从各个菜单中执行一些其他命令；但是，某些操作要求首先将更改提交到文字图层。要确定文字工具是否处于编辑模式下，请查看选项栏，如果看到【提交】按钮✔和【取消】按钮⊘，则说明文字工具处于编辑模式下。

注意：

在 Photoshop 中，因为“多通道”、“位图”或“索引颜色”模式不支持图层，所以不会为这些模式中的图像创建文字图层。在这些图像模式中，文字将以栅格化文本的形式出现在背景上。

7.2.2　认识【段落】面板

【段落】面板如图 7-3 所示。

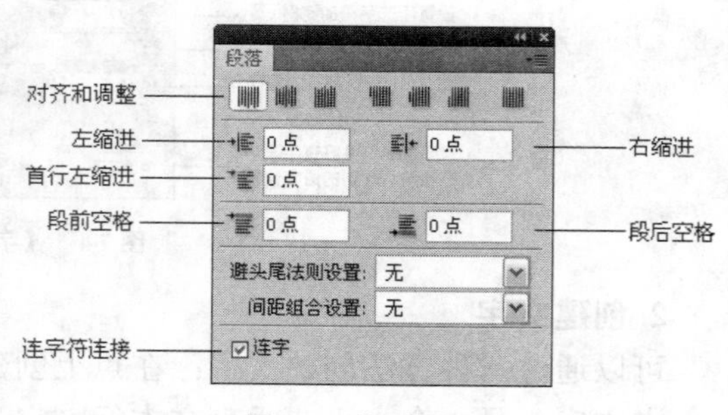

图 7-3　【段落】面板

使用【段落】面板可更改列和段落的格式设置。要显示该面板，可选取“窗口”→“段落”或者单击【段落】面板选项卡（如果该面板可见但不是现用面板）。也可以选择一种文字工具并单击选项栏中的【切换字符和段落面板】按钮。

要在【段落】面板中设置带有数字值

的选项，可以使用向上和向下方向键，或直接在文本框中编辑值。当直接编辑值时，按 Enter 键可应用值；按 Shift+Enter 组合键可应用值并随后高光显示刚刚编辑的值；或者，按 Tab 键可应用值并移到面板中的下一个文本框。

注意：

可以在【段落】面板菜单中访问其他命令和选项。要使用此菜单，请单击面板右上角的三角形。

7.3 制作“名片”

名片，是每个人身份的象征，也是人与人相互沟通交流的方式之一。名片一方面要考虑美观，另一方面也要考虑较好地体现名片持有人的特点。因此，本节的名片在外观与文字相结合的画面中，突出了该名片持有人的服务领域，给人以清新明了的感觉。

本案例应用了前面章节中所学习的图层、矢量工具等基本操作知识，并结合了本章文字的创建及编辑的方法。通过“名片”这一案例的创作过程，进一步加深对文字工具的理解，并在文字工具应用的过程中不断得到锻炼和提高。本案例效果如图 7-4 所示。

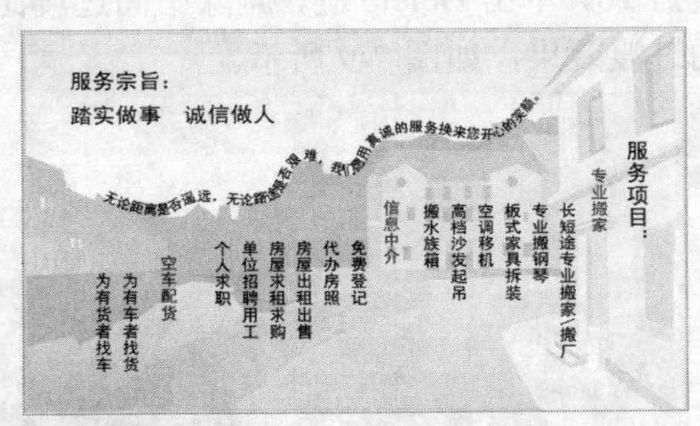

图 7-4　“名片”正面及背面效果图

7.3.1 操作步骤

1．新建图像文件

选取“文件”→“新建”，打开【新建】对话框，设置名称：名片；预设大小：90 毫米×54 毫米；背景色：白色；颜色模式：RGB，如图 7-5 所示。

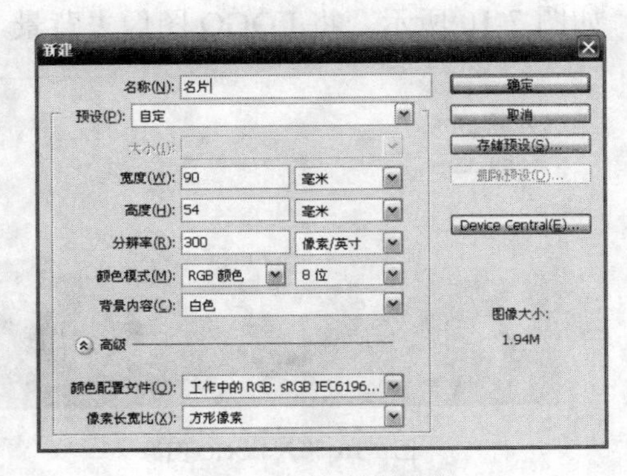

图 7-5　新建图像文件

2．创建渐变背景效果

选择【渐变工具】，设置前景色：#64747c；背景色：白色，创建从下至上的线性渐变效果，如图 7-6 所示。

3. 导入背景图像

导入本章素材文件夹中的名为“背景”的图像文件，全选，用【移动工具】将其拖动到“名片”图像文件中，如图 7-7 所示。

图 7-6　创建渐变背景

图 7-7　导入背景图像

4. 编辑背景图像

（1）打开【图层】面板，选择背景图像所在的图层，降低背景图像的不透明度为 12%。图像效果如图 7-8 所示。

（2）选择【矩形选框工具】，选中背景图像层与背景层之间的区域，设定羽化值为 20，单击 Delete 键，删除中间过渡比较生硬的边缘，形成图像层与背景层之间柔和的过渡效果，如图 7-9 所示。

图 7-8　降低背景图像的不透明度

图 7-9　柔和的过渡效果

5. 移入 LOGO 图像

打开本章素材文件夹中的名为“LOGO”的图像文件，将文件移入“名片”图像中，如图 7-10 所示。将 LOGO 图像去背景，效果如图 7-11 所示。

图 7-10 移入 LOGO 图像

图 7-11　将 LOGO 图像去背景

6. 输入点文字

（1）选择【横排文字工具】T，在【字符】面板中设置文字属性，字体：幼圆；字号：7 点；颜色：深红色；输入标题文字。单击对号，确认输入。

（2）在中间位置再次单击，创建新的文字图层，输入中间的文字：字体：行楷；字号：18 点；输入文字后，注意调整间距，单击对号，确认输入。完成后的【图层】面板如图 7-12 所示。文字效果如图 7-13 所示。

图 7-12　【图层】面板

图 7-13　文字效果

7. 输入段落文字

选择【横排文字工具】T，在【字符】面板中设置文字属性，字体：幼圆；字号：5 点；颜色：深蓝色；在图像下方，拖出一个矩形段落文字框，并在其中输入文字，输入第一行文字后，按下回车键另起一行，继续输入文字，完成后的文字左对齐，效果如图 7-14 所示。

8. 输入垂直段落文字

选择【直排文字工具】IT，在【字符】面板中设置文字属性，字体：华文行楷；字号：10 点；颜色：深蓝色；在图像左侧，拖出一个矩形段落文字框，并在其中输入文字，如图 7-15 所示。

图 7-14　输入段落文字

图 7-15　输入垂直文字

9. 编辑名片背面

名片的背面常常会被利用作为自身的更详细的介绍或说明，因而其作用同样不可小视。下面我们一起来练习名片背面的文字编辑。

打开本章素材文件夹中的名为“城区”的图像文件，全选，选择【移动工具】将其移入“名片背面”图像中，如图 7-16 所示。调整图像的不透明度，如图 7-17 所示。

图 7-16 移动操作

图 7-17 调整图像的透明度

10. 创建路径文字

（1）选择【钢笔工具】，在选项栏中单击【路径】图标，绘制路径，按下 Ctrl 键，在空白处单击，结束路径的创建。【路径】面板如图 7-18 所示。绘制完成的路径效果如图 7-19 所示。

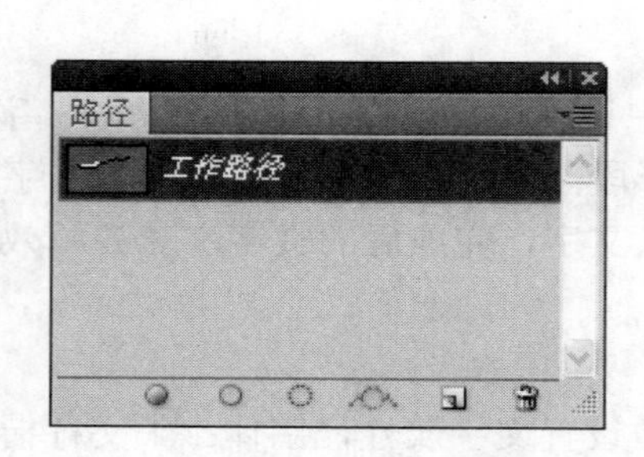

图 7-18 【路径】面板

图 7-19 绘制完成的路径效果

（2）选择【文字工具】，使文字工具的【基线指示符】位于路径上，然后单击，路径上会出现一个插入点，在其中输入路径文字，完成的效果如图 7-20 所示。

（3）选择【直排文字工具】IT，输入如下文字。完成的效果如图 7-21 所示。

图 7-20 输入路径文字

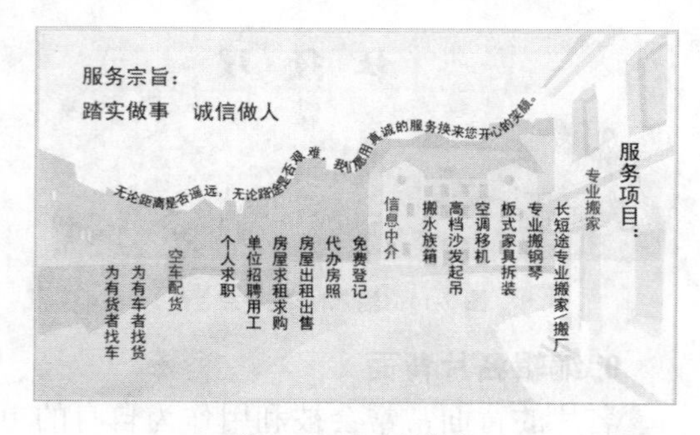

图 7-21 完成的效果

（4）至此，“名片”图像的制作便完成了。

7.3.2 相关知识

1. 字符面板

(自动)：可按指定的尺寸调整所选字符的行距。

0%：设置所选字符的比例间距，在下拉列表中选择 0%～100%的比例值，其中数值越大字符的间距越小。

0：改变所选文字整体的字符间距，可在编辑框中输入具体数值，或在下拉列表中进行选择。其中正值使文字的间距变大，负值使文字的间距缩小。

度量标准：改变鼠标所在位置处两字符的间距，可在编辑框中输入具体数值，或在下拉列表中进行选择。其中正值使文字的间距变大，负值使文字的间距缩小。

0点：设置基线偏移量，在数值框输入一个非 0 数值（正值上升，负值下降）。

100%　100%：分别控制文本在垂直方向和水平方向的缩放比例。

2. 段落文字的创建和编辑

段落是末尾带有 Enter 键符的任何范围的文字。对于点文字，每行即是一个单独的段落。对于段落文字，一段可能有多行，具体视定界框的尺寸而定。

编辑段落文本，首先要选择需要进行编辑的段落，然后使用【段落】面板为文字图层中的单个段落、多个段落或全部段落设置格式选项。

（1）选择段落文字。单击要设置格式的段落，可应用于单个段落。双击【图层】面板中的文字缩略图，可将格式设置应用于图层中的所有段落。

（2）单击选项栏中的【切换字符和段落面板】按钮，打开【段落】面板，编辑文字。

：左对齐文本，将文字左对齐，使段落右端参差不齐。

：居中对齐文本，将文字居中对齐，使段落两端参差不齐。

：右对齐文本，将文字右对齐，使段落左端参差不齐。

当文本同时与两个边缘对准时，称为两端对齐。可以选择对齐段落中除最后一行外的所有文字。

3. 连字选项的设置

主要是为了段落文字的整体效果考虑，学习者可以通过对其中的选项进行设置，观察效果来巩固知识点。

4. 罗马式溢出标点设置

对于整个段落中的标点符号进行管理的时候使用此选项。该设置可用于所有文本，即可以选择对齐段落中包括最后一行在内的文本。选取的对齐设置将影响各行的水平间距和文字在页面上的美感。值得注意的是：对齐选项只可用于段落文字。

：两端对齐除最后一行外的所有行，最后一行左对齐。

：两端对齐除最后一行外的所有行，最后一行居中对齐。

：两端对齐除最后一行外的所有行，最后一行右对齐。

：两端对齐包括最后一行的所有行，最后一行强制对齐。

：从段落的左边缩进。对于竖排文字，此选项控制从段落顶端的缩进。

：从段落的右边缩进。对于竖排文字，此选项控制从段落底部的缩进。

：缩进段落中的首行文字。对于横排文字，首行缩进与左缩进有关；对于竖排文字，首行缩进与顶端缩进有关。输入一个负值可以创建首行悬挂缩进。

：控制段落上下的间距，可以分别输入正负值，正值使选择段落向下移动，负值使选择段落向上移动。对于文本第一段不起作用。

：控制段落上下的间距，可以分别输入正负值，正值使选择段落向上移动，负值使选择段落向下移动。对于文本最后一段不起作用。

你知道吗？

选择【段落】面板菜单中的“连字符连接”，如图 7-22 所示，打开【连字符连接】对话框，如图 7-23 所示。可以在其中设置连字符的属性。选取的“连字符连接”设置将影响各行的水平间距和文字在页面上的美感。连字符连接选项可以确定是否可用连字符连接文字。

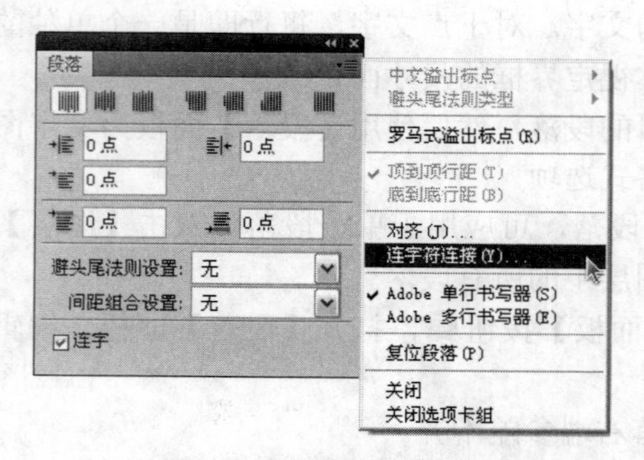

图 7-22 【段落】面板菜单

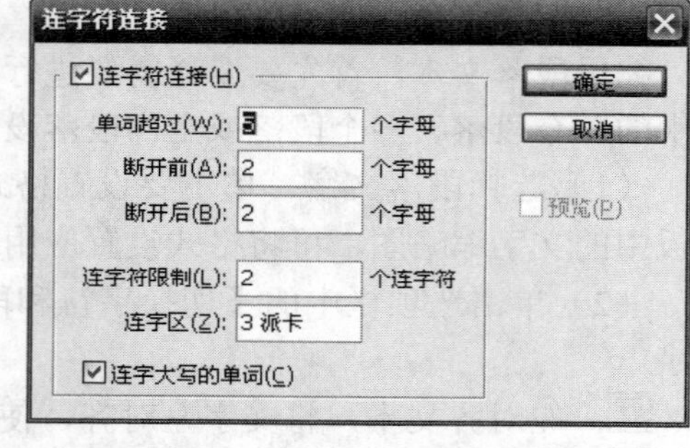

图 7-23 【连字符连接】对话框

单词超过_个字母：指定用连字符连接的单词的最少字符数。

断开前_个字母和断开后_个字母：指定可被连字符分隔的单词开头或结尾处的最少字符数。例如，为这些值指定 3 时，mechanical 将被断为 mechani-cal，而不是 me- chanical 或 mechanic-al。

连字符限制：指定可进行连字符连接的最多连续行数。

连字区：从段落右边缘指定一定边距，划分出文字行中不允许进行连字的部分。设置为 0 时允许所有连字。此选项只有在使用“Adobe 单行书写器”时才可使用。

连字大写的单词：选择此选项可防止用连字符连接大写的单词。

5. 路径文字

（1）沿着路径输入文字

① 创建路径。使用路径或者自由形状工具，绘制路径。

② 定位文字。选择文字工具，使【文字工具】T的【基线指示符】位于路径上，然后单击，路径上会出现一个插入点。

③ 输入文字。横排文字沿着路径显示，与基线垂直。竖排文字沿着路径显示，与基线平行。

（2）在路径上移动或翻转文字

① 选择【直接选择工具】或【路径选择工具】，并将该工具放在文字上。指针会变为带箭头的【I 型光标】。

② 执行下列操作之一：

方法 1：要移动文本，单击路径上的小圆圈，并沿路径拖移文字。拖移时要小心，避免跨越到路径的另一侧。

注意：小圆圈和叉号之间的距离表示文字可以容纳的空间。

方法 2：要将文本翻转到路径的另一边，单击并横跨路径拖移文字。

③ 要横跨路径移动文字而不更改文字的方向，可以使用【字符】面板中的“设置基线偏移”选项。

6. 路径文字的编辑方法

创建好的路径文字，如果对文字的属性不满意，需要对其进行编辑修改，这时，需要先选择文字，然后打开文字属性面板，在其中对属性进行编辑修改。

7. 路径形状的改变方法

编辑好的路径文字，如果对路径的形状不满意，可以使用【路径选择工具】，对路径的形状进行编辑，如添加、删除节点等。

7.4　篮球比赛宣传海报

“篮球比赛”宣传海报应用了“文字变形”、“文字方向转换”、“段落间距的设置”、“字符属性”等知识点，主要利用文字的变形来模拟图像的海报效果，具有较强的视觉吸引力，同时信息的传达也很完整。图像效果如图 7-24 所示。

图 7-24　宣传海报效果图

7.4.1 操作步骤

（1）新建文件。新建一个 600 像素×800 像素大小的图像文件；背景色：白色；名称：宣传海报；颜色模式：RGB，如图 7-25 所示。

（2）导入篮球筐图像。打开素材文件夹中的名为“篮球筐”的图像，使用【移动工具】将篮球筐拖动到“宣传海报”图像中，如图 7-26 所示。

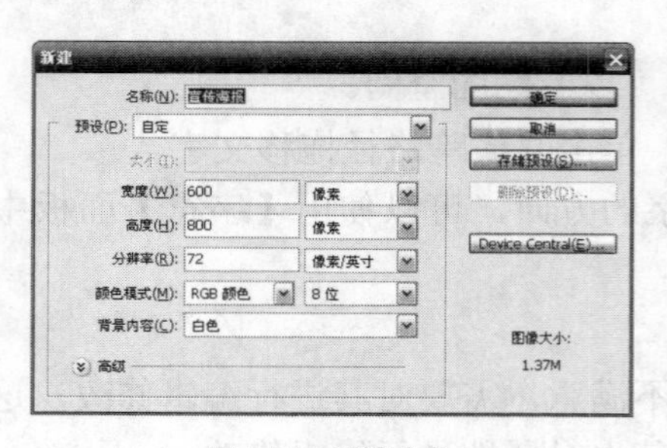

图 7-25 新建文件

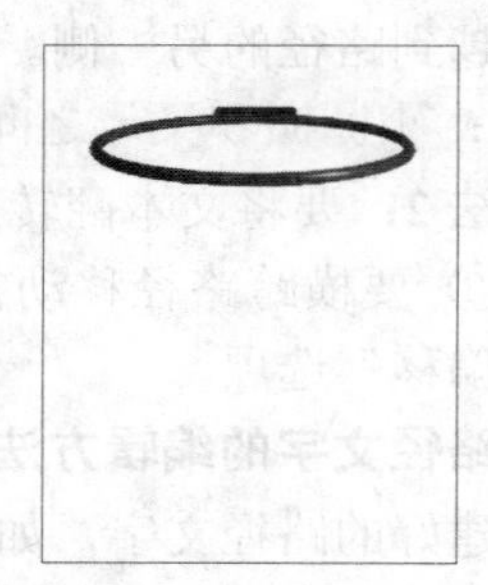

图 7-26 导入篮球筐

（3）建立字符文字。选择【文字工具】在图像中单击，在其中输入文字。打开【字符】面板，设置文字大小：36 点；垂直缩放：220%；颜色：R:183, G:153, B:142，如图 7-27 所示。

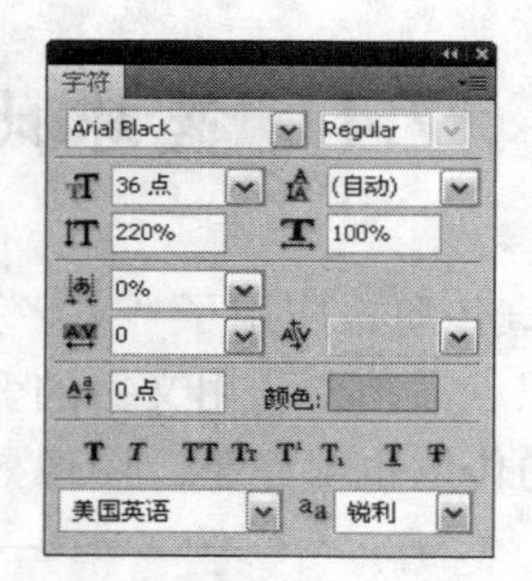

图 7-27 输入字符文字

（4）制作第一行文字变形。单击文字工具选项栏中的【新建文字变形】图标，打开【变形文字】对话框，在样式选框中选择“拱形”，选择水平变形，弯曲：－19%，垂直扭曲：－19%，如图 7-28 所示。

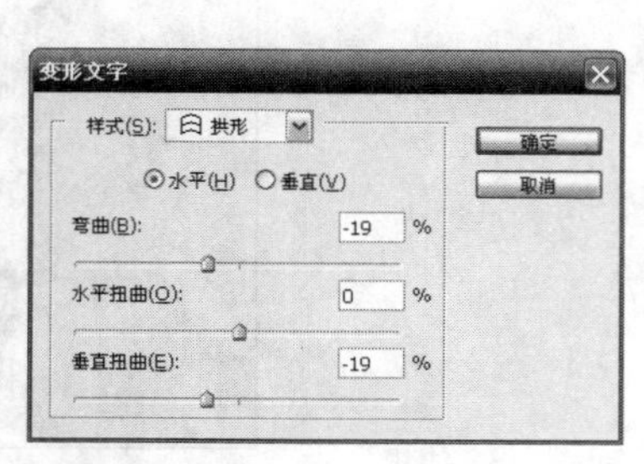

图 7-28 制作第一行文字变形

（5）制作第二行文字变形。用同样方法制作第二行文字，在【字符】面板中设置字符的间距为“25%”，同样选择拱形变形，水平变形，弯曲：－23%，垂直扭曲：－20%，如图 7-29 所示。

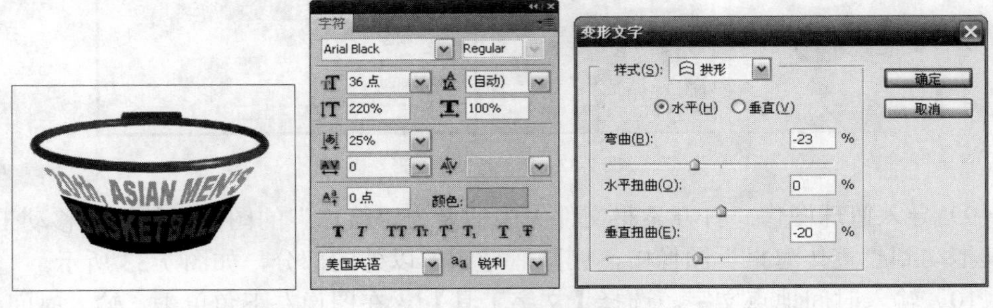

图 7-29　第二行文字变形

（6）制作第三行文字变形。用同样的方法制作第三行文字，在【字符】面板中设置字符的间距为“0%”，垂直缩放：220%，同样选择拱形变形，水平变形，弯曲：－22%，垂直扭曲：－18%，如图 7-30 所示。

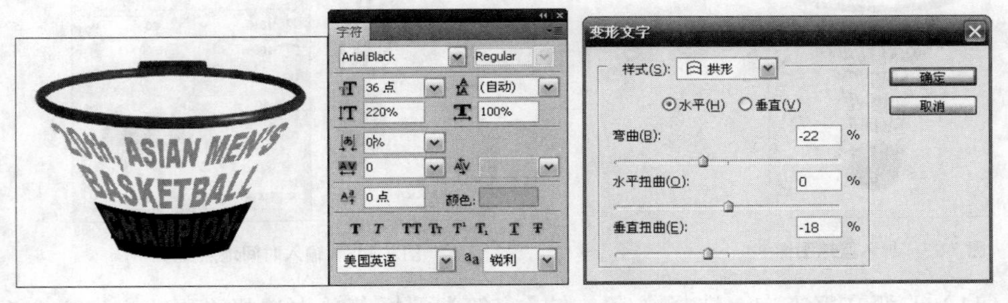

图 7-30　第三行文字变形

（7）制作第四行文字变形。用同样的方法制作第四行文字，字符属性和第三行文字相同，水平变形，弯曲：－26%，垂直扭曲：－24%，如图 7-31 所示。

图 7-31　第四行文字变形

（8）制作第五行文字变形。用同样的方法制作第五行文字，在【字符】面板中设置字符的间距为“0%”，垂直缩放：160%，颜色：红色，水平变形，弯曲：－34%，垂直扭曲：－9%，如图 7-32 所示。

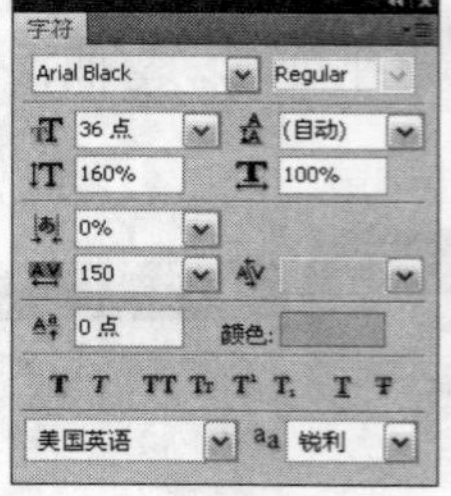

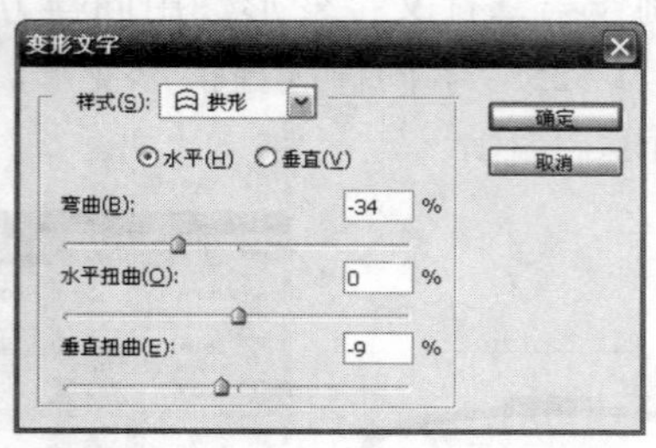

图 7-32　第五行文字变形

（9）导入篮球图像。打开素材文件夹中的名为“篮球”的图像，使用【移动工具】将其拖动到“宣传海报”图像中，删除篮球图像以外的部分，如图 7-33 所示。

（10）输入时间地点文字。选择【文字工具】在图像左下角单击，输入时间、地点、举办单位、网址等海报必需的文字，在【字符】面板中设置字符属性，大小：18 点，颜色：黑色，字间距：－10。如图 7-34 所示。

图 7-33　导入篮球图像

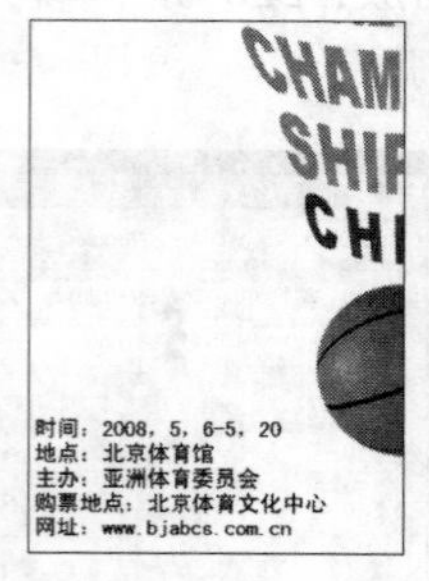

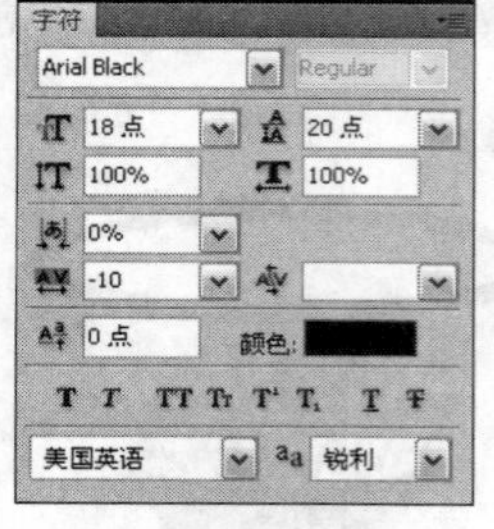

图 7-34　输入时间地点文字

（11）改变文字方向。选择文字，在【字符】面板菜单中选择“更改文字方向”，将横排文字更改成竖排文字，如图 7-35 所示。

（12）选择“标准垂直罗马对齐方式”。改变文字方向后，发现数字的方向是横向的，为了改变这种状态，选择【字符】面板菜单中的“标准垂直罗马对齐方式”，将数字的方向修改为纵向，同时为了缩小间距，在【字符】面板中设置行间距：20 点，如图 7-36 所示。

图 7-35　改变文字方向

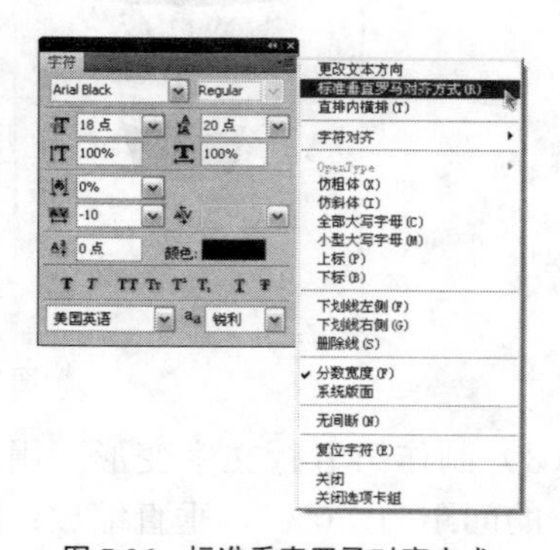

图 7-36　标准垂直罗马对齐方式

（13）修改背景填充颜色。整体观察图像，发现背景颜色太过于单调，选择背景图层，使用【渐变工具】在背景中制作从“白色到黄色”的垂直渐变，完成图像制作。如图 7-24 所示。

7.4.2 相关知识

1. 文字变形

Photoshop CS4 中的文字变形属性可以扭曲文字以符合各种形状。例如，可以将文字变形为鱼形、扇形等，还可以随时更改图层的变形样式，通过变形选项中的属性设置，可以精确控制变形效果的取向及透视。

变形文字的具体操作步骤如下：

（1）选择需要变形的文字。

（2）打开【变形文字】对话框。选择【文字工具】T，然后单击选项栏中的【创建变形文字】按钮。

（3）从“样式”下拉列表中选取一种变形样式，如图 7-37 所示。

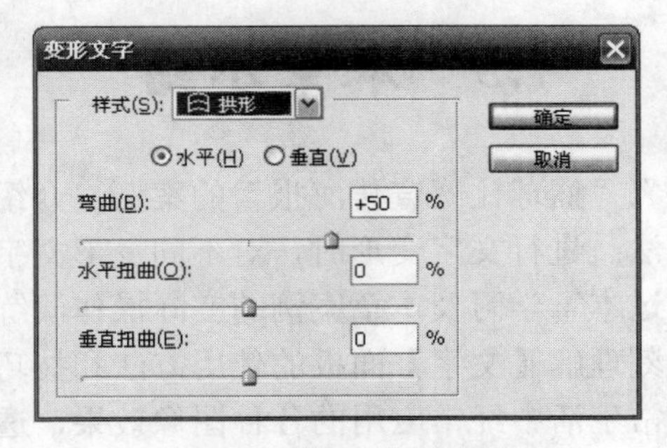

图 7-37 【变形文字】对话框

（4）选择变形效果的方向：水平或垂直。

（5）指定其他变形选项的值。

弯曲：指定对图层应用的变形程度。

水平扭曲或垂直扭曲：对变形应用透视。

2. 取消文字变形

设置了文字变形后，如果对变形效果不满意，想要取消的话，可以执行下面的操作步骤：

（1）选择已应用了变形的文字。

（2）选择【文字工具】T，然后单击选项栏中的【创建变形文字】按钮。

（3）从“样式”下拉列表中选取“无”，单击【确定】，可取消文字变形。

3. 更改文字的取向

文字图层的取向决定了文字行相对于文档窗口（对于点文字）或定界框（对于段落文字）的方向。当文字图层垂直时，文字上下排列；当文字图层水平时，文字左右排列。

具体操作步骤如下：

（1）选择文字。

（2）执行下列操作之一：

方法 1：选择一种文字工具，然后单击选项栏中的【更改文本方向】按钮 。

方法 2：选取“图层”→“文字”→“水平”或“垂直”命令。

4. 海报的设计原则

现在的世界是一个充满广告的世界，在身边处处都存在广告，海报在广告中扮演了重要的角色。在海报的设计中应该遵循以下几点原则：

（1）简洁：形象和色彩必须简单明了。

（2）统一：海报的造型与色彩必须和谐，要具有统一的协调效果。

（3）均衡：整个画面要具有魄力感与均衡效果。

（4）销售重点：海报的构成要素必须化繁为简，尽量挑选重点来表现。

（5）惊奇：海报无论在形式上或内容上都要出奇创新，具有强大的惊奇效果。

（6）技能：海报设计需有高水准的表现技巧，无论绘制或印刷都不可忽视技能性的表现。

7.5 本章小结

本章通过制作“名片”、“篮球比赛宣传海报”的案例，介绍了【字符】面板及【段落】面板的属性及应用方法；进行文字变形时，对不同变形文字效果的编辑和修改；路径文字的创建和修改。通过本章学习及本章案例的实际操作演练，使学习者能够了解文字的创建和编辑方法，深刻理解【文字】面板的使用方法和技巧，结合其他图像处理工具，设计和制作出人们日常生活中经常应用的各种图像效果，透过简单的案例，可深刻感受文字工具在图像广告设计制作中的重要性。

7.6 思考与练习

一、选择题

1. 文字图层中的文字信息哪些可以进行修改和编辑？______
   A. 文字颜色
   B. 文字内容，如加字或减字
   C. 文字大小
   D. 将文字图层转换为像素图层后可以改变文字的排列方式
2. 当要对文字图层执行滤镜效果时，首先应当做什么？______
   A. 执行“图层”→“栅格化”→“文字”命令
   B. 直接在滤镜菜单下选择一个滤镜命令
   C. 确认文字图层和其他图层没有链接

D. 使得这些文字处于选择状态，然后在滤镜菜单下选择一个滤镜命令

3. 字符文字可以通过下面哪个命令转化为段落文字？______

A. 转化为段落文字　　　　　　　B. 文字

C. 链接图层　　　　　　　　　　D. 所有图层

4. 段落文字可以进行如下哪些操作？______

A. 缩放　　　　　　　　　　　　B. 旋转

C. 裁切　　　　　　　　　　　　D. 倾斜

5. Photoshop 中文字的属性可以分为哪两部分？______

A. 字符　　　　　　　　　　　　B. 段落

C. 水平　　　　　　　　　　　　D. 垂直

6. 下面哪些是文字图层中抗锯齿的类型？______

A. 中度　　　　　　　　　　　　B. 锐利

C. 加粗　　　　　　　　　　　　D. 平滑

二、思考题

1. 字符文字和段落文字的区别是什么？

2. 变形文字的创建方法有哪些？

3. 路径文字创建后，如何对路径的形状进行编辑修改？

三. 操作题

1. “产品标签”制作

“产品标签”这一案例，利用路径上输入特殊走向的文字来达到对产品进行说明的效果，如图 7-38 所示。

图 7-38　产品标签设计

2. 制作步骤

（1）打开 LOGO 素材文件，如图 7-39 所示。

（2）选择钢笔工具，选择路径模式，沿着彩带方向建立路径，如图 7-40 所示。

（3）使用【文字工具】T，定位指针，使文字工具的基线指示符位于路径上，然后单击。单击后，路径上会出现一个插入点，输入主题文字“凯瑟琳”。打开【字符】面板，在其中设置字符属性，颜色为 RGB（233，231，208），如图 7-41 所示。

图 7-39　新建图像

图 7-40　建立路径

（4）利用相同的方法输入英文“Catherine”，如图 7-42 所示。

图 7-41 添加文字

图 7-42 输入英文

（5）隐藏背景层，选取“图层”→“合并可见图层”。

（6）新建文件，尺寸为 600 像素×800 像素，分辨率为 150。导入瓶子素材，并将合并后的 LOGO 拖曳到新文件上，调整到合适的位置，如图 7-43 所示。

（7）为了增加商标的立体效果，在【图层】面板上选择瓶子层，按 Ctrl+J 复制图层，并将图层移动到 LOGO 图层上，按下 Alt 键，单击两层图层的中缝图层。选择该复制层，选取“图像”→“调整”→“去色”，并将该层的混合模式设置为“强光”，如图 7-44 所示。完成操作。

图 7-43 导入瓶子素材

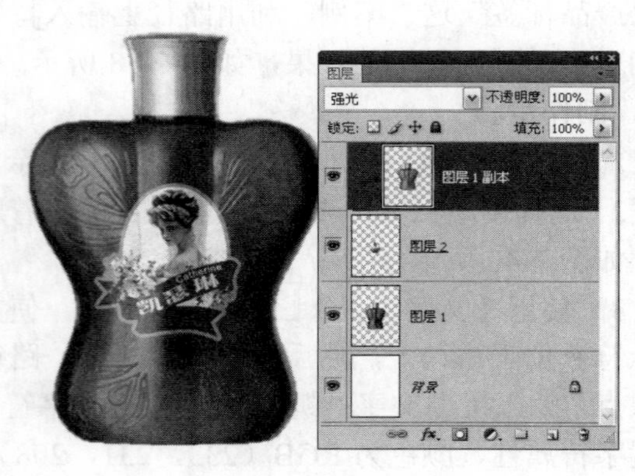

图 7-44 为 LOGO 添加光照效果

第8章 高手必通——通道和蒙版

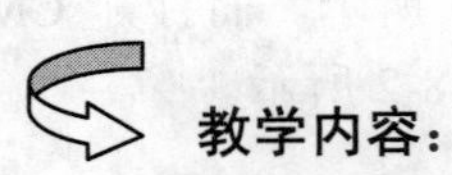

教学内容：

本章以案例的形式全面介绍了通道和蒙版的特点；利用【通道】面板中的颜色信息通道快速更改图像颜色的方法。利用通道的原理快速抠取特殊背景下的透明区域图像，编辑通道与创建选区、编辑选区的方法以及应用图层蒙版和快速蒙版编辑图像的方法和技巧。

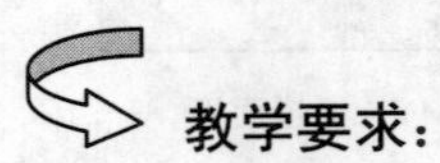

教学要求：

教学重点	能力要求	相关知识
通道和通道面板	了解颜色信息通道与Alpha通道的特点	图层面板、通道面板
Alpha通道的创建与编辑	掌握Alpha通道的创建与编辑的方法与技巧，完成“抠婚纱”案例的操作	图层、选区与通道、各种工具的应用
专色通道	认识和了解专色通道的作用	图层、通道面板及印刷常识
蒙版的特点及应用案例	理解选区、通道与蒙版的关系	图层、选区、通道和蒙版
蒙版的应用与编辑	掌握图层蒙版与快速蒙版的创建与编辑的方法和技巧，完成案例的制作与实训	图层的概念、通道面板、工具的应用、选区的创建与编辑等

8.1 通道概述

通道是 Photoshop 中几个重要概念之一，主要用于保存图像的颜色信息或选区。打开一幅图像时，Photoshop 会自动创建颜色信息通道，图像的颜色模式决定所创建的颜色通道的数目，例如 RGB 图像有红色、绿色、蓝色三个颜色通道，而 CMYK 图像有青色、洋红、黄色、黑色四个颜色通道。除了颜色信息通道外，Photoshop 的通道还包括专色通道和 Alpha 通道。

当打开一幅 RGB 模式的图像时，我们可以看到其自动创建的颜色信息通道，RGB 图像的每种颜色(红色 R、绿色 G 和蓝色 B)分别都有一个通道，并且还有一个用于编辑图像的复合通道。

如果将每个像素点的 R 值都提取出来，可得到一幅灰度图像(其取值范围为 0~255)。这个灰度图像就是 R 通道，它存储了图像 R 颜色的信息值。用同样的方法可以得到 G、B 这两个通道。如果将 RGB 这 3 个通道重新组合起来，可以形成一个复合通道，就是 RGB 主通道。这个通道包括了图像中的所有颜色信息。如图 8-1 所示。而打开 CMYK 模式的图像，则会看到其通道面板中有四种颜色信息通道，如图 8-2 所示。

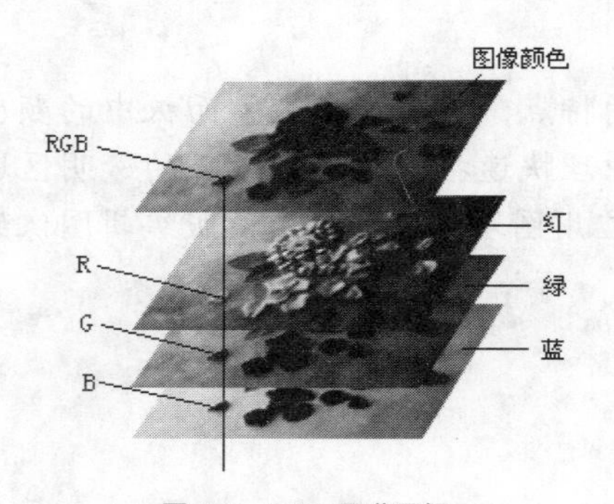

图 8-1　RGB 通道图解

图 8-2　CMYK 通道面板

打开系统自带的“样本”文件夹中的“向日葵.psd”图像，可以看到其颜色信息通道和 Alpha 通道的效果，如图 8-3 所示。

图 8-3　图像的颜色信息通道及 Alpha 通道效果图

8.2　用颜色信息通道替换颜色

本案例通过在【通道】面板中选择、复制、粘贴通道的简单操作，实现如图 8-4 所示的“替换颜色”的效果。目的在于进一步加深对【通道】面板中颜色信息通道的认识与了解。该方法极其简单，产生的效果还真让人意想不到呢！我们不妨一试。

图 8-4　原始图像及效果图

8.2.1　操作步骤

（1）打开本章素材文件夹中名为“郊外”的图像文件。

（2）打开【通道】面板，可以看到用原色显示的各个通道。选择“绿”色通道，如图 8-5 所示。按下 Ctrl+A 键全选，按下 Ctrl+C 键复制，如图 8-6 所示。

图 8-5　选择“绿”色通道

图 8-6　全选

（3）选择“蓝”色通道，选取“编辑”→“粘贴”或按下 Ctrl+V 键，粘贴到“蓝”色通道中，如图 8-7 所示。显示复合通道，便可看到效果了，如图 8-8 所示。

图 8-7　粘贴至“蓝”色通道

图 8-8　效果图

依此种方法，选择其他通道，进行同样的操作，将会得到其他颜色替换效果。

（4）打开【通道】面板，选择“蓝”色通道，按下 Ctrl+A 键全选，按下 Ctrl+C 键复制，如图 8-9 所示。

（5）选择“红”色通道，选取“编辑”→“粘贴”命令或按下 Ctrl+V 键，粘贴到“红”色通道中，显示复合通道，便可看到浓浓的绿色了，效果如图 8-10 所示。

图 8-9 选择“蓝”色通道

图 8-10 效果图

（6）也可将选择的“蓝”通道颜色粘贴到“绿”色通道中，显示复合通道，可以看到画面呈现较浓的红色。

（7）要降低过于浓烈的“红”色调，请选择【图层】面板，选取“图像”→“调整”→“色相/饱和度”命令，打开【色相/饱和度】对话框进行调整，生成一种“夕阳晚照、落日余晖”的效果，如图 8-11 所示。

（8）调整完毕，预览效果，直到满意为止。单击【确定】按钮，其最终效果如图 8-12 所示。

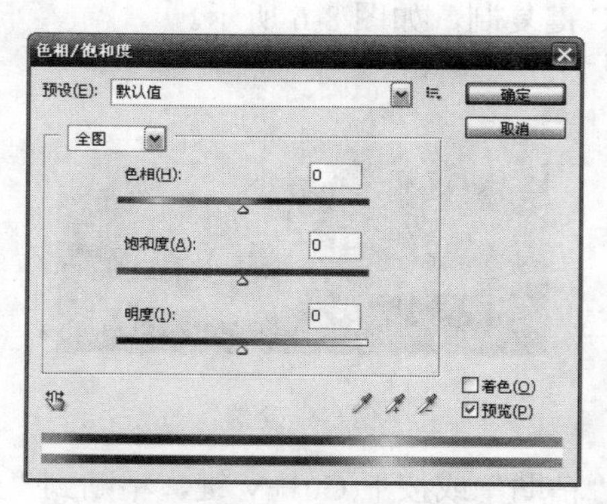

图 8-11 【色相/饱和度】对话框

图 8-12 效果图

8.2.2 相关知识

1.【通道】面板

对通道的处理主要是通过【通道】面板来进行，【通道】面板可用于创建和管理通道，并监视编辑效果。要显示【通道】面板，请选取“窗口”→“通道”命令。

通常，【通道】面板中的堆叠顺序为：最上方是复合通道(对于 RGB、CMYK 和 Lab

图像，复合通道为各个颜色通道叠加的效果)，然后是颜色通道、专色通道，最后是 Alpha 通道。通道内容的缩览图显示在通道名称的左侧，在编辑通道时，它会自动更新。另外，每一个通道都有一个对应的快捷键，这使得用户可以不打开【通道】面板即可选中通道。

单击面板右上方的小三角，可以打开【通道】面板的下拉菜单，选取其中的命令便可进行相应的面板功能操作。图 8-13 显示了一幅 RGB 彩色图像的【通道】面板，该面板详细列出了当前图像中的所有通道及【通道】面板的功能。

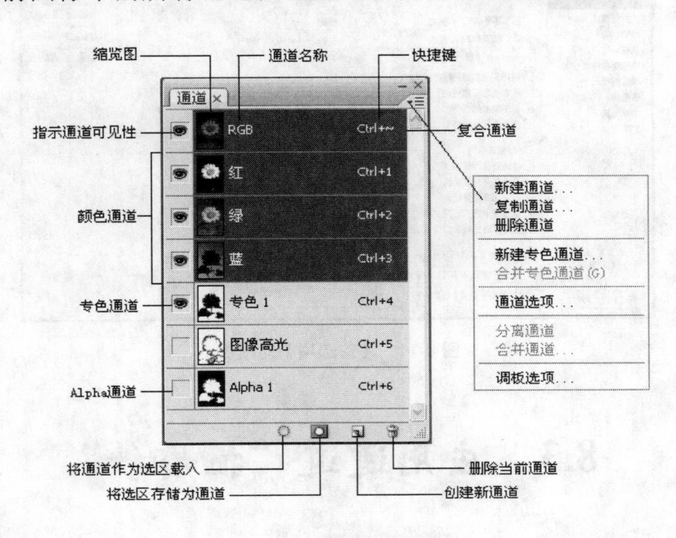

图 8-13　【通道】面板

可以使用该面板来查看文档窗口中的任何通道组合。例如，可以同时查看 Alpha 通道和复合通道，观察 Alpha 通道中的更改与整幅图像有怎样的关系。查看缩览图是一种跟踪通道内容的简便方法；不过，关闭缩览图显示可以提高性能。

要隐藏通道缩览图或调整其大小，请单击【通道】面板右上角的按钮，然后选择“面板选项”，打开【通道面板选项】对话框，选取面板的大小；单击“无”，将关闭缩览图显示。

2．【通道】面板的功能按钮

将通道作为选区载入：单击该按钮，可将当前通道作为选区载入。

将选区存储为通道：单击该按钮，可将当前选区在【通道】面板中存储为一个 Alpha 通道。

创建新通道：单击该按钮，可建立一个新的 Alpha 通道。

删除当前通道：单击该按钮，可删除当前通道，但不能删除 RGB 主通道。

注意：

若按住 Ctrl 键后单击通道，也可以安装当前通道的选择范围。若按住 Ctrl+Shift 键单击通道，则可将安装的选择范围增加到已有选择范围中。

3．将颜色通道显示为彩色

选取“编辑”→“首选项” →“界面”命令，将会打开【首选项】对话框，如图

8-14 所示。再勾选【用彩色显示通道】，单击【确定】即可。

4．显示/隐藏和复制通道

要显示或隐藏多个通道，在【通道】面板中拖移图标列即可。

要复制通道，只需将该通道拖移到面板底部的【创建新通道】按钮上即可。

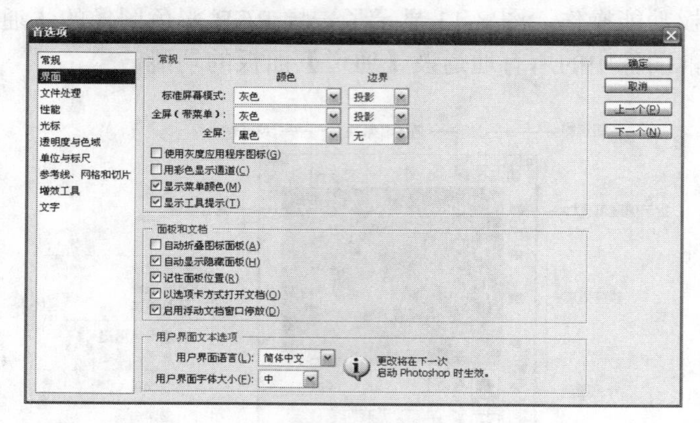

图 8-14　【首选项】对话框

8.3　应用通道"抠婚纱"

抠婚纱，特别是在乳白色背景图里抠出白色半透明的婚纱，通常被认为是最能够全面体现和应用通道概念的案例。其原始图像与效果图如图 8-15 所示。我们选择本案例的目的在于通过此案例的具体操作，使学习者能够快速掌握抠图的基本方法和技巧，并能够举一反三，让此种方法在其他相似的抠图操作中得到更好地运用。本案例将指导学习者利用通道轻松完成相近背景下抠取半透明图像的操作。

图 8-15　原始图像与效果图

8.3.1 操作步骤

1. 打开文件，新建图层、填充图层

（1）打开本章素材文件夹中的“婚纱”图像文件，选择背景层，选取“图层”→“新建”→“通过拷贝的图层”或按 Ctrl+J 键，复制背景层，创建图层 1。

（2）新建图层 2，填充前景色为纯蓝。如图 8-16 所示。

2. 打开【通道】面板，观察颜色通道效果，并调整选择的通道

（1）关闭图层 2，选择图层 1，进入通道，观察各个颜色通道，选择黑白对比较好的通道。这里选择“绿”通道，复制，得到“绿副本”通道，如图 8-17 所示。

（2）选取“图像”→“调整”→“反相”命令或按下 Ctrl+I 键，将“绿副本”通道图像反相，如图 8-18 所示。

图 8-16 新建图层 2

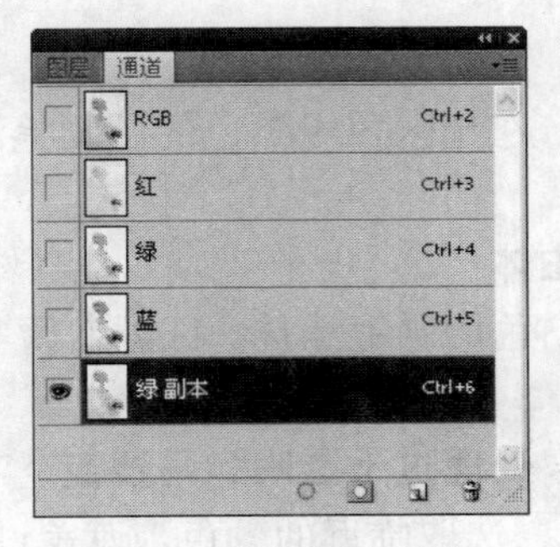

图 8-17 “绿副本”通道

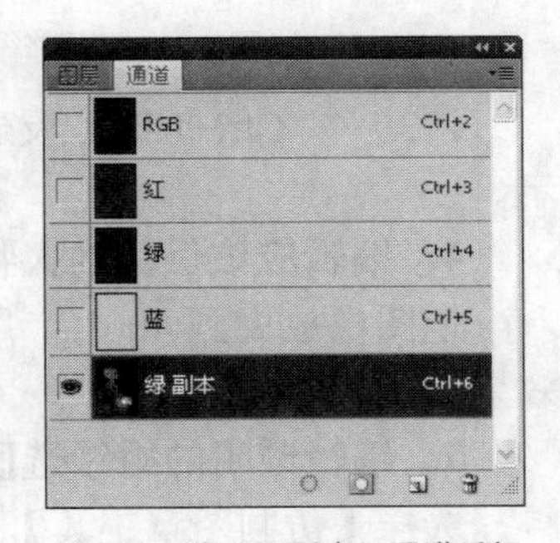

图 8-18 将“绿副本”通道反相

（3）选取“图像”→“调整”→“色阶”命令，在打开的【色阶】对话框中设置参数如图 8-19 所示，单击【确定】按钮。

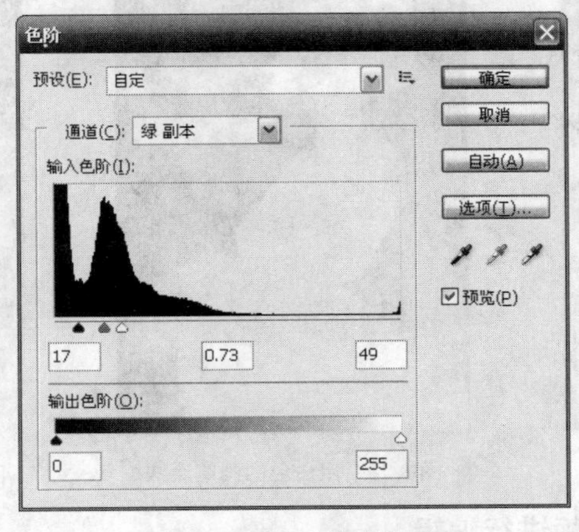

图 8-19 【色阶】对话框

3. 编辑去除部分的图像

（1）选择磁性的【自由钢笔工具】，创建选区路径，如图 8-20 所示。

（2）打开【路径】面板，在下方单击◯按钮将路径转换为选区，如图 8-21 所示。

图 8-20 创建路径

图 8-21 【路径】面板

（3）按 Ctrl+I 键，反选，在选区内用黑色的硬画笔涂抹后取消选区，如图 8-22 所示。

4. 编辑应该保留的人物主体

把图像放大到 400%，用白色的画笔涂抹，注意右臂与身体间的透明区域不要碰到，效果如图 8-23 所示。

5. 编辑透明的婚纱选区，处理过于透明和马赛克

选择【仿制图章工具】，选取临近的颜色，遮盖过于透明的地方。选择【模糊工具】，设置强度为 50%，涂抹图像中的马赛克。效果如图 8-24 所示。

图 8-22 用黑色的硬画笔涂抹

图 8-23 用白色的画笔涂抹

图 8-24 涂抹图像中的马赛克

6. 返回【图层】面板进行编辑

（1）修改涂抹完成后，选择载入选区，返回图层。如图 8-25 所示。

（2）选择图层 1，选取“图层”→“新建”→“通过拷贝的图层”命令或按下 Ctrl+J 键，抠出了图像，得到图层 3。将其放于图层 2 的上方，初见效果。如图 8-26 所示。

（3）为了增加质感，选择图层 3，按下 Ctrl+J 键两次，得到图层 3 副本和图层 3 副本 2，图层 3 的图层模式设置为“强光”，图层 3 副本设置为“柔光”，图层 3 副本 2 设置为“正常”。

（4）选择素材文件夹中的图像，添加背景图像，观看其效果，如图 8-27 所示。

图 8-25　载入选区

图 8-26　抠出的图像

图 8-27　图像效果图

注意：

如人物图像的边缘不理想，可选取“图层”→“修改”→“移去白色杂边”命令。

8.3.2　相关知识

1. Alpha 通道

在进行图像编辑时，所有单独创建的通道都称之为 Alpha 通道。和颜色通道不同，Alpha 通道不用来保存颜色，而是保存选区，将选区存储为灰度图像。还可以添加 Alpha 通道来创建和存储蒙版，这些蒙版用于处理或保护图像的某些部分。其作用是让被屏蔽的区域不受任何编辑操作的影响，从而增强图像编辑的弹性。

在【通道】面板中，通道都显示为灰色。Alpha 通道实际上是一幅 8 位、256 级灰度图像，其中黑色部分为透明区，白色部分为不透明区，而灰色部分为半透明区。用户可以使用绘图工具在通道上进行绘制，也可以分别对各原色通道进行明暗度、对比度的调整，甚至可以对原色通道单独选取滤镜功能，还可以把其他灰度图像粘贴到通道中，另外，通道和选区还可以互相转换，利用通道可以制作出许多特技效果。

Alpha 通道具有如下特点：

（1）每个图像最多可以包含 56 个通道(包括所有的颜色通道和 Alpha 通道)。

（2）可以指定每个通道的名称、颜色、蒙版选项和不透明度(不透明度影响通道的预览，而不影响图像)。

（3）所有新通道具有与原图像相同的尺寸和像素数目。

（4）可以使用绘画工具、编辑工具和滤镜编辑 Alpha 通道中的蒙版。

（5）将选区存放在 Alpha 通道可使选区永久保留，以便重复使用。

（6）可以将 Alpha 通道转换为专色通道。

2．选择和编辑 Alpha 通道

（1）利用【钢笔工具】可以创建路径，通过【路径】面板编辑路径，将路径转换为选区，并保存选区，创建通道。

（2）当保存了一个选区后，如果要对该选区进行编辑，通常应先将该通道的内容复制后再进行编辑，以免编辑后不能还原。

（3）在【通道】面板中，单击通道名称，可以选择一个通道；在选择通道时，按下 Shift 键，可选择(或取消选择)多个通道。

（4）根据在通道中白色代表保留的部分，黑色代表舍掉的部分，灰色代表留下的半透明的部分，利用通道中的选区可以编辑去除和保留部分。

（5）利用【仿制图章工具】和【模糊工具】可以编辑通道中的透明部分。

3．注意事项

如果要在图像之间复制 Alpha 通道，则通道必须具有相同的像素尺寸。

如果要复制另一个图像中的通道，目标图像与所复制的通道不必具有相同像素尺寸。

由于复杂的 Alpha 通道将极大增加图像所需的磁盘空间，存储图像前，为了节省文件存储空间和提高图像处理速度，在通道不再需要时，可以利用【通道】面板删除不再需要的专色通道或 Alpha 通道。

注意：

编辑 Alpha 通道时，可使用绘画或编辑工具在图像中绘画。通常，使用黑色绘画可在通道中添加；用白色绘画则从通道中减去；用较低的不透明度或颜色绘画则以较低透明度添加到蒙版。另外，要更改 Alpha 通道，可像更改图层顺序一样，上下拖动 Alpha 通道，当粗黑线出现在想要的位置时，释放鼠标按键即可。不管 Alpha 通道的顺序如何，颜色信息通道将一直位于最上面。

8.4 分离通道、合并通道

1．分离通道的方法

（1）打开本章素材文件夹中的 RGB 模式、名为“菊花”的图像文件。

（2）单击【通道】面板右上角的按钮，在打开的下拉菜单中选择【分离通道】命令，可以看到，分离后的各个文件都将以单独的窗口显示在屏幕上，具有相同的像素尺寸且均为灰度图。其文件名为原文件的名称加上通道名称的缩写。其原始图像与分离后的图像效果如图 8-28 所示。

2．合并通道的方法

（1）选择【通道】面板下拉菜单中的“合并通道”命令将会打开【合并通道】对话框，如图 8-29 所示。

模式：选取要创建的颜色模式。适合模式的通道数量出现在“通道”文本框中。

图 8-28　原始图像及【分离通道】后的图像

通道：如有必要，可在“通道”文本框中输入一个数值。如 RGB 模式为 3，CMYK 模式为 4，如果输入的通道数量与选中模式不兼容，则将自动选中多通道模式。这将创建一个具有两个或多个通道的多通道图像。

（2）选择“RGB 颜色”，单击 确定 按钮后，将显示【合并 RGB 通道】对话框，用户可在该对话框中分别为三原色选定各自的原文件，如图 8-30 所示。

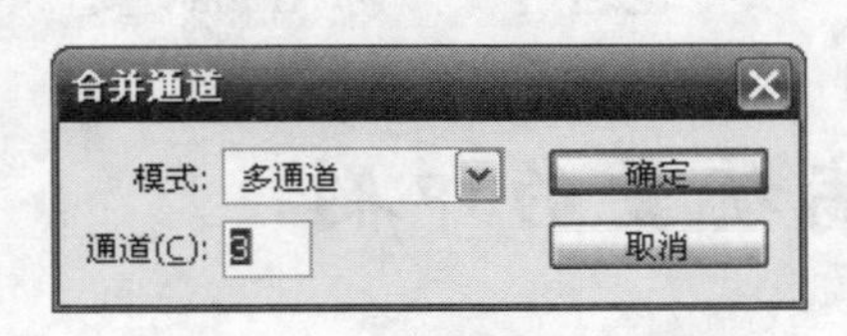

图 8-29　【合并通道】对话框

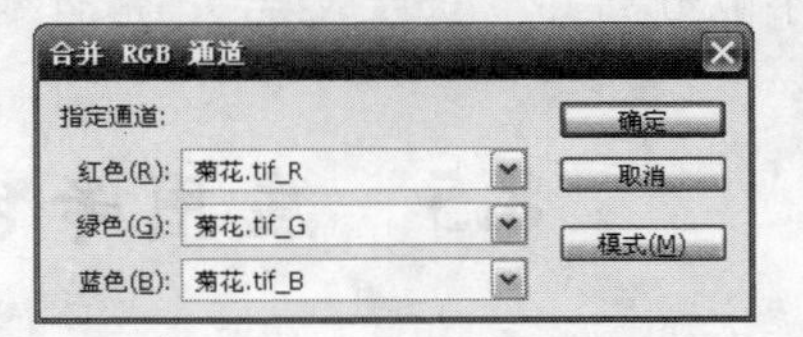

图 8-30　【合并 RGB 通道】对话框

（3）确认每个通道中已打开了需要的图像。如果想更改图像模式，单击 模式(M) 按钮，返回【合并通道】对话框。

（4）选择【多通道】模式，如图 8-31 所示。单击 确定 ，将会打开【合并多通道】对话框，如图 8-32 所示。

图 8-31　选择【多通道】模式

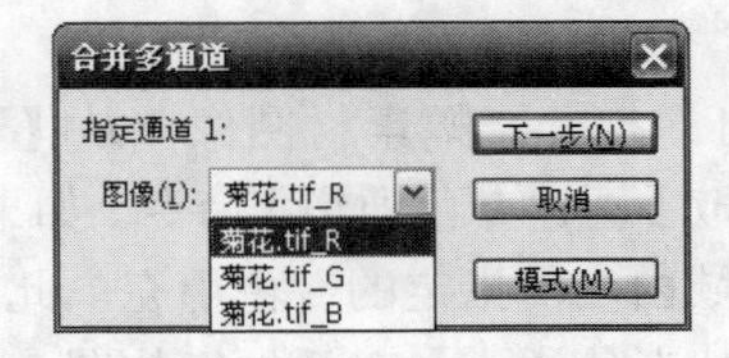

图 8-32　【合并多通道】对话框

（5）如果要将通道合并为多通道图像，单击【下一步】按钮，然后选择其余的通道。选中的通道合并为指定类型的新图像，原图像则在不做任何更改的情况下关闭。新图像出现在未标题窗口中，如图 8-33 所示。【通道】面板如图 8-34 所示。

图 8-33　新图像窗口

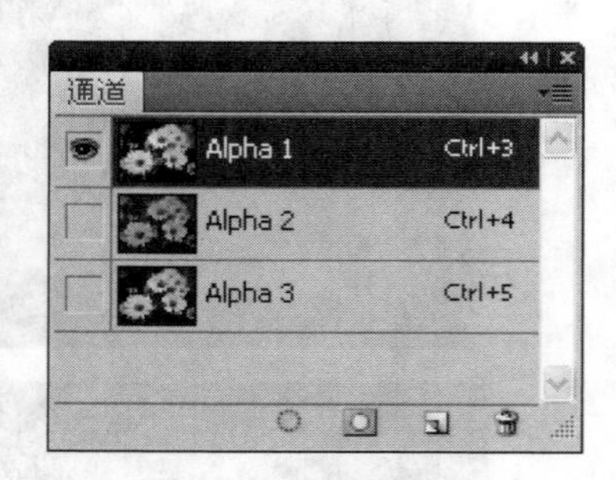

图 8-34　【通道】面板

你知道吗？

合并通道时，若将 Alpha 通道一起合并，则应在【合并通道】对话框的“通道”文本框中输入通道总数(如本例为 3)。不过，这样一来，合并成的图像不再拥有颜色信息(即为灰度图)。

注意：

如果遇到意外丢失了链接的 DCS 文件(并因此无法打开、放置或打印该文件)，请打开通道文件并将它们合并成 CMYK 图像，然后将该文件重新存储为 DCS EPS 文件。多通道图像的所有通道都是 Alpha 通道或专色通道。

注意：

不能分离并重新合成(合并)带有专色通道的图像。专色通道将作为 Alpha 通道添加。

8.5　应用专色进行高质量的印刷

本案例通过对专色的认识、了解和实际应用，介绍了创建高质量印刷品中专色的应用方法。通过本节内容的学习与实际操作，能够充分认识专色，了解专色的用途，了解专色在实际印刷过程中的应用。

8.5.1　操作步骤

（1）打开一幅素材图像，从【通道】面板菜单中选取【新建专色通道】命令。如果选择了选区，则该区域由当前指定的专色填充。此时，系统将打开【新建专色通道】对话框，如图 8-35 所示。

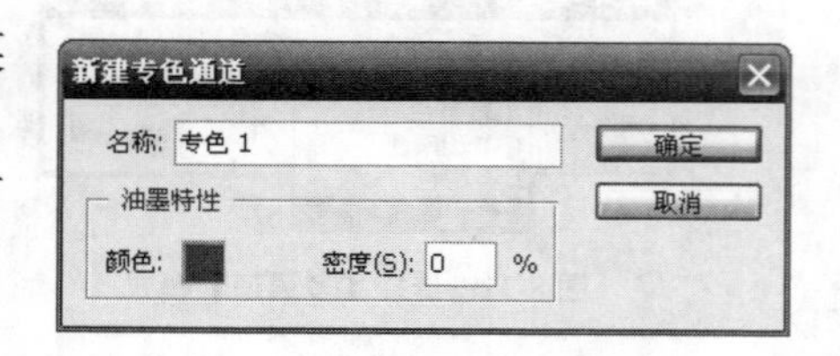

图 8-35 【新建专色通道】对话框

（2）输入专色通道名称；设置油墨特性。

（3）单击颜色色块，打开【选择专色】对话框选取颜色，如图 8-36 所示。

（4）如果选取自定颜色，请单击【颜色库】按钮，从颜色库系统中进行选取，如 PANTONE 或 TOYO，如图 8-37 所示。

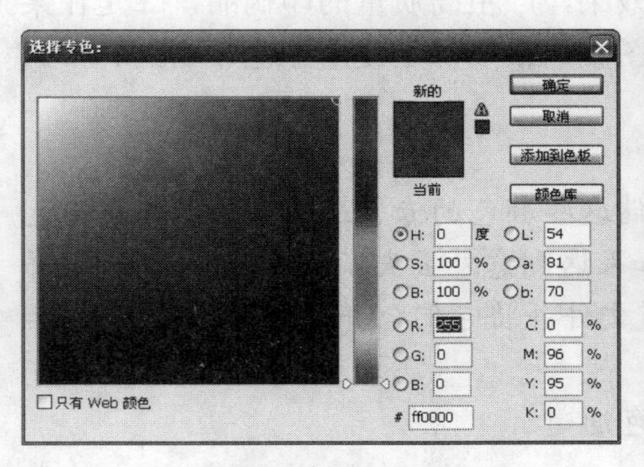

图 8-36 【选择专色】对话框

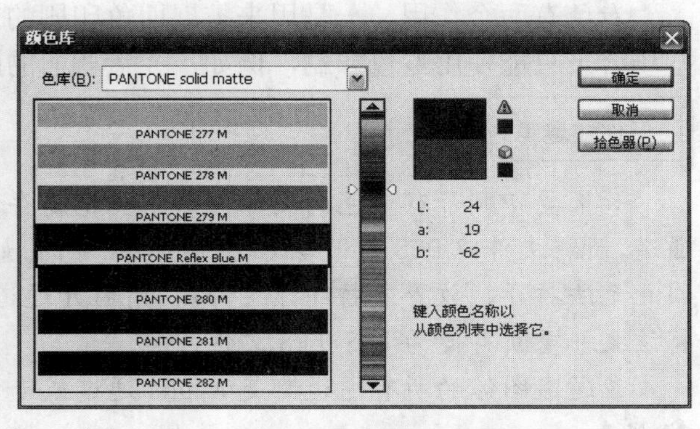

图 8-37 从自定颜色库系统中进行选取

（5）单击【确定】后，通道将自动采用该颜色的名称。新建专色通道的名称就变成色谱中的颜色名称了，如图 8-38 所示。

（6）还可以通过图 8-35 所示的对话框设置油墨密度。可输入介于 0%和 100%之间的一个值。可以使用该选项，在屏幕上模拟印刷后专色的密度。100%模拟完全覆盖下层油墨的油墨(如金属质感油墨)；0%模拟完全显示下层油墨的透明油墨(如透明光油)。也可以用该选项查看其他透明专色(如光油)的显示位置。如图 8-39 所示。

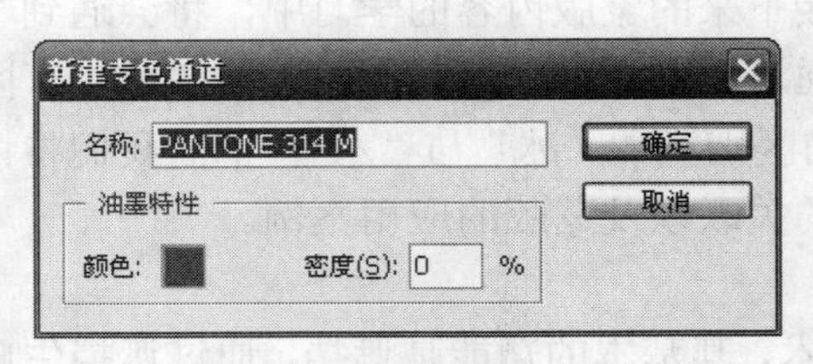

图 8-38 改变颜色名称

图 8-39 专色密度 100%和密度 50%效果图

注意：

“密度”选项和颜色选项只影响屏幕预览和复合印刷，不影响印刷的分色效果。

8.5.2 相关知识

1．关于专色

专色是特殊的预混油墨，用于替代或补充印刷色(CMYK)油墨。通常，彩色印刷品是通过黄、品、青、黑(CMYK)4 种原色油墨印制而成的。但由于印刷油墨本身存在一定的颜色偏差，在再现一些纯色，如红、绿、蓝等颜色时会出现很大的误差。因此，在一些高档印刷品制作中，还要加印一些其他颜色，以便更好地再现其中的纯色信息，这些加印的颜色就是所说的专色。

2．专色的作用

专色有两个作用，一是用来扩展四色印刷的效果，产生高质量的印刷品，二是在某些场合下只能使用专色印刷，例如，光盘背面的图案，很多都是使用专色印刷的。

你知道吗？

如果要印刷带有专色的图像，则需要创建存储这些颜色的专色通道。为了输出专色通道，请将文件以 DCS 2.0 格式或 PDF 格式存储。如果遇到意外丢失了链接的 DCS 文件(并因此无法打开、放置或打印该文件)，请打开通道文件并将它们合并成 CMYK 图像，然后将该文件重新存储为 DCS EPS 文件。

多通道图像的所有通道都是 Alpha 通道或专色通道。

注意：

每种专色在复印时，要求用专用的印版(因为印刷时调油墨要求单独的印版，它也被认为是一种专色)。油墨的颜色可以根据需要随意调配，没有任何限制。使用专色油墨再现的实地通常要比四色叠印出的实地更平、颜色更鲜艳。专色通道便是为制作相应专色色版而设置的。

不能分离并重新合成(合并)带有专色通道的图像。专色通道将作为 Alpha 通道添加。

8.6 蒙版概述

前面我们学习了关于通道的相关知识，在接下来的蒙版内容的学习中，将会遇到一个棘手的问题，那就是常常会有些人将蒙版与通道二者相混淆。其实蒙版与通道是有区别的。可以做这样形象的比喻：即蒙版与通道的区别犹如“冰”与“水”。下面我们将详细讲解蒙版的概念、蒙版与通道、蒙版与选区的关联以及蒙版的应用案例。

1．关于蒙版

Photoshop 中的蒙版，脱胎于传统的暗房技术，其基本的功能是遮挡，通过遮挡生成某种范围指向。这种范围指向也就是前面提到的选区。当一幅图像上有选区时，对图像所做的着色或编辑都只对不断闪烁的选区有效，其余部分好像是被保护起来了。但这种选区只是临时的，为了保存多个选区、能重复使用并较容易地编辑它们，于是产生了蒙版。

在 Photoshop 中，蒙版存储在 Alpha 通道中。蒙版和通道是灰度图像，因此，也可以像编辑其他图像那样编辑它们。对于蒙版和通道，绘制为黑色的区域受到保护，绘制为白色的区域可进行编辑。

2．选区、蒙版和 Alpha 通道的关系

选区、蒙版和 Alpha 通道是 Photoshop 中三个紧密相关的概念。可以把它们视为同一个事物的不同方面。选区一旦选定，实际上也就是创建了一个蒙版，而未选中区域将

“被蒙版”或受保护以免被编辑。选区和蒙版存储起来，就是 Alpha 通道。它们之间可以互相转换。对这三者可以通过图 8-40 来理解。

图 8-40　选区、蒙版和 Alpha 通道

你知道吗？

选区、蒙版和 Alpha 通道不能完全等同起来。例如，使用普通的选择工具无法产生诸如 50%之类的选择，而使用蒙版和 Alpha 通道就可以产生这种选择。另外，编辑蒙版和 Alpha 通道也可以使用选择工具。

8.7　风景图像中的图层蒙版

本案例通过在“风景”这一图像文件中创建选区、添加和编辑图层蒙版的操作，进一步加深对选区、蒙版与 Alpha 通道相互关系的理解。通过创建路径、转换为选区、编辑矢量蒙版，获得不同的图像效果。通过本案例的实际操作，掌握在图像中创建、编辑和应用图层蒙版、矢量蒙版的方法，以打造朦胧或清晰的图像边缘效果。如图 8-41 所示。

图 8-41　原始图像与朦胧/清晰边缘效果图像

8.7.1　操作步骤

1．打开图像文件，复制背景图层

打开本章素材文件夹中名为“风景”的图像文件，图像初始画面和【通道】面板如图 8-42、图 8-43 所示。为了不破坏原图像，将背景层复制。

图 8-42 原始图像

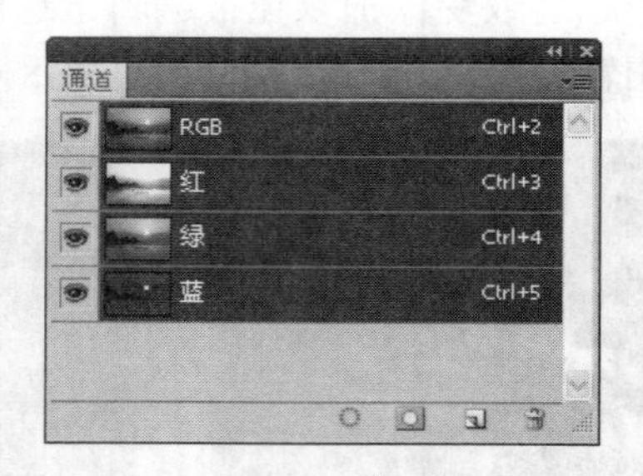

图 8-43 通道面板

2．快速创建选区，添加图层蒙版

（1）在【图层】面板中创建一个新图层，将新创建的图层移动至“背景副本”层下面。

（2）利用工具箱中的【渐变工具】，在新创建图层中，由上至下填充颜色“#742d13”至颜色“#eeddcd”的渐变效果，如图 8-44 所示。

（3）选择工具箱中的工具，将选项栏中“羽化”值设置为 10。在图像中创建如图 8-45 所示的选区。

（4）在【图层】面板中选择“背景副本”图层。如图 8-46 所示。

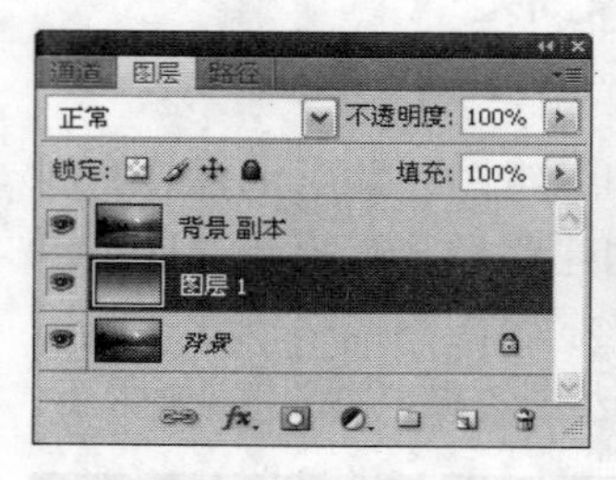

图 8-44 填加渐变

图 8-45 创建选区

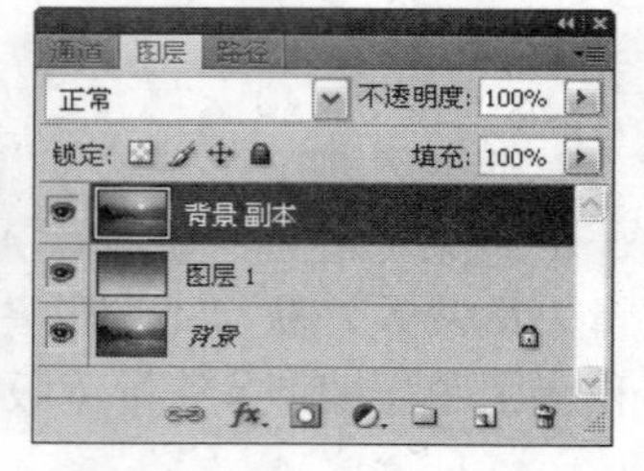

图 8-46 选择“背景副本”图层

（5）单击【图层】面板下方的【添加图层蒙版】按钮，将选区创建为图层蒙版。【图层】面板中的图层蒙版效果如图 8-47 所示。

（6）图像窗口中图像的效果如图 8-48 所示。在【通道】面板中的颜色信息通道下方，出现了一个名为“背景副本蒙版”的 Alpha 通道，如图 8-49 所示。

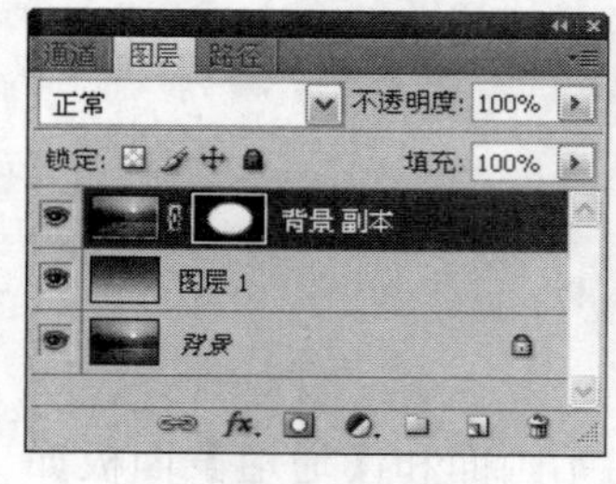

图 8-47 添加图层蒙版

图 8-48 图像的效果

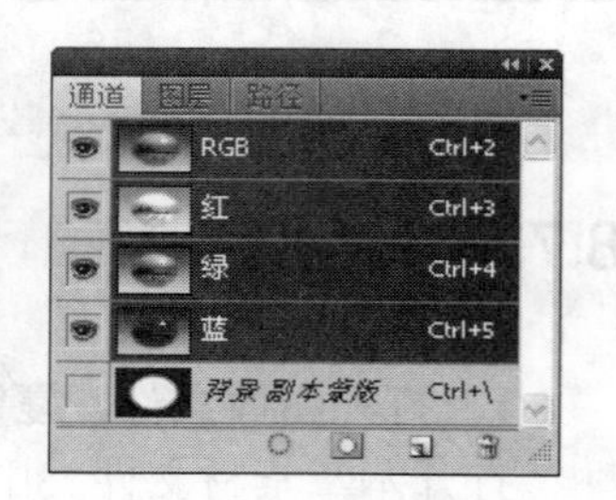

图 8-49 通道面板

（7）单击【通道】面板中“背景副本蒙版”通道左侧的【指示通道可见性】按钮

显示通道，如图 8-50 所示。图像窗口中除选定的区域外均被蒙上了一层红色薄雾，这说明选区外的图像被完全遮蔽，如图 8-51 所示。

（8）选择通道中的蒙版，关闭复合通道，可看到蒙版效果，如图 8-52 所示。

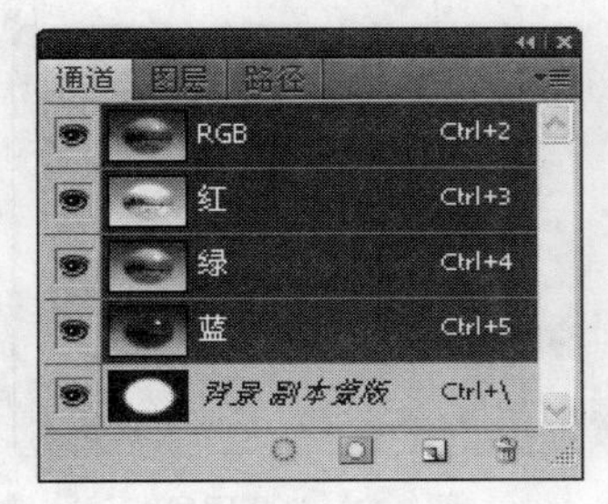

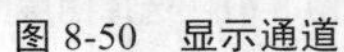

图 8-50　显示通道

图 8-51　图像窗口

图 8-52　蒙版效果

除了上面完成的效果外，还可以通过以下操作对蒙版进行编辑。

3．编辑蒙版，修改选区范围

（1）单击图层缩览图，显示图像。在图像窗口中，选择【自定形状工具】，绘制路径，如图 8-53 所示。

（2）打开【路径】面板，可看到工作路径，如图 8-54 所示。单击下方的【将路径作为选区载入】按钮，将路径转换为选区，如图 8-55 所示。

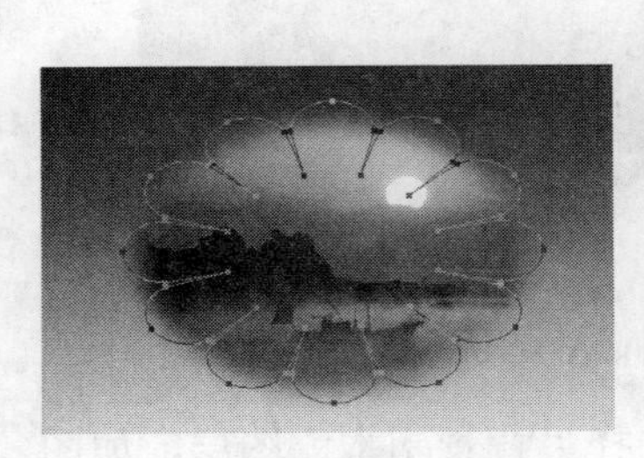

图 8-53　绘制路径

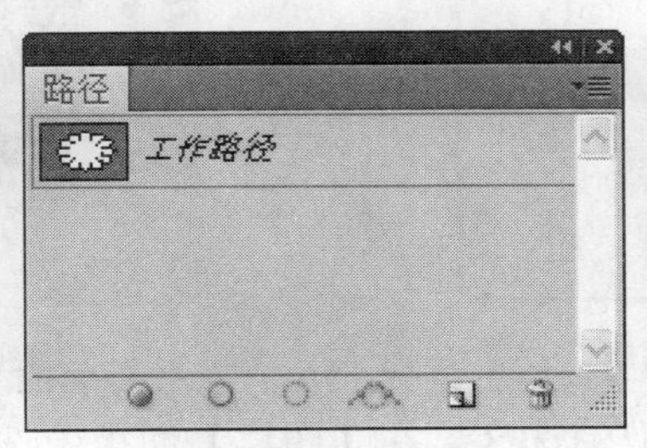

图 8-54 【路径】面板

图 8-55　将路径转换为选区

（3）打开【通道】面板，选择“背景副本蒙版”通道，如图 8-56 所示。选择适当大小的【橡皮擦工具】，反复涂抹选区，编辑图层蒙版（即修改蒙版），效果如图 8-57 所示。

（4）在【通道】面板中，关闭复合通道，显示蒙版。如图 8-58 所示。

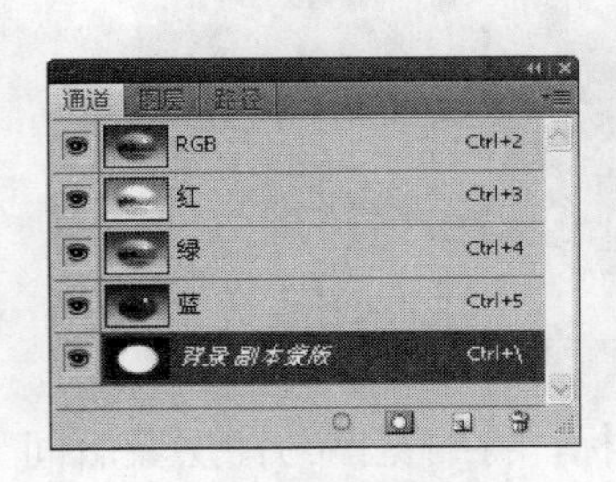

图 8-56 【通道】面板

图 8-57　反复涂抹选区

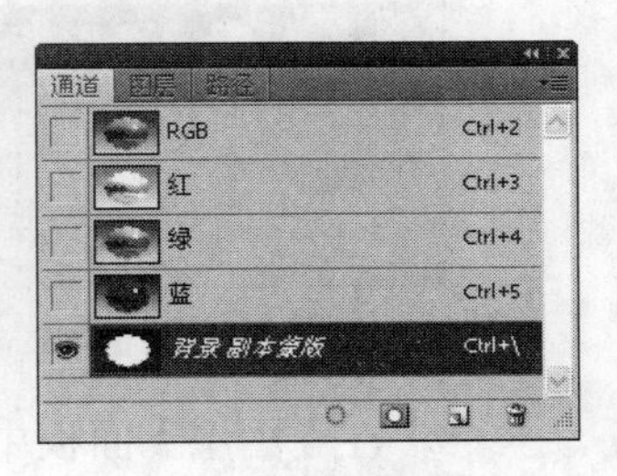

图 8-58　关闭复合通道

（5）按下 Ctrl+I 键，将选区反选，设置前景色为黑色，用【画笔工具】反复涂抹选区，修改后的“背景副本蒙版”通道效果如图 8-59 所示。

（6）单击图层缩览图，回到图像窗口。按下 Ctrl+I 键，将选区反选，图像窗口效果如图 8-60 所示。选择图层 1，如图 8-61 所示。

图 8-59　通道效果

图 8-60　图像窗口

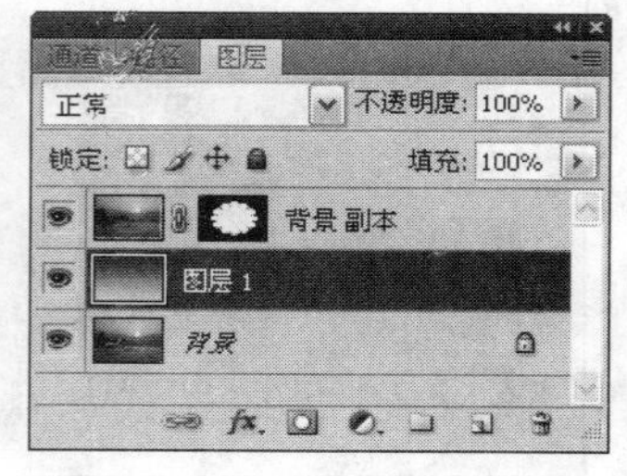

图 8-61　选择图层 1

（7）选取“编辑”→“描边”命令，在打开的【描边】对话框中进行设置，如图 8-62 所示。描边后的效果如图 8-63 所示。

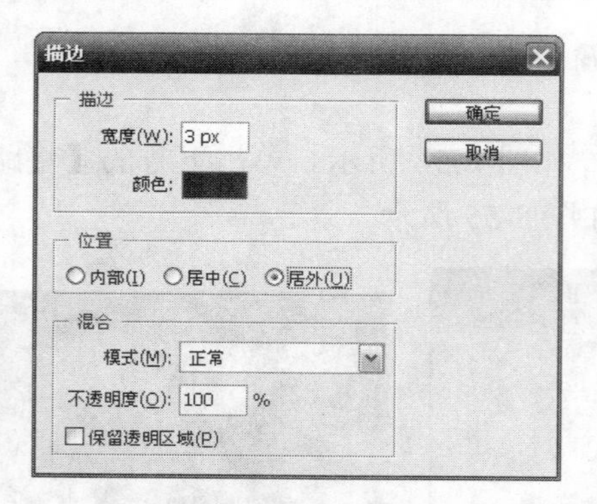

图 8-62　【描边】对话框

图 8-63　描边后的效果

（8）按下 Ctrl+D 键，取消选区。在【图层】面板上选择“背景副本”图层，如图 8-64 所示。当图层缩览图与图层蒙版被链接时，利用工具箱中的▶✥工具，将会看到图层缩览图与图层蒙版在同步移动，移动后的图像窗口如图 8-65 所示。

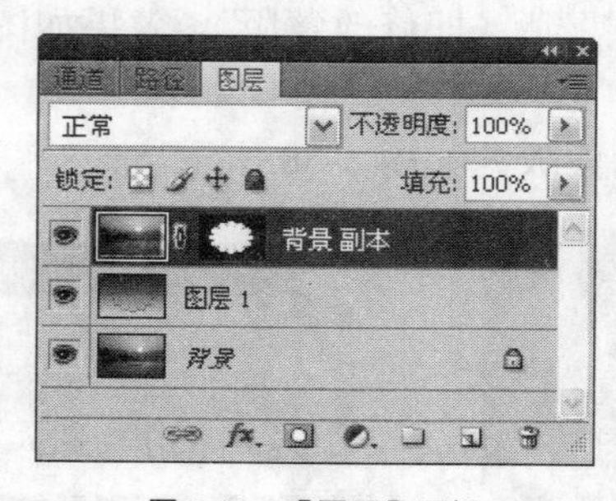

图 8-64　【图层】面板

图 8-65　移动后的图像窗口

（9）在【图层】面板中单击缩览图与图层蒙版间的🔗图标，将缩览图与图层蒙版间的链接取消，如图 8-66 所示。单击缩览图，利用工具箱中的▶✥工具移动，效果如图 8-67 所示。

图 8-66 取消链接

图 8-67 移动图层蒙版效果

（10）在【图层】面板中单击图层蒙版，如图 8-68 所示。利用工具箱中的工具移动图层蒙版，效果如图 8-69 所示。

（11）在【图层】面板中，在图层蒙版上单击鼠标右键，可以从弹出的下拉菜单中选择相应的操作命令，如图 8-70 所示。

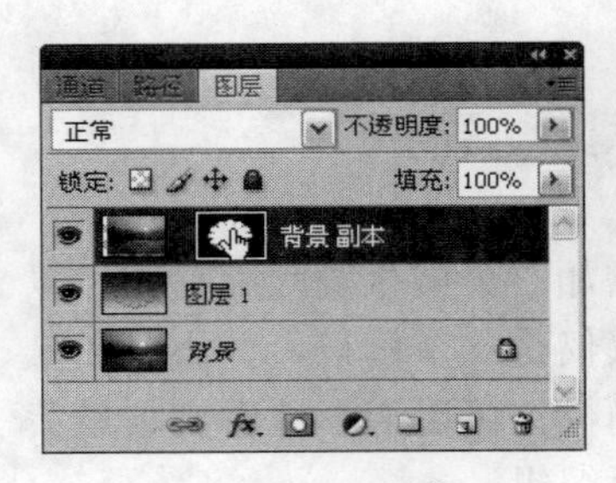

图 8-68 单击图层蒙版

图 8-69 移动图层蒙版

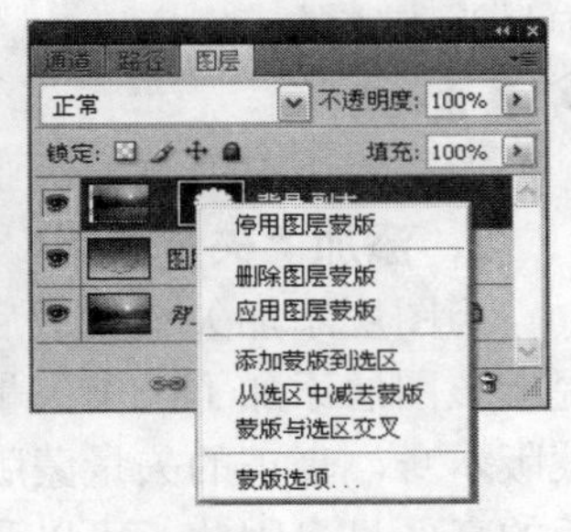

图 8-70 下拉菜单

（12）至此，在图像中创建、编辑和应用图层蒙版的操作过程便完成了。

在以上图层蒙版应用的练习中，我们在图像中创建图层蒙版后，在【图层】面板中的蒙版或【通道】面板中的蒙版上双击，会打开【图层蒙版显示选项】对话框，可进行蒙版颜色及不透明度的设置，如图 8-71 所示。图像效果如图 8-72 所示。

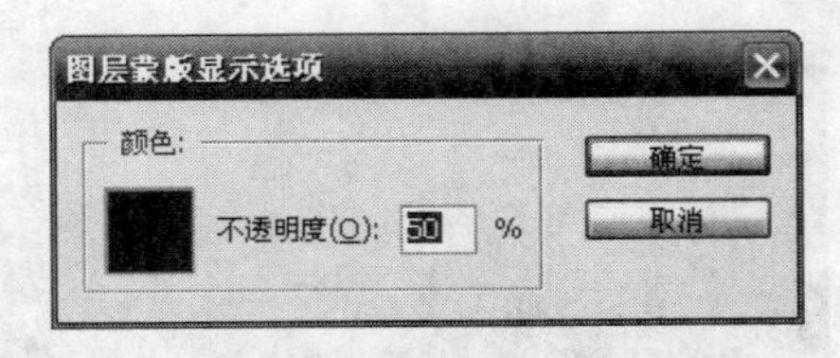

图 8-71 【图层蒙版显示选项】对话框

图 8-72 图像效果

你知道吗?

在【图层蒙版显示选项】对话框中对图层蒙版的显示状态进行设置。这些设置只是表示图层蒙版的显示状态，并不影响实际的图像效果。

8.7.2 相关知识

1．添加图层蒙版

在 Photoshop 中，可以添加图层蒙版来隔离和保护图像的各个区域。这种类型的蒙版只影响一个或几个图层，其他图层则不受其影响，且蒙版在图像中将不可见。正是由于这一特性，图层蒙版被广泛地应用于图像的合成，成为 Photoshop 中蒙版应用的主流。

为图层添加图层蒙版后，在相应的图层缩略图后面会增加一个图层蒙版缩略图，以提醒该图层添加了一个图层蒙版。然而，图层面板中的缩略图仅仅是一个标记，并不是图层蒙版本身。真正的图层蒙版不过是一个通道而已，打开【通道】面板可以清晰地看到图层蒙版的真面目。

由此可见，图层蒙版不过是一个通道，而通道是以一幅灰度图来记录信息的。因此，可以应用任何编辑图像的方法来编辑图层蒙版。就编辑手段而言，图层蒙版是各类蒙版中最为丰富的。

注意：

图层蒙版是通过通道中灰度图的灰阶控制目标图层显示或隐藏的。

2．添加“矢量蒙版”

为图层添加矢量蒙版后，在相应的图层缩略图后面会增加一个矢量蒙版缩略图。以提醒该图层添加了一个矢量蒙版。而图层面板中的缩略图仅仅是一个标记，并不是矢量蒙版本身。真正的矢量蒙版只是一条路径，打开【路径】面板，可以清晰地看到矢量蒙版的真面目。因此，可以利用编辑路径的任何方法对其进行编辑。

注意：

矢量蒙版是通过路径控制目标图层显示或隐藏的。

Photoshop 中的图层蒙版和矢量蒙版可以在同一图层上生成软硬混合的蒙版边缘。通过编辑图层蒙版或矢量蒙版，可得到各种特殊效果。

8.8 用快速蒙版创建“海市蜃楼”效果

本案例通过应用“快速蒙版”，快速创建一幅逼真的“海市蜃楼”效果图。在图中可以看到：在一望无际的草原上，马儿在吃草，不远处静静的河水碧波荡漾，远方天边的云和雾看上去模糊迷离，那里隐约可见一座现代化的城市。这不正是人们传说中的海市蜃楼吗？

用快速蒙版创建的“海市蜃楼”效果如图 8-73 所示。

图 8-73 “海市蜃楼”效果图

8.8.1　操作步骤

1．打开素材文件，创建选区

（1）打开本章素材文件夹中的名为“草原”的图像文件，这是一幅辽阔草原的图片，如图 8-74 所示。

（2）再打开“城市”图像文件，这是一幅现代化的大都市的图片，在图像中用【快速选择工具】创建如图 8-75 所示的选区。

图 8-74　打开的“草原”素材图像文件

图 8-75　创建选区

2．编辑选区，创建新通道

（1）按下键盘上的 Ctrl+Shift+I 键，将选区反转，如图 8-76 所示。

（2）选取“选择”→“存储选区”命令，在弹出的【存储选区】对话框中设置参数，如图 8-77 所示。

（3）单击【存储选区】对话框中的 确定 按钮。在【通道】面板中，可以看到【存储选区】的操作实际上是建立一个新的名为“城市”的 Alpha 通道，如图 8-78 所示。

图 8-76　将选区反转

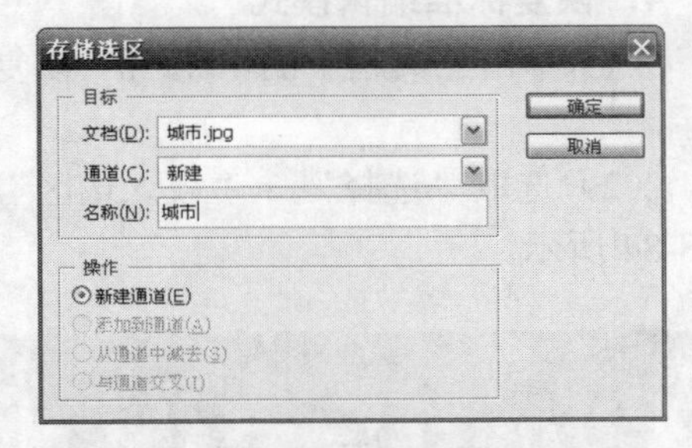

图 8-77　【存储选区】对话框

3．进入“快速蒙版”编辑，创建渐变快速蒙版效果

（1）单击工具箱中的按钮，进入快速蒙版编辑模式，图像窗口如图 8-79 所示。【通道】面板如图 8-80 所示。

当在“快速蒙版”模式中工作时，【通道】面板中出现一个临时快速蒙版通道。但

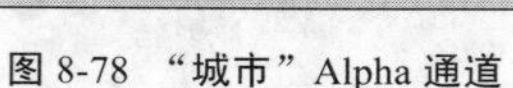
图 8-78 “城市” Alpha 通道

图 8-79 进入快速蒙版编辑模式

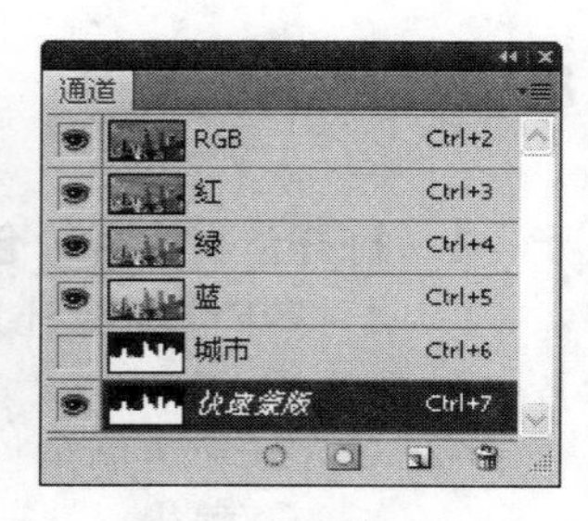

图 8-80 【通道】面板

是，所有的蒙版编辑都是在图像窗口中完成。如果在图像中有边缘不清晰的地方，可选择【橡皮擦工具】修改蒙版，反复擦拭需要保留的图像边缘，使之完全显露出来。

（2）选择工具箱中的【渐变工具】。在选项栏中选择“前景至背景”渐变项，“模式”框中选择“正常”项，“不透明度”框设置为 100%。将前景色、背景色设置为纯黑、纯白的颜色。在图像窗口中由下至上拖曳鼠标，创建渐变快速蒙版效果，如图 8-81 所示。【通道】面板效果如图 8-82 所示。

图 8-81 创建渐变快速蒙版效果

图 8-82 【通道】面板效果

4. 恢复标准编辑模式

（1）单击工具箱中的按钮，恢复“标准编辑”模式，图像中选区的形态如图 8-83 所示。

（2）选取“选择”→“载入选区”，在弹出的【载入选区】对话框中设置参数，如图 8-84 所示。

图 8-83 恢复标准编辑模式

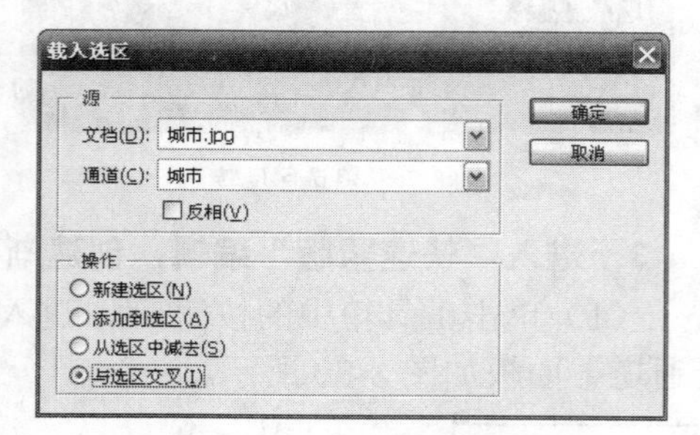

图 8-84 【载入选区】对话框

（3）单击确定，生成新的选区，如图 8-85 所示。

图 8-85　生成的新选区

（4）使用工具箱中的【移动工具】，拖曳被选择的“城市”图像至“草原”图像中，按下键盘上的 Ctrl+T 键，调整城市图像的大小和位置，如图 8-86 所示。

（5）在【图层】面板中，将“图层 1”的图层混合模式设置为“叠加”，海市蜃楼的最终效果如图 8-87 所示。

图 8-86　调整城市图像的大小和位置

图 8-87　海市蜃楼的最终效果

（6）选取“文件”→“存储为”命令，打开【存储为】对话框，将当前图像另存为“海市蜃楼.psd”效果图文件，如图 8-88 所示。

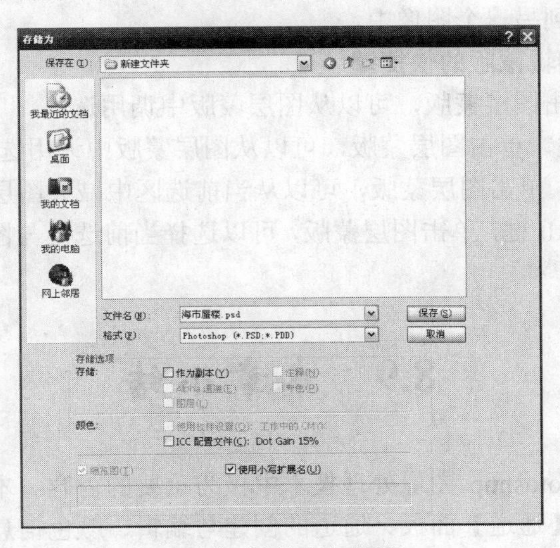

图 8-88　【存储为】对话框

8.8.2 相关知识

1．“快速蒙版”模式

快速蒙版可以说是选区的另外一种表现形式。要使用“快速蒙版”模式，请从选区开始，然后“添加”或“减去”选区，以建立蒙版。也可以完全在“快速蒙版”模式下创建蒙版。受保护区域和未受保护区域以不同颜色进行区分。当离开“快速蒙版”模式时，未受保护区域成为选区。

当在“快速蒙版”模式中工作时，【通道】面板中出现一个临时快速蒙版通道。但是，所有的蒙版编辑是在图像窗口中完成。当操作结束离开“快速蒙版”模式时，不在【通道】面板中保存该蒙版，而是直接生成选区。

将选区作为蒙版进行编辑的优点是：几乎可以使用任何 Photoshop 工具或滤镜修改蒙版。尽管“快速蒙版”不是选区，却可以使用选区工具。还可以存储和载入在 Alpha 通道中使用“快速蒙版”模式建立的选区。

2．超快速蒙版——“文字蒙版”

其实，在 Photoshop 中，还有一个比快速蒙版更快的蒙版，可以称其为超快速蒙版，那就是“文字蒙版”。用【横排文字蒙版工具】 在图像中轻轻一击，即进入了蒙版编辑模式。结束输入时，Photoshop 会自动将其转换成选区，连【以快速蒙版模式编辑】和【以标准模式编辑】这两个按钮也不用单击，便可退出蒙版编辑模式。所以，称之为“超快速蒙版”。

3．用 Alpha 通道创建永久的蒙版

Alpha 通道允许存储和载入选区。可以使用任何编辑工具来编辑 Alpha 通道。当在【通道】面板中选中通道时，前景色和背景色以灰度值显示。相对于“快速蒙版”模式的临时蒙版，将选区存储为 Alpha 通道可以创建永久的蒙版。可以重复使用存储的选区，甚至可以将它们载入到另一个图像中。

4．掌握创建和编辑蒙版的快捷键

按住 Ctrl 键，单击图层蒙版，可以从图层蒙版中调用选区。

按住 Ctrl+Shift 键，单击图层蒙版，可以从图层蒙版中调用选区加入当前选区中。

按住 Ctrl+Alt 键，单击图层蒙版，可以从当前选区中减去图层蒙版中调用的选区。

按住 Ctrl+Shift+Alt 键，单击图层蒙版，可以选择当前选区与图层蒙版中调用的选区相交的部分。

8.9 本章小结

通道和蒙版是 Photoshop 图像处理技术中极为重要的内容。本章全面介绍了通道和蒙版的概念，介绍了【通道】面板、通道的创建与编辑、颜色信息通道与 Alpha 通道；还介绍了蒙版的概念、蒙版的创建方法与编辑，详细介绍了选区、蒙版、通道这三者的关系。通过利用颜色信息通道“替换颜色”案例和应用通道面板、Alpha 通道等“抠婚纱”案例的操作，进一步加深对通道的认识和理解。通过应用图层蒙版打造的“朦胧/清晰的图像边缘效果”和应用快速蒙版创建的“海市蜃楼”效果案例的操作过程，进一步掌握运用通道和蒙版编辑、处理图像的技巧和方法。

8.10 思考与练习

一、选择题

1. 下面对专色通道的描述哪些是正确的？______

A. 在图像中可以增加专色通道，但不能将原有的通道转化为专色通道

B. 专色通道和 Alpha 通道相似，都可以随时编辑和删除

C. Photoshop 中专色是压印在合成图像上的

D. 不能将专色通道和颜色通道合并

2. 在【存储选区】对话框中将选择范围与原先的 Alpha 通道结合有哪几种方法可以选择？______

A. 无　　B. 添加到通道

C. 从通道中减去　　D. 与通道交叉

3. 下面哪些方法可以将现存的 Alpha 通道转换为选择范围？______

A. 将要转换选区的 Alpha 通道选中并拖到【通道】面板中的【将通道作为选区载入】按钮上

B. 按住 Ctrl 键单击 Alpha 通道

C. 选取“选择”→“载入选区”

D. 双击 Alpha 通道

4. 下面哪些命令具有计算功能？______

A. 应用图像　　B. 复制　　C. 计算　　D. 图像大小

二、填空题

1. 如果在图像中有 Alpha 通道，想将其保留下来，需要将其存储为____________格式。

2. Alpha 通道相当于__________位的灰度图。

3. 在通道面板中，按住_____________键的同时单击垃圾桶图标，可直接将选中的通道删除。

4. Alpha 通道最主要的用途是________________________ 。

三、操作题：

1. 制作金属字效果

本案例应用【横排文字蒙版工具】，创建“超快速文字蒙版”，轻松地完成金属字

效果的制作，如图 8-89 所示。本案例指导学习者利用【通道】面板编辑蒙版文字，利用“滤镜”创建文字效果，应用“计算”命令，处理各通道之间的关系，生成一种文字本身的光影变化，完成“金属字”效果的制作。本案例中，将编辑完成的通道效果拷贝、粘贴直接运用，而不是用它所代表的区域，这也是通道应用的另一种方法。

图 8-89 文字蒙版工具的应用及效果图

2. 操作步骤

（1）打开一幅图像，选择虚线表示的【横排文字蒙版工具】，在图像中单击鼠标，出现闪动的插入标记，并且图像被蒙上红色半透明的蒙版，在文字工具选项栏中设定字体为 Tahoma，字号为 120。输入文字 Adobe。拖曳鼠标，将文字置于合适的位置。

（2）确认输入文字后，文字将变成闪动的选区。

（3）选取“选择”→“存储选区”，将文字选区存储为一个新的 Alpha1 通道。也可以直接在【通道】面板中单击面板下方的图标来完成这一操作。

（4）取消选区。在通道面板中，将 Alpha1 通道连续复制两次，并将复制的通道名称改为 Alpha2、Alpha3。此时 3 个 Alpha 选区通道是一样的。如图 8-90 所示。

（5）选择在 Alpha2 通道上进行操作，选取“滤镜”→“模糊”→“高斯模糊”命令，在通道边缘产生一定的羽化效果，如图 8-91 所示。单击确定。

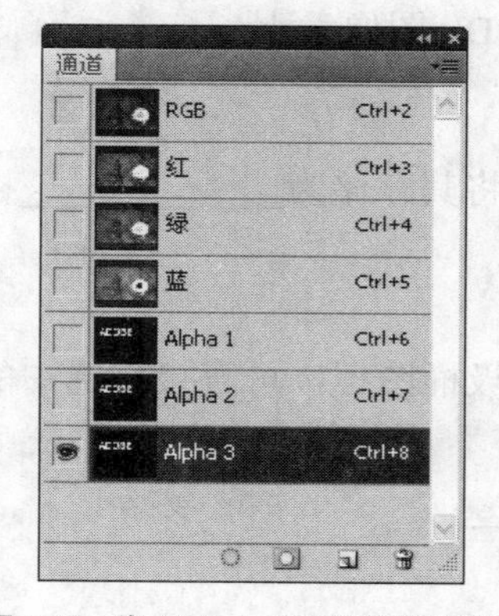

图 8-90 将 Alpha 1 通道连续复制两次

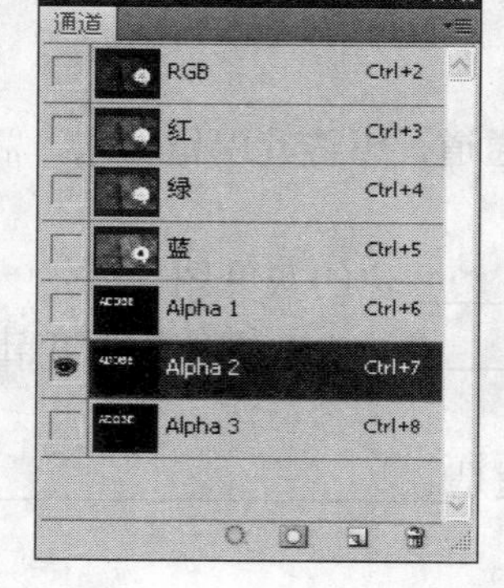

图 8-91 在通道边缘产生一定的羽化效果

（6）选取“滤镜”→“其他”→“位移”命令，在打开的【位移】对话框中，设定水平为－3，垂直为－3，将 Alpha2 通道向左方、上方分别移动 3 个像素（此时移动的距离应小于文字笔画粗细的三分之一）。如图 8-92 所示。

（7）选择 Alpha3 通道，同样使其产生一定的羽化效果。设定水平为 3，垂直为 3，将其向右方、下方分别移动 3 个像素。如图 8-93 所示。

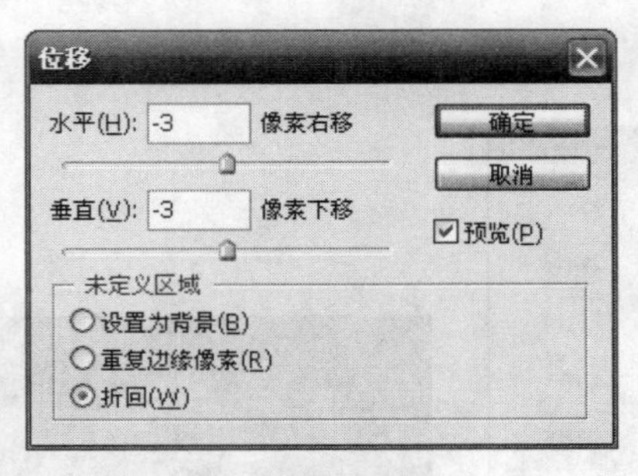

图 8-92　打开的【位移】对话框

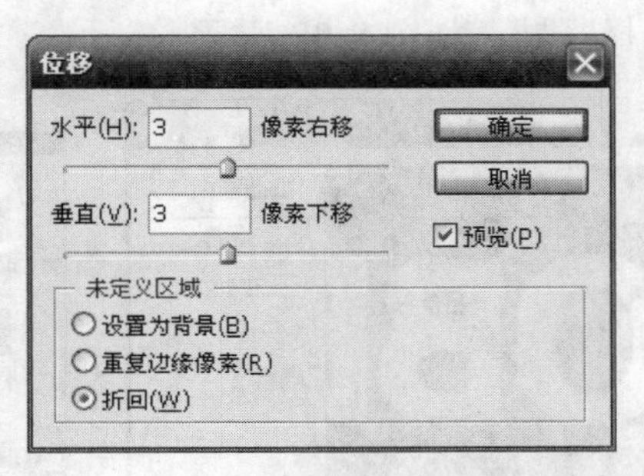

图 8-93　设置 Alpha 3 通道

你知道吗？

此时的 Alpha2 与 Alpha3 通道的形状相同，但位置有一定的错动。使 Alpha2 与 Alpha3 向不同方向移动相同的距离是为了使它们相对于 Alpha1 产生一定的位移量。

（8）选取“图像”→“计算”命令，打开【计算】对话框。将 Alpha 2 设为运算源 1，Alpha 3 设为运算源 2，“混合”选择“差值”算法。如图 8-94 所示。

（9）单击 确定 ，其计算结果产生了新的 Alpha 通道，取名为 Alpha4。如图 8-95 所示。

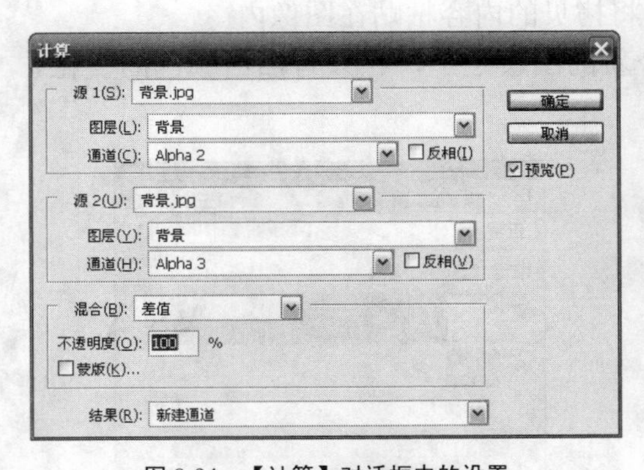

图 8-94　【计算】对话框中的设置

图 8-95　Alpha 4 通道

注意：

差值算法会在两个文字虚晕相交处产生一条暗线，很像金属表面棱角反光的效果，我们就是用这一变化来制作金属字效果。

（10）选择在 Alpha1 通道上进行操作，使用“滤镜”→“其他””→“最大值”命令，使 Alpha1 通道向外扩张 2 个像素的范围。如图 8-96 所示。

扩张就是要使 Alpha1 中的白色部分变大，即相应增大了 Alpha1 所表示的选择区域，而且这种增大是由原 Alpha1 通道的中心向两边增大。

（11）选择在 Alpha 4 通道上进行操作，如图 8-97 所示。载入增大后的 Alpha1 表示的选择区域，如图 8-98 所示。

图 8-96　扩张 2 个像素

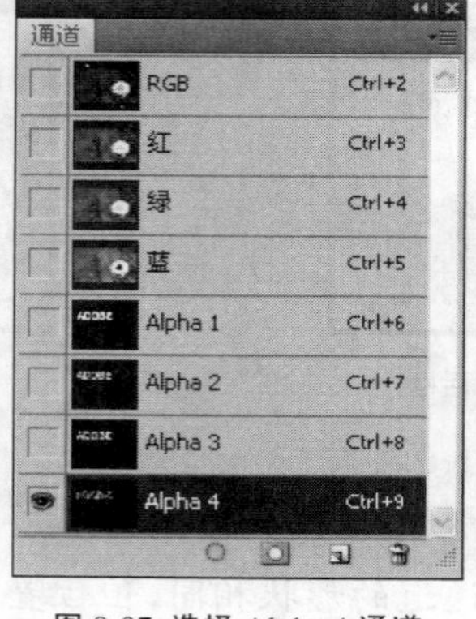

图 8-97　选择 Alpha 4 通道

图 8-98　Alpha1 表示的选择区域

（12）选取“图像”→“调整”→“反相”命令，使选择区内的部分颜色反转。如图 8-99 所示。

（13）仍然在 Alpha4 通道上，当 Alpha1 的选择区域仍然存在时，选取“编辑”→“拷贝”命令，将选区内容拷贝，切换回彩色复合通道。

（14）选取“编辑”→“粘贴”命令，将拷贝的内容粘贴在图像内。

（15）此时，粘贴的内容会出现在一个新的图层之中，且只有黑白颜色的变化。如图 8-100 所示。

图 8-99　使选择区内的部分颜色反转

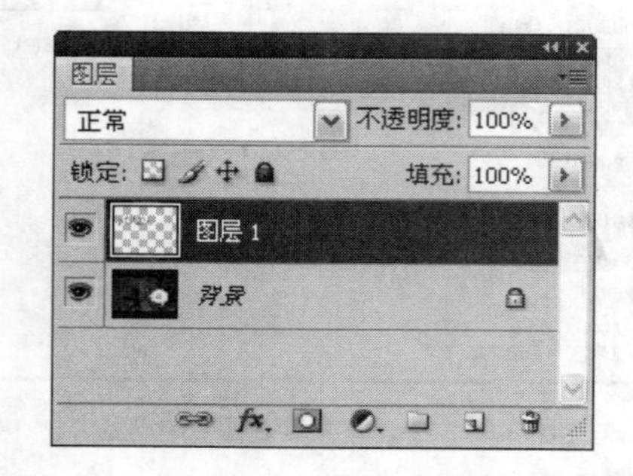

图 8-100　粘贴内容出现在一个新的图层之中

（16）最后，选取“图像”→“调整”→“变化”命令，为文字添加一些金属颜色。

至此，金属效果文字便制作完成了。

本例中，运用通道之间的“计算”关系，生成了一种文字本身的光影变化，并将其拷贝、粘贴直接运用，而不是用它所代表的区域，这也是通道运用的另一种方法。

第9章 绚丽多彩——色彩和色调

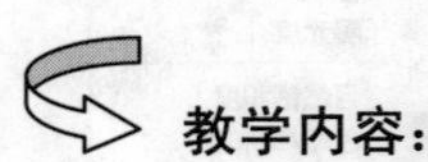

教学内容：

本章以案例的形式，介绍了调整颜色中的校样设置和色彩设置；数码相片矫正时的“直方图”、“阈值”和“色阶”、“阴影/高光”、“曝光度”；还介绍了将彩色图像转换为黑白图像的方法，以及为灰度图片上色和正片负冲的效果。通过本章内容的学习，能够全面掌握图像颜色和色调调整的方法。

教学要求：

教学重点	能力要求	相关知识
调整颜色和色调	掌握颜色环境的设置方法	颜色设置和校样设置
“调整”菜单命令	掌握用“调整”命令调整图像的方法	直方图、阈值、色阶、去色、渐变映射、黑白
图像特殊效果的处理	掌握一般特殊效果的处理方法	照片滤镜、色相/饱和度、正片负冲

9.1 图像颜色和色调调整概述

勤学好问 **怎样进行图像颜色和色调的调整?**

Photoshop CS4 的图像色彩处理功能是非常强大的，可以模拟传统摄影中使用不同类型的胶片或镜头滤镜在照片中实现某些颜色和色调的效果。并可以调整和矫正颜色及色调存在问题的图片。

它提供了两种方式进行图像的颜色和色调调整，一种是选取“图像”→“调整”菜单，如图 9-1 所示；一种是在【图层】面板上单击下方的“创建新的填充或调整图层”，在弹出的快捷菜单中进行选择，如图 9-2 所示。

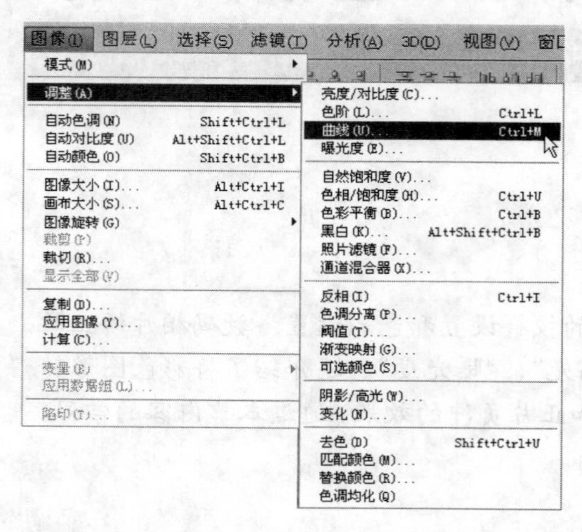

图 9-1 “调整”菜单

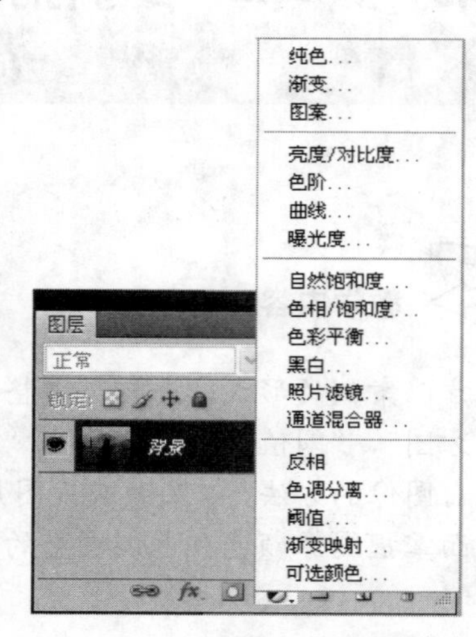

图 9-2 创建“新的填充或调整图层”

9.1.1 调整颜色和色调之前的考虑事项

Photoshop CS4 中功能强大的工具可增强、修复和矫正图像中的颜色和色调（亮度、暗度和对比度）。在调整颜色和色调之前，需要考虑下面一些事项。

（1）使用经过校准和配置的显示器。对于重要的图像编辑，校准和配置十分关键。否则，打印后的图像同显示器上显示的图像会有所不同。

（2）尝试使用调整图层来调整图像的色调范围和色彩平衡。使用调整图层，可以返回并且可以进行连续的色调调整，而无需扔掉或永久修改图像图层中的数据。请记住，使用调整图层会增加图像的文件大小，并且需要计算机有更多的内存。面板通过访问【调整】面板中的颜色和色调命令自动创建调整图层。

（3）如果不想使用调整图层，则可以直接将调整应用于图像图层。请记住，当对图像图层直接进行颜色或色调调整时，会扔掉一些图像信息。

（4）对于至关重要的作品，为了尽可能多地保留图像数据，最好使用 16 位/通道图像（16 位图像），而不使用 8 位/通道图像（8 位图像)。当进行色调和颜色调整时，数据将被扔掉。8 位图像中图像信息的损失程度比 16 位图像更严重。通常，16 位图像的文件大小比 8 位图像大。

（5）复制或拷贝图像文件。可以使用拷贝的图像进行工作，以便保留原件，以防万一。

（6）在调整颜色和色调之前，请移去图像中的任何缺陷（例如，尘斑、污点和划痕）。

（7）在“扩展视图”中打开【信息】或【直方图】面板。当评估和矫正图像时，这两个面板上都会显示有关调整的重要反馈信息。

（8）可以通过建立选区或者使用蒙版来将颜色和色调调整限制在图像的一部分。另一种有选择地应用颜色和色调调整的方法就是用不同图层上的图像分量来设置文档。颜色和色调调整一次只能应用于一个图层。只会影响目标图层上的图像像素。

9.1.2　数码相片的颜色环境设置

在进行“数码相片的简单颜色矫正”时，为了取得更好的效果，在进行图片色彩矫正前需要对 Photoshop 的颜色环境进行设置。

目前图片的最终用途主要有两种：

1. 在终端的显示屏幕上使用

如互联网的网页上的图片主要是显示在计算机的显示器上，还有一些图片主要是显示在手机的屏幕上。所以，只需要调整 Photoshop 的校样设置：选取“视图”→“校样设置”→“Windows RGB”。

2. 用于印刷

印刷时需要调整 Photoshop 的 RGB 色彩空间。选取“编辑”→“颜色设置”，工作空间下的 RGB 选择“Adobe RGB （1998)”，如图 9-3 所示。

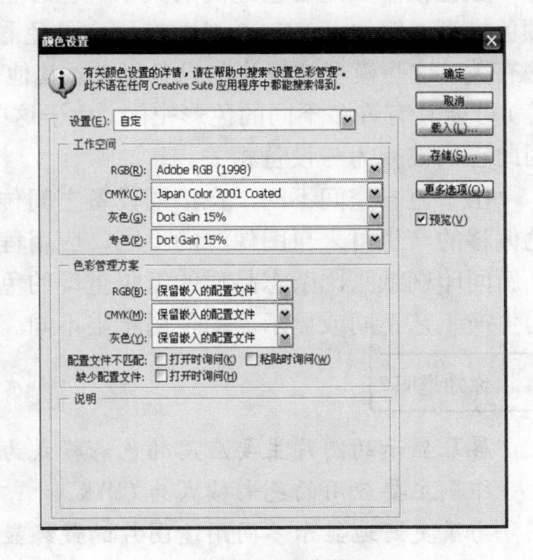

图 9-3　颜色设置

9.1.3　相关知识

1. 校样设置

显示器与印刷设置的还原色彩的方式是不一样的，因此为了更好地模拟在其他设备上的显示情况，Photoshop 设计出了校样设置，可以在软件中直接模拟出在印刷设备上的显示效果，如图 9-4 所示。

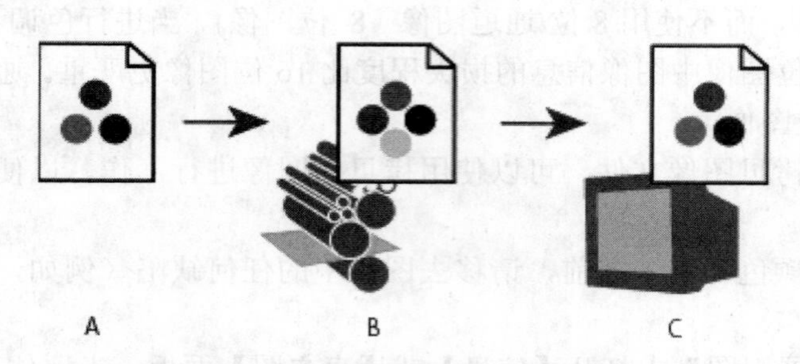

图 9-4　使用电子校样在显示器上预览文档的最终输出

Photoshop 默认的校样设置为“工作中的 CMYK”，主要是针对印刷品进行的颜色调整。如果不将其修正为“Windows RGB”，在 Photoshop 下做的图片与保存后在 Windows 下进行浏览的图片存在一定的色差。

2. 色彩设置

色彩设置与校样设置不同，主要的针对对象是印刷。在出版系统中，没有哪种设备能够重现人眼可以看见的整个范围的颜色。每种设备都使用特定的色彩空间，此色彩空间可以生成一定范围的颜色（即色域）。

颜色模型确定各值之间的关系，色彩空间将这些值的绝对含义定义为颜色。某些颜色模型（例如：CIE L*a*b）有固定的色彩空间，因为它们直接与人类识别颜色的方法有关。这些模型被视为与设备无关。其他一些颜色模型（RGB、HSL、HSB、CMYK 等）可能具有许多不同的色彩空间。由于这些模型因每个相关的色彩空间或设备而异，因此它们被视为与设备相关。

由于色彩空间不同，在不同设备之间传递文档时，颜色在外观上会发生改变。颜色偏移的产生可来自图像源的不同、应用程序定义颜色的方式不同、印刷介质的不同（新闻印刷纸张比杂志品质的纸张重现的色域要窄）以及其他自然差异，例如显示器的生产工艺不同或显示器的使用年限不同。

你知道吗？

屏幕显示的图片主要应用的色彩模式为 RGB 模式。
印刷主要应用的色彩模式为 CMYK。
为了更好地显示不同用途图片的最终显示效果，可以通过校样设置进行调节。

9.2　数码相片的专业颜色矫正

本节为“数码相片的颜色矫正”案例。主要通过运用【直方图】、【调整】面板、颜色调整命令、【色阶】或【曲线】等对颜色存在问题的相片进行矫正，素材与效果图如图 9-5 所示。

图 9-5　数码相片颜色调整的前后对比效果

9.2.1 工作流程

在矫正图像的色调和颜色时，通常需要遵循以下工作流程：

1. 用直方图查看打开的图像

（1）启动 Adobe Photoshop CS4 后，打开本章素材文件夹中的图像。如图 9-6 所示。

（2）选取“窗口”→“直方图”或单击“直方图”选项卡，以打开【直方图】面板。默认情况下，【直方图】面板将以“紧凑视图”形式打开，并且没有控件或统计数据，但可以调整视图。选择【直方图】面板菜单中的“扩展视图”命令，从【直方图】面板可以看到图像中颜色的分布情况，如图 9-7 所示。

图 9-6　素材图像

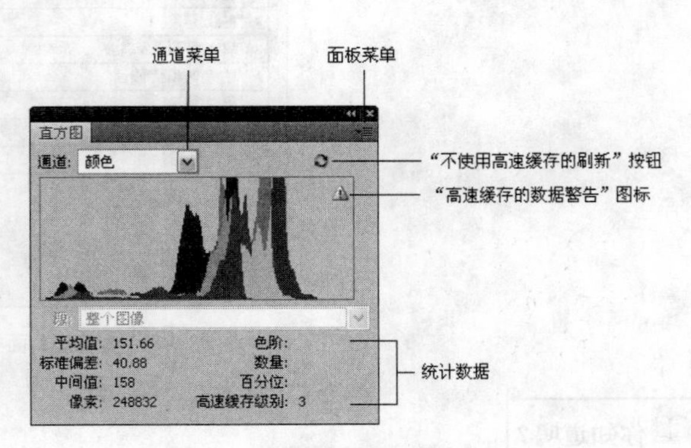

图 9-7　【直方图】面板

直方图用图形表示图像的每个亮度级别的像素数量，展示像素在图像中的分布情

况。直方图显示阴影中的细节（在直方图的左侧部分显示）、中间调（在中部显示）以及高光（在右侧部分显示）。直方图可以帮助您确定某个图像是否有足够的细节来进行良好的矫正。

直方图还提供了图像色调范围或图像基本色调类型的快速浏览图。低色调图像的细节集中在阴影处，高色调图像的细节集中在高光处，而平均色调图像的细节集中在中间调处。全色调范围的图像在所有区域中都有大量的像素。识别色调范围有助于确定相应的色调矫正。

注意：

【直方图】面板提供许多选项，用来查看有关图像的色调和颜色信息。默认情况下，直方图显示整个图像的色调范围。若要显示图像某一部分的直方图数据，请先选择该部分。

2. 使用调整面板应用矫正

确保已打开【调整】面板以访问颜色和色调调整。单击某个按钮访问下列步骤中描述的调整。应用【调整】面板的矫正会创建调整图层，这种方法可以增大灵活性，并且不会扔掉图像信息。

为了方便操作，【调整】面板具有应用常规图像矫正的一系列调整预设。预设可用于色阶、曲线、曝光度、色相/饱和度、黑白、通道混合器以及可选颜色。【调整】面板如图 9-8 所示。

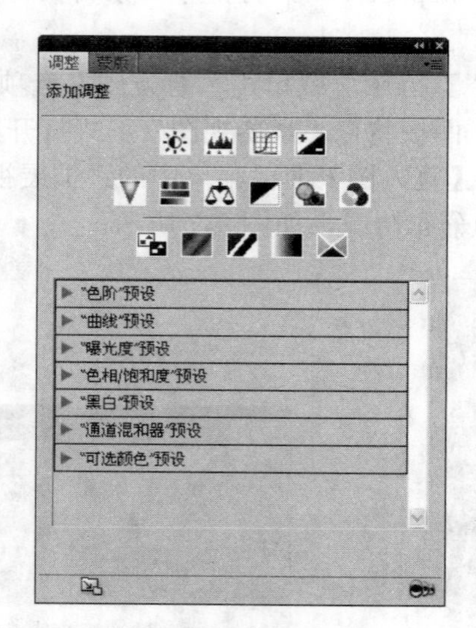

图 9-8 【调整】面板

你知道吗？

可以在【调整】面板中找到用于调整颜色和色调的工具。单击工具图标以选择调整并自动创建调整图层。使用【调整】面板中的控件和选项进行的调整会创建非破坏性调整图层。

单击调整按钮或预设可以显示特定调整的设置选项。

单击预设，使用调整图层可将其应用于图像。还可以将调整设置存储为预设，它会被添加到预设列表中。

3. 应用阈值调整图像

（1）单击【调整】面板右上角的菜单按钮，打开下拉菜单，选择“阈值”命令，如图 9-9 所示。或单击【调整】面板中的【阈值】按钮，如图 9-10 所示。

（2）打开【图层】面板，可以看到创建了一个新的阈值调整图层，如图 9-11 所示。

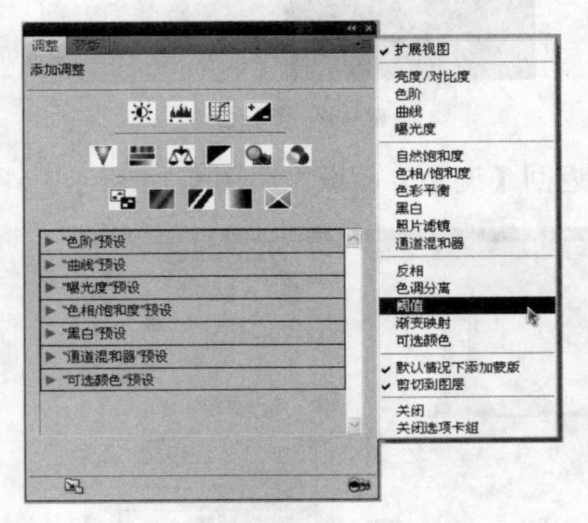

图 9-9　选择“阈值”命令

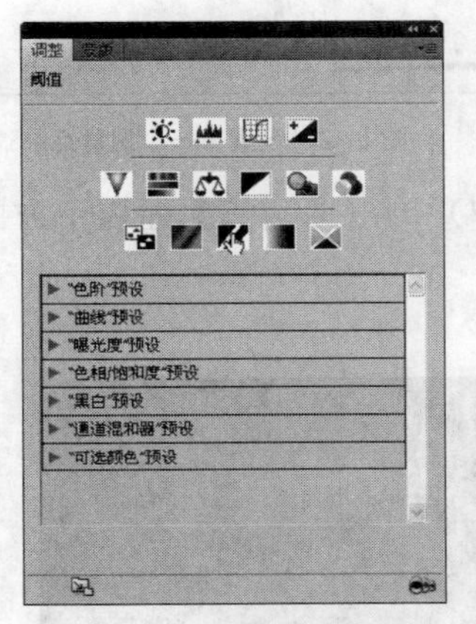

图 9-10　单击【阈值】按钮

（3）寻找黑场。边观察图片效果，边将【阈值】面板上的滑块向左侧拖曳，画面上剩少许黑色色块时，停止拖曳，如图 9-12 所示。

图 9-11　【图层】面板

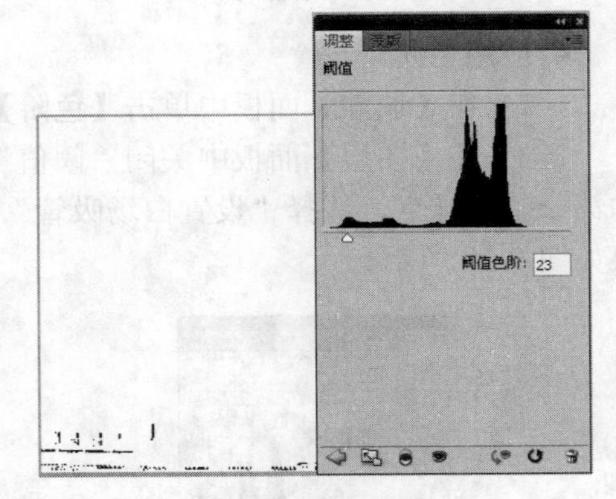

图 9-12　寻找黑场

（4）选择【工具】面板中的【颜色取样器工具】，并在图片区域中黑色色块位置单击设置第一个取样点。如图 9-13 所示。

（5）寻找白场。在【阈值】对话框中，边观察图片效果，边将【阈值】对话框上的滑块向右侧拖曳，画面上剩少许白色色块时，停止拖曳，如图 9-14 所示。

（6）选择【颜色取样器工具】，在图片区域中白色色块位置单击设置第二个取样点，如图 9-15 所示。

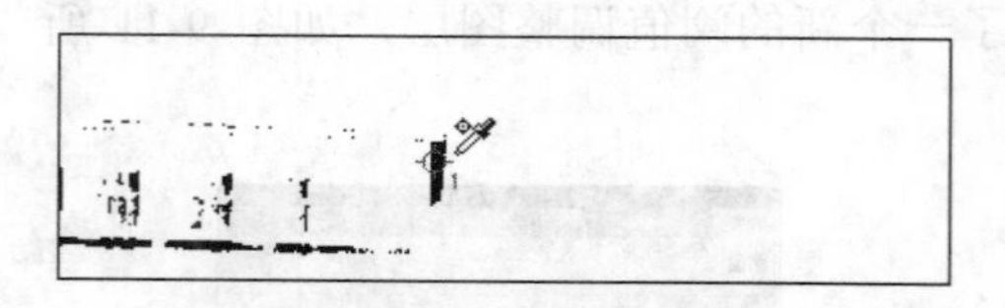

图 9-13　设置第一个取样点

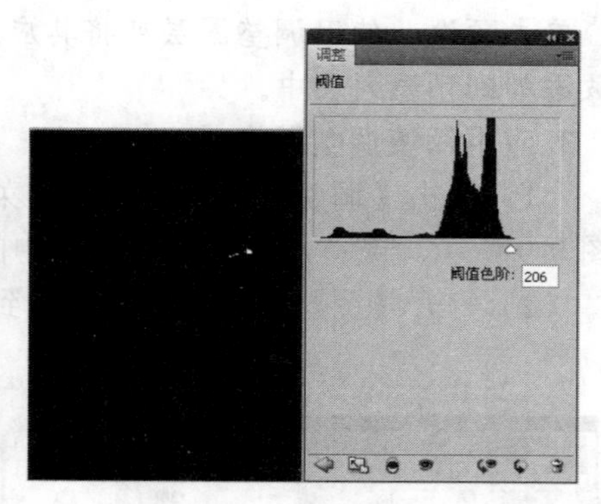

图 9-14　寻找白场

（7）单击【阈值】面板下方的按钮，返回【调整】面板。如图 9-16 所示。

图 9-15　设置第二个取样点

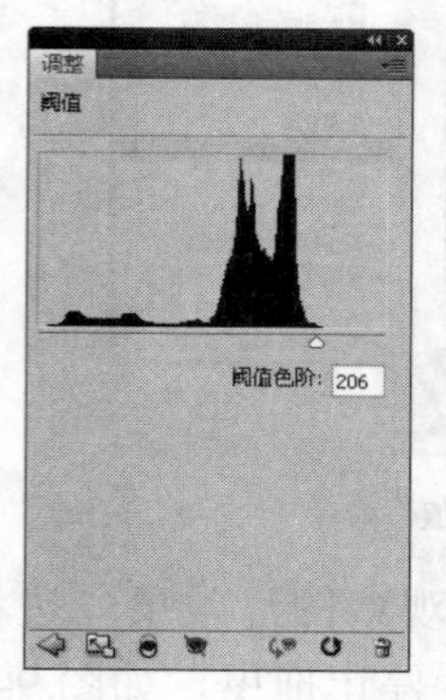

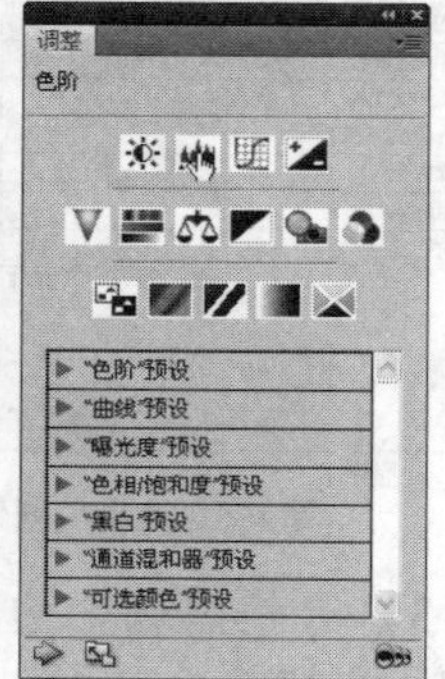

图 9-16　关闭【阈值】面板返回【调整】面板

4. 应用色阶

（1）在【调整】面板中单击【色阶】，打开【色阶】面板，如图 9-17 所示。

（2）在【图层】面板中关闭“阈值”图层，选择“设置黑场吸管”，单击图片上的第一个采样点，选择“设置白场吸管”单击图片上第二个采样点，调整后的图像效果如图 9-18 所示。

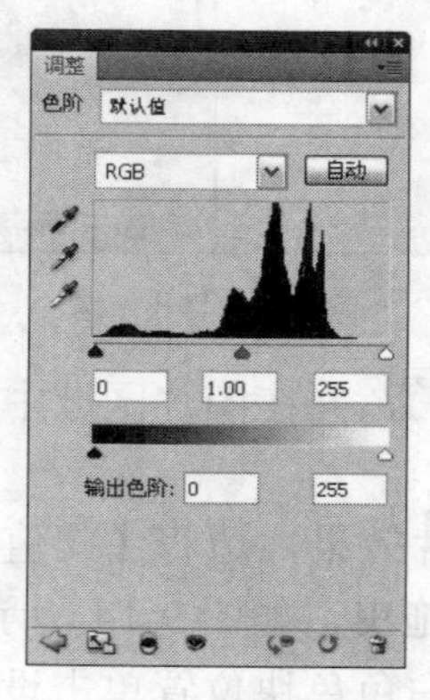

图 9-17　【色阶】面板

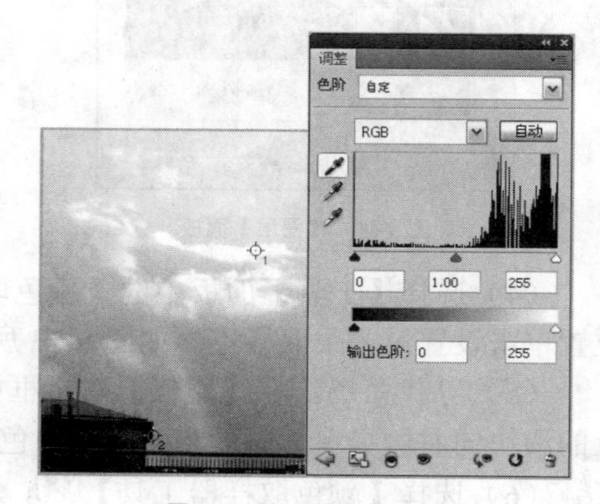

图 9-18　设置黑场与白场

9.2.2　相关知识

1. 直方图

用图形表示图像的每个亮度级别的像素数量，展示像素在图像中的分布情况。直方图显示图像在阴影（显示在直方图中左边部分）、中间调（显示在中间部分）和高光（显示在右边部分）中包含的细节是否足以在图像中进行适当的矫正。

2. 阈值

“阈值”命令可以将灰度或彩色图像转换为高对比度的黑白图像。可以指定某个色阶作为阈值。所有比阈值亮的像素转换为白色；而所有比阈值暗的像素转换为黑色。

3. 色阶

可以使用【色阶】面板通过调整图像的阴影、中间调和高光的强度级别，从而矫正图像的色调范围和颜色平衡。【色阶】面板用作调整图像基本色调的直观参考，如图 9-19 所示。

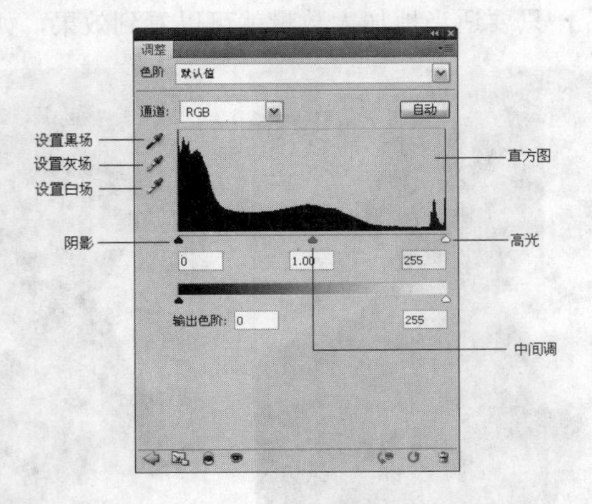

图 9-19　【色阶】面板

9.3　两种常见缺陷照片的矫正

本节为“缺陷照片矫正”案例。在素材图像中可以看到两幅图像一幅是逆光照片，另一幅是曝光不足的照片，本节主要通过“调整”菜单中的相关命令及【调整】面板中的操作，将存在缺陷的照片转换为正常图像，调整后的效果如图 9-20、图 9-21 所示。

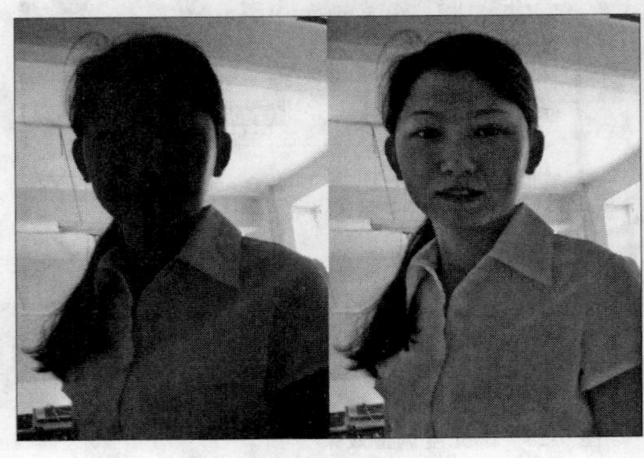

图 9-20 “逆光照片”的矫正

图 9-21　曝光不足照片的矫正

9.3.1 操作步骤

1. 处理逆光拍摄的照片

（1）打开图片素材“逆光照片”，如图 9-22 所示。

（2）选取“图像”→“调整”→“阴影/高光”，进行调整，针对逆光拍摄的照片，只要适当地加大数量就可以看到效果，如图 9-23 所示。

图 9-22 打开图片素材

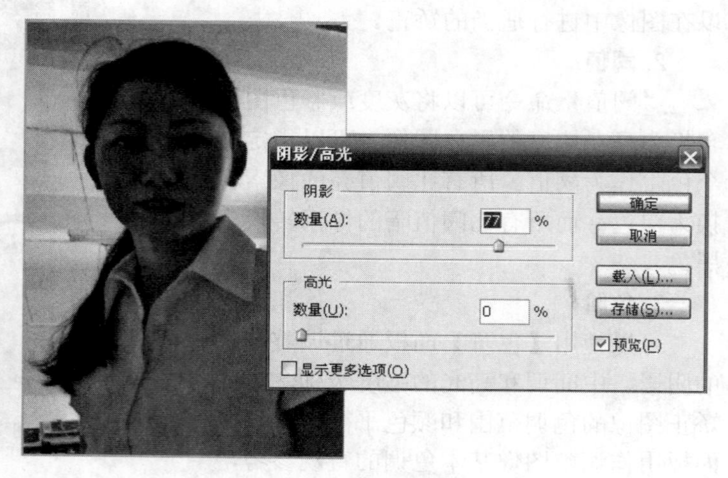

图 9-23 逆光拍摄的照片矫正效果

2. 处理曝光存在问题的照片

（1）打开图片素材，如图 9-24 所示。

（2）选取“图像”→“调整”→“曝光度”，或在【调整】面板单击【曝光度】。根据照片的曝光情况进行调整，调整后的效果如图 9-25 所示。

图 9-24 打开图片素材

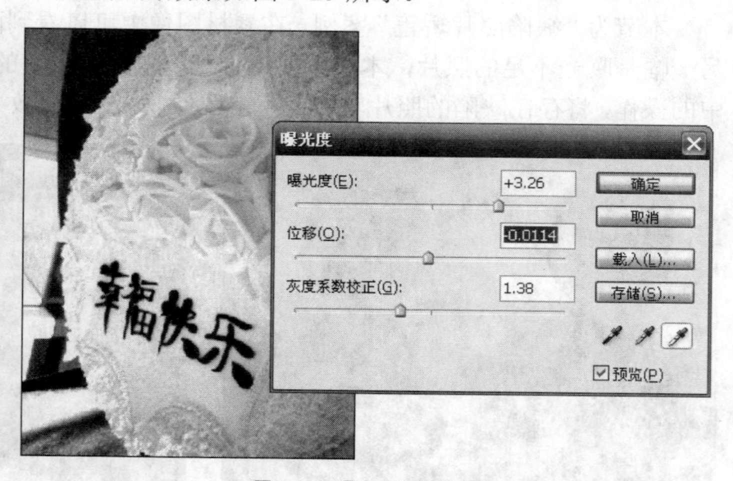

图 9-25 曝光度调整效果

9.3.2 相关知识

1. 阴影/高光

“阴影/高光”命令适用于矫正由强逆光而形成剪影的照片，或者矫正由于太接近相机闪光灯而有些发白的焦点。在用其他方式采光的图像中，这种调整也可用于使阴影区域变亮。“阴影/高光”命令不是简单地使图像变亮或变暗，它基于阴影或高光中的周围像素（局部相邻像素）来增亮或变暗。正因为如此，阴影和高光都有各自的控制选项。默认值设置为修复具有逆光问题的图像。【阴影/高光】对话框中还有“中间调对比度”滑块、“修剪黑色”选项和“修剪白色”选项，用于调整图像的整体对比度。

2. 曝光度

“曝光度”命令主要用于调整 HDR 图像的色调，但也可用于 8 位和 16 位图像。曝光度是通过在线性颜色空间（灰度系数 1.0）而不是图像的当前颜色空间执行计算而得出的。

注意：

逆光拍摄的照片使用【阴影/高光】对话框进行调整。

曝光有问题的照片使用【曝光度】对话框进行调整。

9.4 将彩色图像转换为黑白图像

本节为“彩色照片转换为黑白图像”的案例。主要通过运用“去色”、“渐变映射”或“黑白”命令，将彩色图像转换为无色图像，如图 9-26 所示。

A.去色

B.渐变映射

C 黑白

图 9-26 三种无色图像的转换

9.4.1 操作步骤

方法 1：

（1）选取“图像”→“调整”→“渐变映射”，或在【调整】面板上单击【渐变映射】。

（2）选择“黑白渐变”，如图 9-27 所示。

方法 2：

（1）选取“图像”→“调整”→“黑白”，或在【调整】面板上单击【黑白】。

（2）根据图像中最为明亮的色彩进行适当调整，本案例的示例图片中，黄色为明亮颜色，因此适当调整黄色的数值，由 60%调整为 100%，如图 9-28 所示。

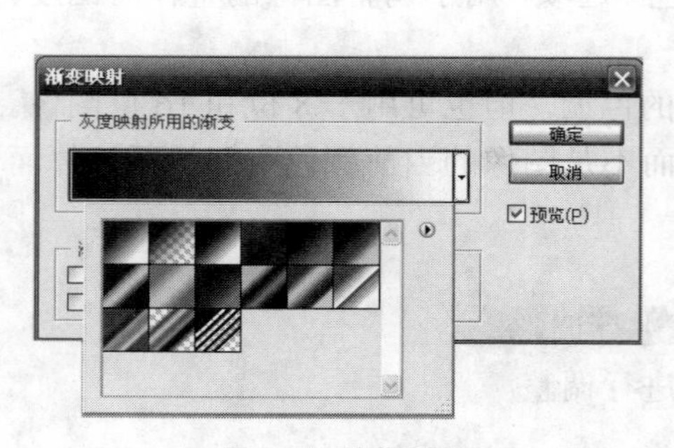

图 9-27 渐变映射

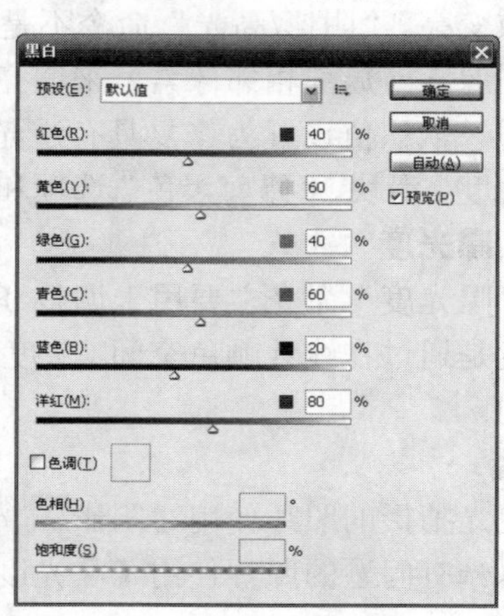

图 9-28 黑白

9.4.2 相关知识

传统摄影中的黑白图片，在 Photoshop 中称之为灰度图片，即无色彩图片。

1. 去色

“去色”命令将彩色图像转换为灰度图像，但图像的颜色模式保持不变。例如，它为 RGB 图像中的每个像素指定相等的红色、绿色和蓝色值。每个像素的明度值不改变。此命令与在【色相/饱和度】对话框中将“饱和度”设置为－100 的效果相同。

2. 渐变映射

“渐变映射”命令将相等的图像灰度范围映射到指定的渐变填充色。如果指定双色渐变填充，则图像中的阴影映射到渐变填充的一个端点颜色，高光映射到另一个端点颜色，中间调映射到两个端点颜色之间渐变。

3. 黑白

“黑白”命令可将彩色图像转换为灰度图像，同时保持对各颜色的转换方式的完全控制。也可以通过对图像应用色调来为灰度着色，例如创建棕褐色效果。“黑白”命令与“通道混合器”的功能相似，也可以将彩色图像转换为单色图像，并允许调整颜色通道输入。

对于一般的图片，在不改变图像模式的前提下，可以采用简单方便的【去色】命令。但因为它只改变图像的色彩值不改变明度值，因此会将一些存在明度差别但色彩值相同的像素转换为相同灰度，例如黄色在人的视觉中是属于比较明亮的颜色，而同等纯度的蓝色或绿色则较暗淡，但经过去色转换后，两种色调会混合在一起。因此，为了避免这种情况，可以采用“渐变映射”或“黑白”命令将彩色图像转换为黑白图像。

注意：

“渐变映射”适合于色彩比较混杂的图像处理，“黑白”命令比较适合于具有某一种或几种突出色彩的图像处理。

9.5　为灰度图片上色

本节为“为黑白照片上色”案例。主要通过“照片滤镜”、“色相/饱和度”等命令为灰度图片（通常称为：黑白照片）上色，如图 9-29 所示。

图 9-29　“为黑白照片上色”案例

9.5.1　操作步骤

1. 皮肤

（1）打开本章素材文件夹中的“黑白照片上色”图像文件，如图 9-30 所示。

（2）在【调整】面板中打开【照片滤镜】面板，选择滤镜：橙色，浓度为 45%，选择此种颜色的主要原因是照片中的人像是亚洲人种，如图 9-31 所示。

图 9-30　打开素材

图 9-31　在【调整】面板中打开【照片滤镜】面板

（3）在【图层】面板上，单击 X，单击 D，选择面板顶部的图层，选择【画笔工具】，设定一个大一些的柔角画笔，将除皮肤外部分擦除掉，如图 9-32 所示。

2. 嘴唇

（1）再次选取“图像”→ “调整”→“照片滤镜”，选择画笔继续擦除多余部分，利用蒙版进行色彩范围限定，保留嘴唇部分，【图层】面板如图 9-33 所示。

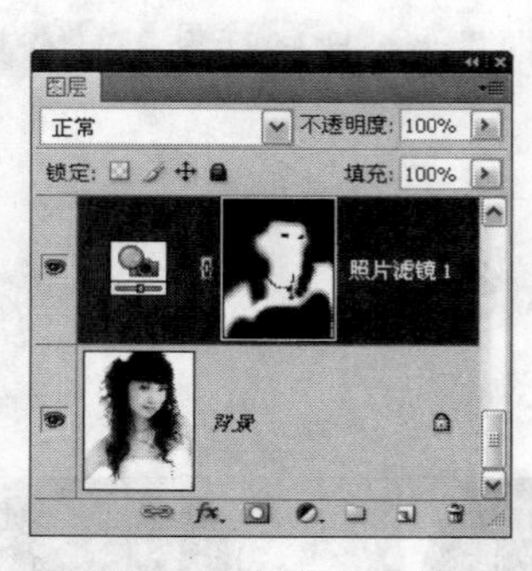

图 9-32 【图层】面板

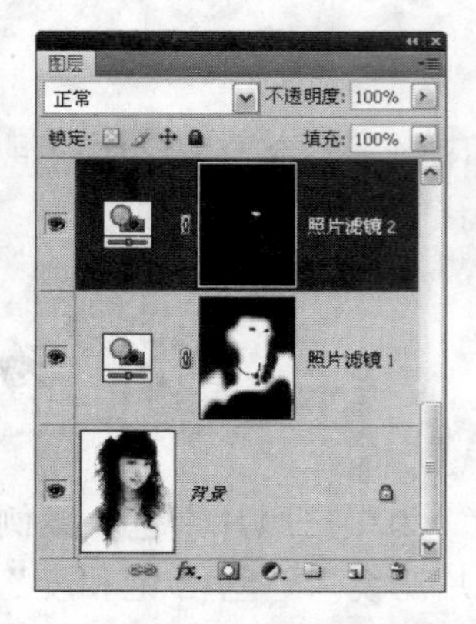

图 9-33 利用蒙版进行色彩范围限定

（2）为嘴唇上色。在【照片滤镜】面板中，选择滤镜：深红，浓度为 70%，还可以根据需要选择其他色彩进行设置，完成的图像效果如图 9-34 所示。

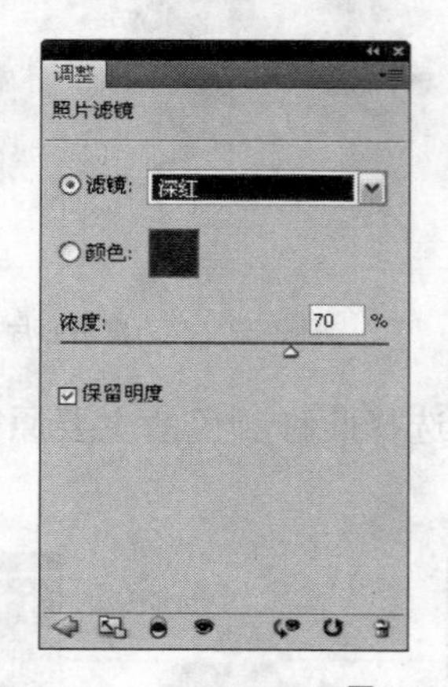

图 9-34 为嘴唇上色

3. 眼睛

（1）眼白

① 选择【套索工具】，设置羽化值为 3 像素，先选择左眼，再单击工具选项栏上的【添加到选区】按钮，再将右眼选择。

② 在【照片滤镜】面板中，选择滤镜：冷却滤镜（80），浓度为 10%，如图 9-35 所示。

（2）眼球

① 按眼白的选择方法，将眼球部分选择。

② 在【照片滤镜】面板中，选择滤镜：深褐，浓度为 98%。将该层的图层混合模式修改为“线性减淡（添加）”，如图 9-36 所示。

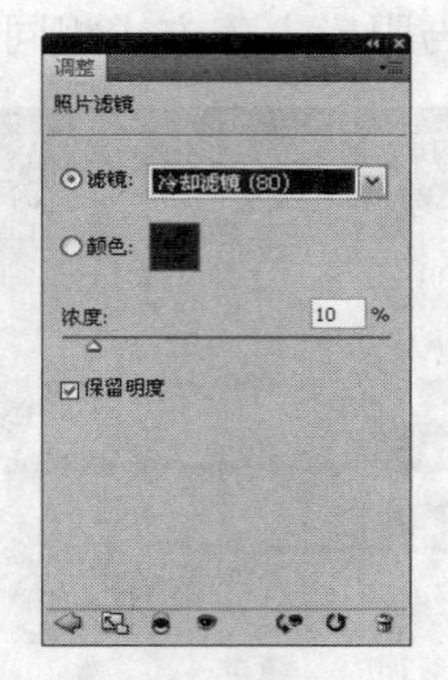

图 9-35　眼白上色

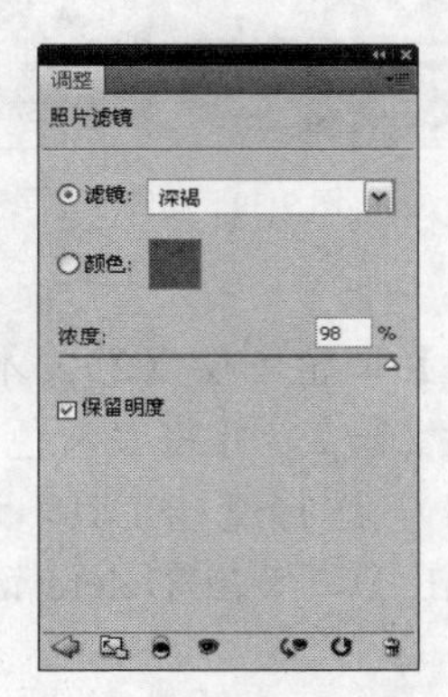

图 9-36 眼球上色

3. 美化

（1）眼影

① 新建【色相/饱和度】调整图层（1），为眼影设定颜色，本图像中选择为桃红色，设置色相为-21，饱和度为-9。如图 9-37 所示。

② 将图层蒙版反相（Ctrl+I），选择白色的、大的柔角画笔将眼影部分点出来，如图 9-38 所示。

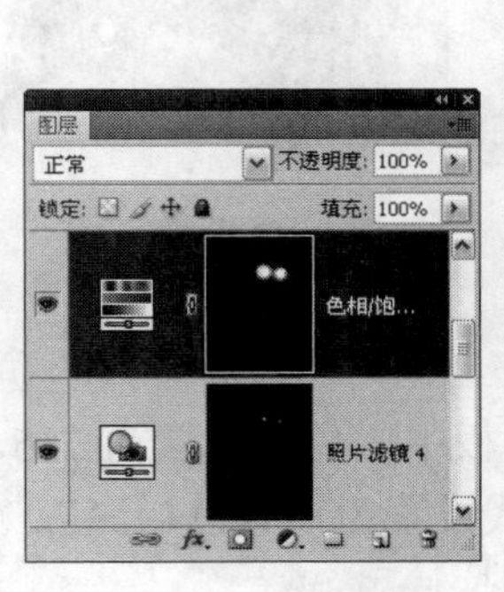

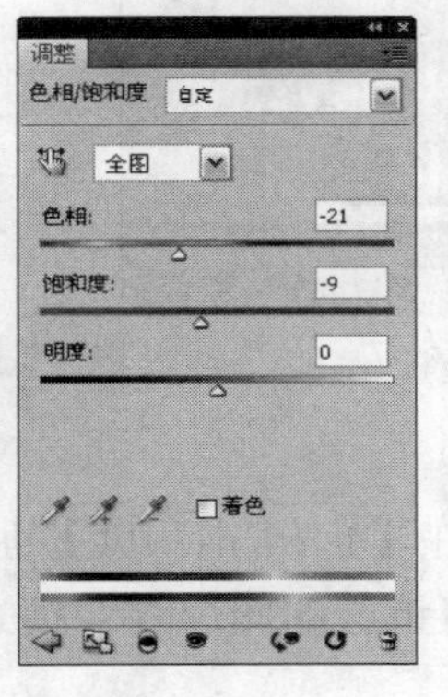

图 9-37　新建“色相/饱和度”调整图层（1）

图 9-38　眼影

（2）腮红：腮红的上色方式与眼影上色方式相同，如图 9-39 所示。

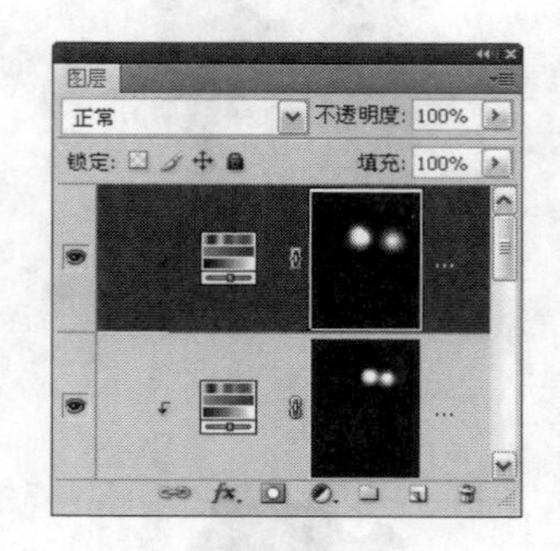

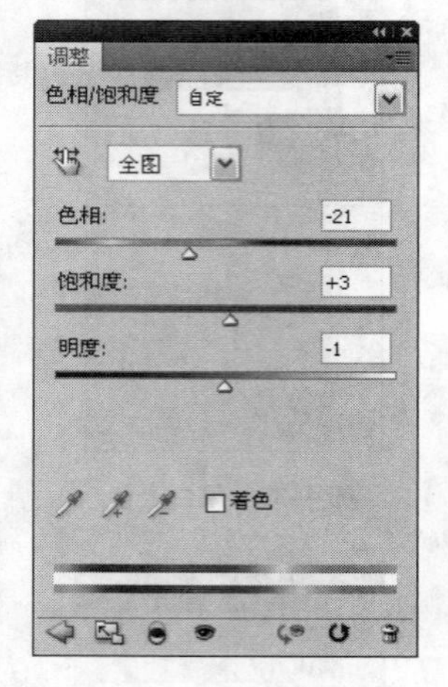

图 9-39　腮红

3. 头发

（1）首先创建【色相/饱和度】调整图层（2），本图设置的头发颜色为深棕色，设置色相为 2，饱和度为 15，明度为－2，并将“着色”选项勾选，如图 9-40 所示。

（2）将图层蒙版反相（Ctrl+I），选择魔棒工具，设置容差为 100，将头发的部分选择（此处是粗选），单击 X，单击 D，单击 Delete 键。选择适当的画笔，将头发所有部分显露出来，如图 9-41 所示。

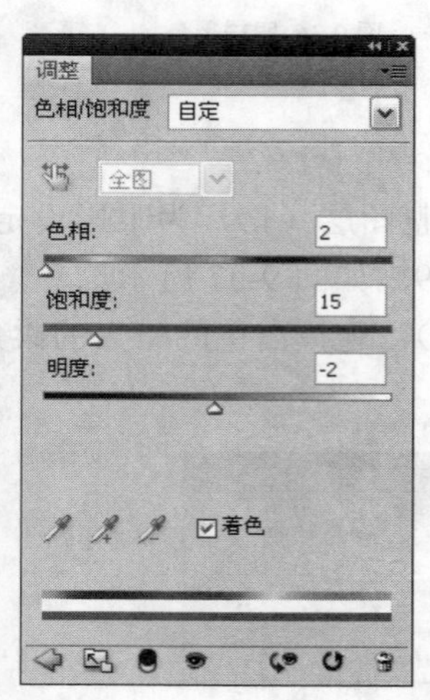

图 9-40　设置色相/饱和度（2）

图 9-41　头发调整

4. 衣服

着色方法与眼影上色方式相同。在【色相/饱和度】面板中，色相设置为 236，饱和度设置为 90，明度设置为-66。并将该层的图层混合模式设置为“颜色加深”，如图 9-42 所示。

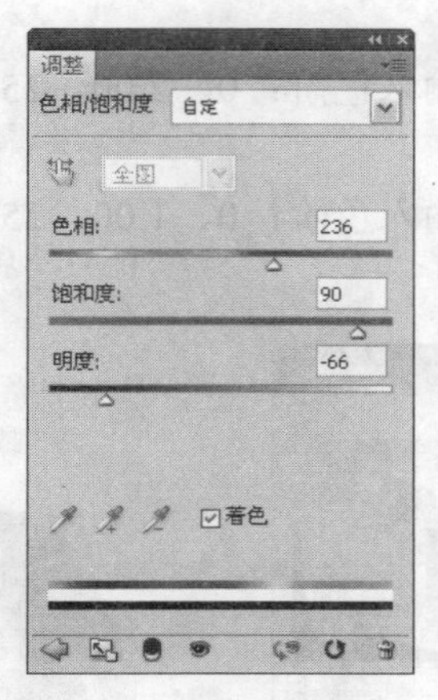

图 9-42　衣服上色

9.5.2　相关知识

1. 照片滤镜

“照片滤镜”命令模仿在相机镜头前面加彩色滤镜，以便调整通过镜头传输的光的色彩平衡和色温，使胶片曝光。照片滤镜利用这个特性，向图像应用色相调整。

2. 色相/饱和度

使用“色相/饱和度”命令，可以调整图像中特定颜色分量的色相、饱和度和明度，或者同时调整图像中的所有颜色。

注意：

可以利用【照片滤镜】与【色相/饱和度】面板相互配合为图片上色。

9.6　正片负冲效果

本节为“正片负冲效果”案例。主要通过使用“色阶”等命令对通道进行处理，以实现正片负冲效果，如图 9-43 所示。

图 9-43　正片负冲效果

9.6.1　操作步骤

（1）打开本章素材文件夹中的“正片负冲效果”图像文件，选取“图像”→“调整”→“色阶”，打开【色阶】对话框。

（2）选择通道：蓝，设置输入色阶：0、2.00、255；输出色阶：30、200，如图9-44 所示。

（3）选择通道：绿，设置输入色阶：0、1.00、255；输出色阶：70、255，如图9-45 所示。

图 9-44　蓝色通道设置

图 9-45　绿色通道设置

（4）复制该图层（Ctrl+J），并将图层的图像混合模式设置为“颜色加深”，不透明度设置为“50%”，如图 9-46 所示。

图 9-46　色彩混合模式的修改

9.6.2　相关知识

1. 正片与负片

彩色胶片可以分成两大类型，即正片和负片。

彩色正片有时也称为幻灯片（即反转片），是一种经过反转冲洗后直接得到彩色透明正像的胶片，是供放映用。要求颗粒细，反差大，灰雾小，解像力和清晰度都较高。

彩色负片主要是供印放彩色照片用的感光片，在拍摄并经过冲洗之后，可获得明暗与被摄体相反，色彩与被摄体互为补色的带有橙色色罩的彩色底片，主要是供拍摄画面用。要求感光度高，宽容度大。

2. 正片负冲

正片负冲的效果是指用负片的冲洗工艺冲洗正片后得到的照片效果。这种效果最初是在失误中得到的，因为操作者误将正片当负片冲洗，以至出现了这种效果。这种照片带有一种很奇异的色彩，亮部与暗部分别严重偏蓝、绿色调，而中间部分饱和度很高。由于表现奇特，就成为 Photoshop 中一种常见的照片特殊效果处理方法。

注意：

Photoshop 的“色阶”命令除可以矫正存在色彩问题的图片外，还可以通过通道，对图片模拟真实胶片冲印的效果。

9.7　本章小结

本章主要通过“数码相片的颜色环境设置”、“数码相片的专业颜色矫正”和“两种常见缺陷照片的矫正”案例介绍了 Photoshop 中图片矫正的一般技巧，通过“将彩色图像转换为黑白图像”、“为灰度图片上色”和“正片负冲效果”介绍 Photoshop 在模拟真实胶片效果中的技巧。通过本章的学习，可以使用 Photoshop 对图片进行色彩方面的处理。

9.8　思考与练习

一、选择题

1.______是 Photoshop CS4 新增加的功能。

A.色阶　　B.阴影/高光　　C.黑白　　D.反相

2. 可以通过______命令将彩色图像转换为灰度图像。

A.曲线　　B.色彩平衡　　C.可选颜色　　D.渐变映射

3. 下面哪个色彩调整命令可提供最精确的调整？______

A. 色阶　　B. 亮度/ 对比度　　C. 曲线　　D. 色彩平衡

4. 下列哪个命令用来调整色偏？______

A. 色调分离　　B. 阈值　　C. 色彩平衡　　D. 亮度/对比度

5. 下面的描述哪些是正确的？______

A. 色相、饱和度和明度是颜色的三种属性

B. “色相/饱和度”命令具有基准色方式、色标方式和着色方式三种不同的工作方式

C. “替换颜色”命令实际上相当于使用“颜色范围”与“色相/饱和度”命令来改变图像中的局部颜色

D. 色相的取值范围为 0～180

6. 下列哪个色彩模式的图像不能执行可选颜色命令？______

A. Lab 模式　　B. RGB 模式　　C. CMYK 模式　　D. 多通道模式

二、判断题

1. 去色可以把黑色变成白色。（　）

2. 阈值可以把图像转换为灰度图像。（　）

3. 色阶是通过将图像上所有的颜色点分为三类（黑、白、灰），然后通过调整各类点的数量以实现调整图像色调的目的。（　）

4. 对于逆光照片，可以通过在【图层】面板上创建【阴影/高光】调整图层进行矫正。（　）

5. 调整图层是通过图层蒙版进行区域范围修整的。（　）

三、操作题

1. 根据案例 5 为素材图片上色。

2. 根据案例 6 为素材制作正片负冲效果。

第10章 神奇莫测——滤镜

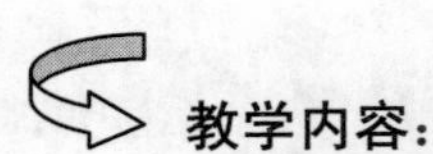

教学内容：

滤镜是Photoshop的特色工具之一，充分利用好滤镜不仅可以改善图像效果、掩盖缺陷，还可以在原有图像的基础上产生许多炫目的特殊效果。本章以案例的形式全面介绍了内置滤镜和外挂滤镜的使用方法和技巧。通过本章内容的学习，将会领略到滤镜的神奇莫测的效果。并能够举一反三，更好地辅助图形图像的设计与制作。

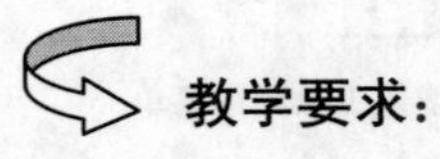

教学要求：

教学重点	能力要求	相关知识
内置滤镜：抽出、液化、消失点、滤镜库	掌握内置滤镜的使用方法和技巧。能够快速完成抠头发、水面倒影、沙发换肤、滤镜库、水墨山水画的应用	图层、选区、蒙版、通道、路径和颜色的选择应用
外挂滤镜：KPT 滤镜、Eye Candy 4.0 滤镜	掌握外挂滤镜的安装方法；了解外挂滤镜的种类、掌握使用方法和技巧	图层、选区、蒙版、通道 外挂滤镜软件的种类

10.1 概 述

勤学好问 Photoshop CS4 中有哪些滤镜？怎样用滤镜进行图像调整？

滤镜是 Photoshop 的特色工具之一，充分地利用好滤镜不仅可以改善图像效果、掩盖缺陷，还可以在原有图像的基础上产生许多炫目的特殊效果。Adobe 提供的滤镜显示在“滤镜”菜单中，第三方软件开发商提供的某些滤镜可以作为增效工具使用，在安装后，这些增效工具滤镜出现在“滤镜”菜单的底部。根据它们的这些特性，我们称前者为“内置滤镜”，后者为“外挂滤镜”。

滤镜按类别可分为 13 类，要使用滤镜，从“滤镜”菜单中选取相应的子菜单命令即可。如图 10-1、图 10-2 所示。

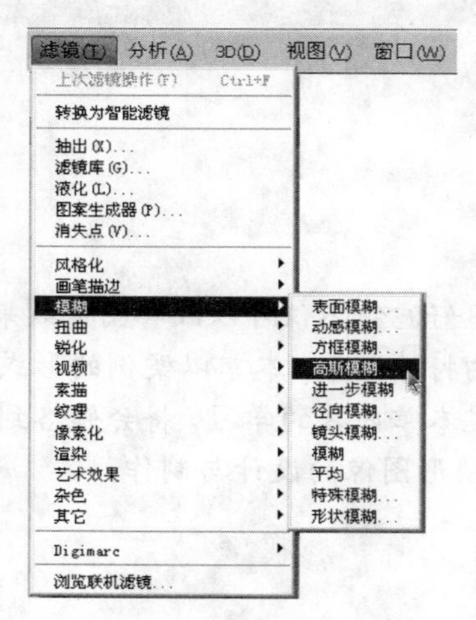

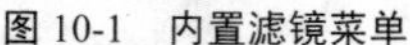
图 10-1 内置滤镜菜单

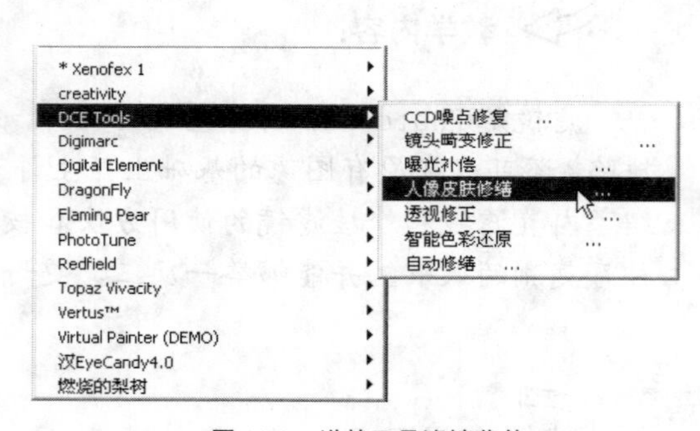

图 10-2 增效工具滤镜菜单

滤镜的功能非常强大，作为增效工具的外挂滤镜补充了大量的、种类繁多的特殊效果，要想用这些滤镜制作出精美的效果，除了要熟悉滤镜的操作外，还需要有一定的审美能力和想象力，这样才能根据自己的想法，随心所欲地应用滤镜。

本章将从滤镜的基本应用出发，从滤镜菜单中选择了部分经常应用且具有一定代表性的内置滤镜和外挂滤镜，通过案例的操作过程演练，详细介绍这些滤镜的使用方法、技巧及滤镜的效果，进一步加深对滤镜的了解与掌握。至于滤镜在实际工作中的应用，还需自己多多实践，慢慢去领会各个滤镜的内在功能。

滤镜的使用方法很简单，从 Photoshop 的“滤镜”菜单中选择所要应用的滤镜组，在显示的子菜单上选定滤镜。有些滤镜的后面没有省略号，则选定之后立即选取，其余有省略号的滤镜单击后将会出现对话框，允许用户设置滤镜的参数，以指定输出的效果。但必须遵循一定的操作要领，才能准确有效地使用滤镜功能。

10.2　用【抽出】滤镜快速"抠头发"

勤学好问 抽出滤镜使用很方便吗？怎样能够找到？这个滤镜有什么特点？

"抽出"滤镜可以从图片中分离出图像的某一部分。即使对象的边缘细微、复杂或无法确定，也无需太多的操作就可以将其从背景中抠出。

本案例介绍了应用【抽出】滤镜从斑斓的背景中快速"抠头发"的两种方法。从图 10-3 的图像素材中我们看到，人物的头发边缘零乱，颜色复杂，很显然，抠取时会费时费力且很难达到较好的效果。在这里我们应用了【抽出】滤镜，快速完成了"抠头发"的操作。完成的效果如图 10-4、图 10-5 所示。

图 10-3　素材

图 10-4　完成效果一

图 10-5　完成效果二

注意：

在 Photoshop CS4 这一版本中比较经典的"抽出"滤镜并没有默认安装，需要下载补丁才能重新找回来。

你知道吗？

要找回【抽出】滤镜，可按如下方法去做：

方法 1： 如果计算机里尚未把 CS3 或更早版本的 Photoshop 卸载掉，可以通过资源管理器，按照原来的安装路径，在...\Photoshop CS3\P1ug-ins\Filters 路径中找到 Extract Plus 8BF 文件，将其复制下来，再粘贴到...\ Photoshop CS4\ Plug-ins\ Filters 路径中。

方法 2： 如果计算机里已无更早版本的 Photoshop，则可从网上下载【抽出】滤镜的安装包，将安装包中的文件解压出来。或到安装有 Photoshop 的计算机里去复制"简体中文\实用组件\可选增效工具\增效工具（32 位）\Filters"中的文件。再粘贴到 Photoshop CS4 的...\P1ug-ins\Filters 路径中；完成后，重新启动 Photoshop CS4，单击菜单栏"滤镜"，便可以看到想要的【抽出】滤镜了。

10.2.1 操作方法一

（1）打开本章素材文件夹中的名为“抠发”的图像文件，复制背景图层。

（2）选取“滤镜”→“抽出”命令，打开【抽出】对话框，如图 10-6 所示。

图 10-6 【抽出】对话框

（3）单击左侧工具箱中的【边缘高光器工具】，在工具选项中设置画笔大小为 30，勾选“智能高光显示”，然后在图中人物边界外侧的某一点单击并拖动，包围所要保留区域的边缘，如图 10-7 所示。也可用【橡皮擦工具】擦除选取框，重新勾画。

图 10-7 包围所要保留区域的边缘

（4）选择工具箱中的【填充工具】，在要保留的区域单击，填充，此时画面如图 10-8 所示。

图 10-8　填充要保留的区域

注意：

该边界不要求非常精确，系统会自动对该区域进行分析，从而找出边界。

（5）单击［预览］，查看不含背景的图像，效果如图 10-9 所示。

图 10-9　预览选出的对象

（6）很明显，此时选取的对象还有许多问题，为此可首先选中工具箱中的【缩放工具】，然后在预览区单击放大图像显示。随后选取工具箱中的【清除工具】，在预览区单击并拖动擦拭不要的区域使该区域变为透明区；也可以按下 Alt 键使其不透明，按 1～9、0 更改压力。再选择【边缘修饰工具】，清除边缘，按住 Ctrl 键移动边缘，按 1～9、0 可更改压力。经过修饰后的图像效果如图 10-10 所示。

图 10-10　经过修饰后的图像效果

（7）单击 确定 ，关闭【抽出】对话框。完成效果一，如图 10-4 所示。

由此可见，【抽出】滤镜的最大优点是，它具有较强的灵活性。用户可以随意对选取的边界进行修改，并可选取多个部分。但选取出的边界不够理想，还可尝试第二种方法进行操作。

10.2.2　操作方法二

（1）打开本章素材文件夹中的名为“抠发”的图像文件，按 Ctrl+J 键两次，复制背景图层。得到图层 1、图层 1 副本 1 和 2。再创建图层 2，将图层 2 放于图层 1 与图层 1 副本层之间，并填充颜色，这里填充了蓝色，作为检验效果和新的背景层。【图层】面板如图 10-11 所示。

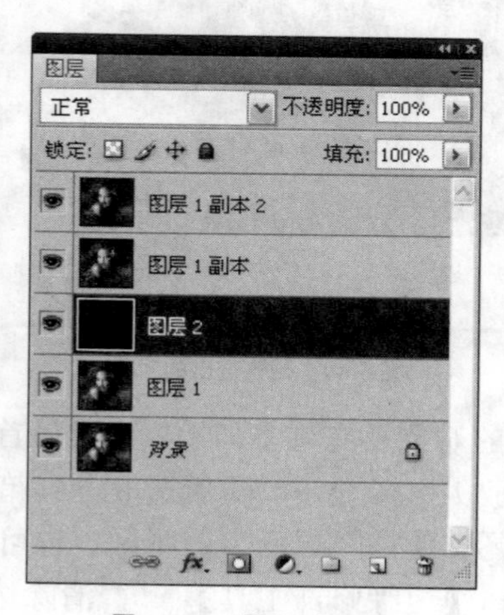

图 10-11　【图层】面板

（2）选择图层 1，选取“滤镜”→“抽出”，打开【抽出】对话框，勾选“强制前景”，用【吸管工具】选择浅颜色，抽取头发的高光发丝。用【边缘高光器工具】涂抹绿色，人物边缘的发丝要用小一点的笔触涂抹，这里选择了 5，如图 10-12 所示。

图 10-12　用【边缘高光器工具】涂抹绿色

（3）边缘处可通过选择【缩放工具】，将图像放大后，用【抓手工具】移动图像位置，观察处理，如图 10-13 所示。

（4）单击预览，查看不含背景的图像。单击确定，抽出高光部分图像，效果如图 10-14 所示。

图 10-13　将图像放大后观察处理

图 10-14　抽出的高光部分图像

（5）选择“图层 1 副本”，【图层】面板如图 10-15 所示。选取“滤镜”→“抽出”，打开【抽出】对话框，勾选“强制前景”，用【吸管工具】选择棕色，抽取头发的棕色发丝。用【边缘高光器工具】涂抹绿色，效果如图 10-16 所示。

（6）单击预览，查看不含背景的图像。如图 10-17 所示。

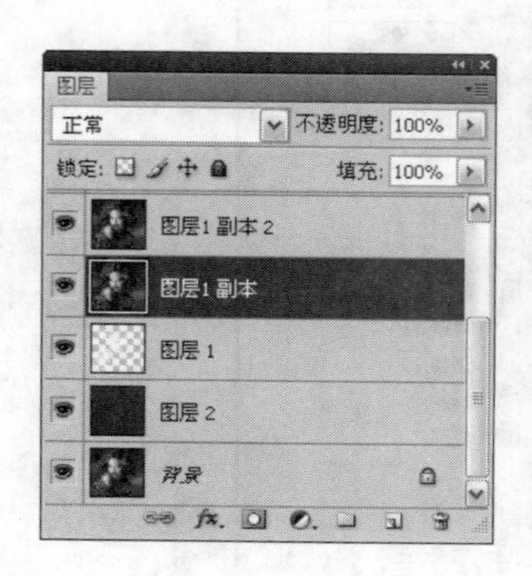

图 10-15 【图层】面板

图 10-16 用【边缘高光器工具】涂抹绿色

（7）单击确定，抽出所选棕色部分图像，效果如图 10-18 所示。

图 10-17 单击【预览】后的效果

图 10-18 抽出棕色部分图像效果

（8）选择“图层 1 副本 2”，选取“滤镜”→“抽出”，在打开的【抽出】滤镜对话框中，“强制前景”处不要勾选，用【边缘高光器工具】描绿边，描边时为使效果更好，笔触尽量小一点，一般在 5 左右。不合适的地方也可用【橡皮擦工具】擦除，重新勾画。选择工具箱中的【填充工具】，在要保留的区域单击，填充蓝色，效果如图 10-19 所示。

（9）单击预览，查看不含背景的图像，如图 10-20 所示。单击确定，抽出图像。

图 10-19　填充蓝色

（10）在【图层】面板中选择“图层 1 副本 2”，添加蒙版。打开【通道】面板，选择蒙版，用黑色画笔修饰掉边缘杂色。为使抽出后多余的黑色降低，进一步与图层 1 融合，完善发丝的效果，请用 70%的灰画笔涂抹边缘的发丝，如图 10-21 所示。

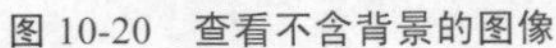

图 10-20　查看不含背景的图像

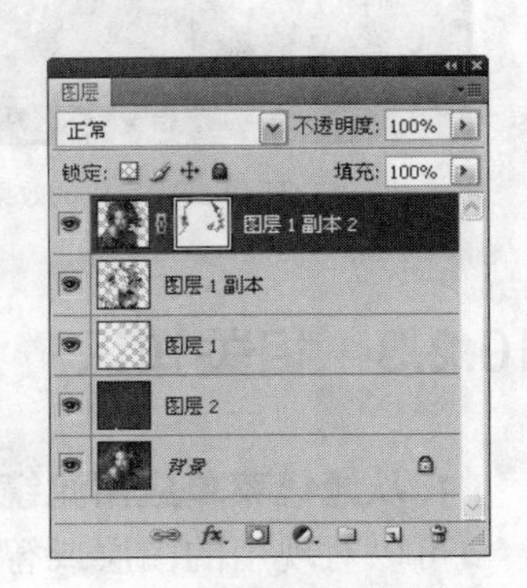

图 10-21　涂抹边缘的发丝

（11）单击图层缩览图，观看效果，如图 10-22 所示。

（12）如果对抠出的高光发丝颜色不满意，可选择图层 1，选取“图像”→“调整”→“色相/饱和度”，在打开的【色相/ 饱和度】对话框中进行调整，使之与头发的主体颜色融合，单击 确定 ，如图 10-23 所示。

（13）分别选择“图层 1”、“图层 1 副本”图层，设定不同的图层混合模式，观察图像，选择最终的图像效果，如图 10-24 所示。还可以选择一新的图像，替换蓝色图层，

图 10-22　观看效果

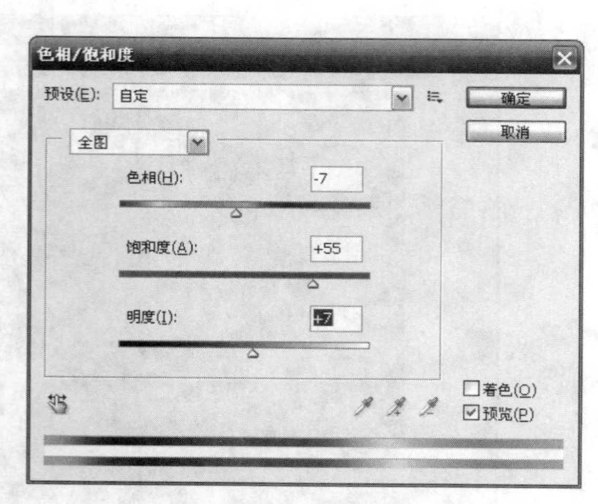

图 10-23　【色相/饱和度】对话框

其效果如图 10-25 所示。

图 10-24　完成的效果图

图 10-25　最后的效果图

10.2.3　相关知识

1. 从滤镜菜单应用滤镜

可以对现用的图层或智能对象应用滤镜。应用于智能对象的滤镜没有破坏性，并且可以随时对其进行重新调整。

选取下列操作之一：

要将滤镜应用于整个图层，请确保该图层是现用图层或选中的图层。

要将滤镜应用于图层的一个区域，请选择该区域。

要在应用滤镜时不造成破坏以便以后能够更改滤镜设置，请选择包含要应用滤镜的图像内容的智能对象。

从“滤镜”菜单的子菜单中选取一个滤镜。

如果不出现任何对话框，则说明已应用该滤镜效果。

如果出现对话框或滤镜库，请输入数值或选择相应的选项，然后单击确定。

2. 从滤镜库应用滤镜

滤镜效果是按照它们的选择顺序应用的。在应用滤镜之后，可通过在已应用的滤镜列表中将滤镜名称拖动到另一个位置来重新排列它们。重新排列滤镜效果可显著改变图像的外观。单击滤镜旁边的眼睛图标，可在预览图像中隐藏效果。此外，还可以通过选择滤镜并单击【删除效果图层】图标来删除已应用的滤镜。

注意：

为了在试用各种滤镜时节省时间，可以先在图像中选择有代表性的一小部分进行试验。

（1）选取“滤镜”→“滤镜库”。

（2）单击一个滤镜名称以添加第一个滤镜。可能需要单击滤镜类别旁边的倒三角形以查看完整的滤镜列表。添加滤镜后，该滤镜将出现在【滤镜库】对话框右下角的已应用滤镜列表中。

（3）为选定的滤镜输入值或选择选项。

（4）请选取下列任一操作：

要累积应用滤镜，请单击【新建效果图层】图标，并选取要应用的另一个滤镜。重复此过程以添加其他滤镜。

要重新排列应用的滤镜，请将滤镜拖动到【滤镜库】对话框右下角的已应用滤镜列表中的新位置。

要删除应用的滤镜，请在已应用滤镜列表中选择滤镜，然后单击【删除效果图层】图标。

如果对结果满意，请单击确定。

3. 应用滤镜的原则

（1）滤镜应用于当前可见图层或选区。

（2）对于 8 位/通道的图像，可以通过“滤镜库”累积应用大多数滤镜。所有滤镜都可以单独应用。

（3）不能将滤镜应用于位图模式或索引颜色的图像。

（4）有些滤镜只对 RGB 图像起作用。

（5）可以将所有滤镜应用于 8 位图像。

（6）可以将下列滤镜应用于 16 位图像：液化、消失点、平均模糊、模糊、进一步模糊、方框模糊、高斯模糊、镜头模糊、动感模糊、径向模糊、表面模糊、形状模糊、镜头校正、添加杂色、去斑、蒙尘与划痕、中间值、减少杂色、纤维、云彩、分层云彩、镜头光晕、锐化、锐化边缘、进一步锐化、智能锐化、USM 锐化、浮雕效果、查找边缘、曝光过度、逐行、NTSC 颜色、自定、高反差保留、最大值、最小值以及位移。

（7）可以将下列滤镜应用于 32 位图像：平均模糊、方框模糊、高斯模糊、动感模糊、径向模糊、形状模糊、表面模糊、添加杂色、云彩、镜头光晕、智能锐化、USM 锐化、逐行、NTSC 颜色、浮雕效果、高反差保留、最大值、最小值以及位移。

（8）有些滤镜完全在内存中处理。如果可用于处理滤镜效果的内存不够，将会收到一条错误消息。

4. 预览和应用滤镜技巧

选取滤镜特别是将滤镜应用于较大图像常常需要花费很长时间，因此，在绝大多数滤镜对话框中，几乎都提供了预览图像的功能，可大大提高工作效率。在预览窗口中拖动以使图像的一个特定区域居中显示。在某些滤镜中，可以在图像中单击以使该图像在单击处居中显示。单击预览窗口下的【＋】或【－】按钮可以放大或缩小图像。还可以对当前图层或智能对象应用滤镜。应用于智能对象的滤镜没有破坏性，并且可以随时对其进行重新调整。

5. 注意事项

【抽出】滤镜属于强制性分离图像，处理后的图片非保留区的像素将被清除掉，无法复原。因此，在抽出图像前应做好图片的备份工作，在使用滤镜的时候注意抽出部分的图像细节。

10.3　用【液化】滤镜创建“水面倒影”

勤学好问　【液化】滤镜真的很神奇吗？怎样使用？

【液化】滤镜可用于对图像进行各种各样的类似液化效果的扭曲变形操作，例如，推、拉、旋转、反射、折叠和膨胀等。还可以定义扭曲的范围和强度，可以是轻微的变形也可以是非常夸张的变形效果。还可以将调整好的变形效果存储起来或载入以前存储的变形效果。因而，【液化】滤镜成为我们在 Photoshop 中修饰图像和创建艺术效果的强大工具。

本案例应用【液化】滤镜，在一幅平面图像中，创建出“水面倒影”的效果，如图 10-26 所示。在使用【液化】滤镜的过程中，介绍了【液化】滤镜的功能，并通过实际应用，了解其神奇的功能及效果。

图 10-26　【液化】滤镜效果图

10.3.1　操作步骤

（1）打开素材文件夹中的“液化”素材图像，如图 10-27 所示。

（2）按 Ctrl+J 键，复制背景层，如图 10-28 所示。

图 10-27　素材

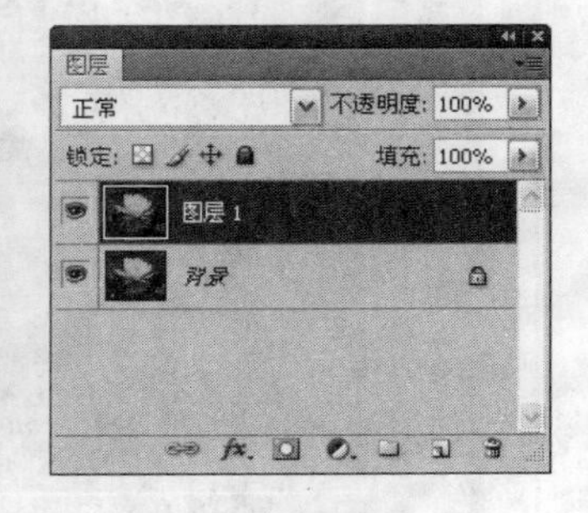

图 10-28　复制图层

（3）选择图层 1，选取“滤镜”→“液化”命令，打开【液化】对话框，如图 10-29 所示。

图 10-29　【液化】对话框

（4）选择【湍流工具】，在图像下半部拖动并涂抹，创建水面倒影效果，如图 10-30 所示。

（5）选择【顺时针旋转扭曲工具】，设置合适的画笔大小，创建边框效果，如图 10-31 所示。单击 确定 ，完成制作。

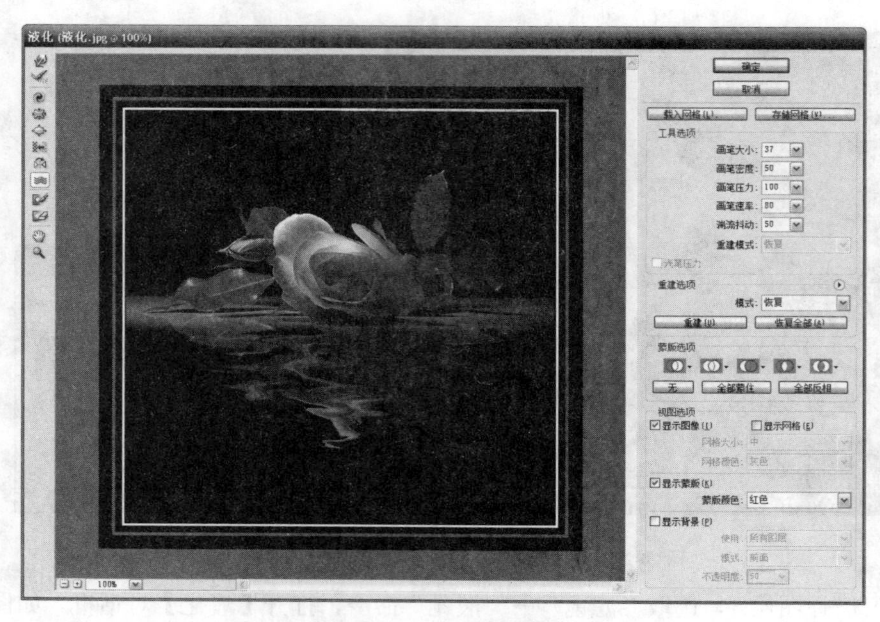

图 10-30　创建水面倒影效果

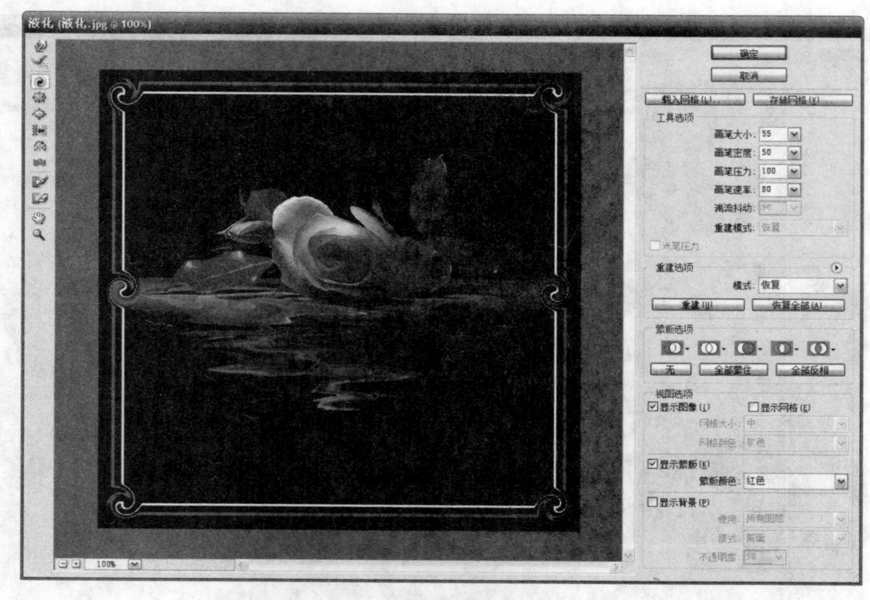

图 10-31　创建边框效果

10.3.2　相关知识

可以将【液化】对话框分为 3 部分，左侧是工具箱，中间是预览图像，右侧是各种选项的设定。

1. 工具箱

左侧的工具箱提供了多种变形工具。可以在【液化】对话框的右侧选择不同的画笔大小，所有的变形都集中在画笔区域的中心，如果一直按住鼠标或在一个区域多次绘制，可强化变形效果。工具箱中各工具功能如下：

- **向前变形工具**：在拖移时向前推像素。
- **重建工具**：对变形进行全部或局部的恢复。
- **顺时针旋转扭曲工具**：在按住鼠标左键或拖移时可顺时针旋转像素。要逆时针旋转扭曲像素，请在按住鼠标或拖移时按住 Alt 键。
- **褶皱工具**：在按住鼠标或拖移时使像素朝着画笔区域的中心移动，起到收缩图像的作用。
- **膨胀工具**：在按住鼠标或拖移时使像素朝着离开画笔区域中心的方向移动。
- **左推工具**：当垂直向上拖移该工具时，像素向左移动（如果向下拖移，像素会向右移动）。也可以围绕对象顺时针拖移以增加其大小，或逆时针拖移以减小其大小。要在垂直向上拖移时向右移动像素（或者要在向下拖移时向左移动像素），请在拖移时按住 Alt 键。
- **镜像工具**：将像素拷贝到画笔区域。拖移以反射与描边方向垂直的区域（描边以左的区域）。按住 Alt 键拖移在与描边相反的方向上反射区域（例如，向下描边反射上方的区域）。通常，在冻结了要反射的区域后，按住 Alt 键并拖移可产生更好的效果。使用重叠描边可创建类似于水中倒影的效果。
- **湍流工具**：平滑地混杂像素。它可用于创建火焰、云彩、波浪及类似的效果。
- **冻结蒙版工具**：像画笔工具那样在预览图像上绘制可保护区域以免被进一步编辑。
- **解冻蒙版工具**：在被冻结区域上拖曳鼠标就可将冻结区域解冻。

2. 设定工具选项

在使用工具前，需要在【液化】对话框右侧的工具状态栏中对画笔大小和画笔压力进行以下选项的设置：

- **画笔大小** 设置将用来扭曲图像的画笔的宽度。
- **画笔密度** 控制画笔如何在边缘羽化。产生的效果是：画笔的中心最强，边缘处最弱。
- **画笔压力** 设置在预览图像中拖移工具时的扭曲速度。使用低画笔压力可减慢更改速度，因此更易于在恰到好处时候停止。
- **画笔速率** 设置工具（例如旋转扭曲工具）在预览图像中保持静止时扭曲所应用的速度。该设置的值越大，应用扭曲的速度就越快。
- **湍流抖动** 控制湍流工具对像素混杂的紧密程度。
- **重建模式** 用于重建工具，用户选取的模式确定该工具如何重建预览图像的区域。

● **光笔压力** 使用光笔绘图板中的压力读数（只有在使用光笔绘图板时，此选项才可用）。选中“光笔压力”后，工具的画笔压力为光笔压力与画笔压力值的乘积。

你知道吗？

可以选择当前图层的一部分进行变形。使用工具箱中的任何一种选区工具创建一个任意形状的选区，然后选择“滤镜”→“液化”命令，【液化】对话框中会显示一个方形的图像，但选区以外的区域会被红色的蒙版保护起来，相当于被冻结的区域，但不能用【液化】对话框中的解冻工具对其进行解冻的操作。如果选中的是一个文字图层或形状图层，必须首先将它们进行栅格化处理才可以选取操作。

可以隐藏或显示冻结区域的蒙版、更改蒙版颜色，也可以使用“画笔压力”选项来设定图像的部分冻结或全部解冻。

3. 蒙版选项

在操作的过程中，如果有些图像区域不想修改，可使用工具或 Alpha 通道将这些区域冻结起来，也就是保护起来。被冻结的区域可以解冻后再进行修改。如果在使用“液化”命令之前选择了选区，则出现在预览图像中的所有未选中的区域都已冻结，无法在【液化】对话框中进行修改。

4. 重建选项

预览图像变形扭曲后，可以利用一系列的重建模式将这些变形恢复到原始的图像状态，然后再用新的方式重新进行变形操作。重建模式包括：恢复、刚性、生硬、平滑、松散。具体方法是：

（1）在“重建选项”模式列表中选择“恢复”命令，然后用【重建工具】在区域上单击或拖曳鼠标即可恢复到原始状态。

（2）在模式列表中选择“恢复”命令，单击 重建(U) 按钮也可将全部被冻结区域恢复到打开时的状态。

（3）单击重建选项栏中的 恢复全部(A) 按钮，可将预览图像恢复到原始状态。

10.4 用【消失点】滤镜给“沙发换肤”

【消失点】滤镜可以简化在包含透视平面（如建筑物的一侧、墙壁、地面或任何矩形对象）的图像中进行的透视校正编辑的过程。在消失点中，可以在图像中指定平面，然后应用绘画、仿制、拷贝或粘贴以及变换等编辑操作。所有编辑操作都将采用所处理平面的透视。当修饰、添加或移去图像中的内容时，结果将更加逼真，因为可以正确确定这些编辑操作的方向，并且将它们缩放到透视平面。完成在消失点中的工作后，可以继续在 Photoshop 中编辑图像。要在图像中保留透视平面信息，以 PSD、TIFF 或 JPEG 格式存储文档即可。

本案例应用【消失点】滤镜，为颜色单调的布艺沙发换肤，更换为花色精美、华丽、温馨的样式。通过这一案例的操作过程，能够了解和掌握【消失点】滤镜的特点、功能和用法，并能够举一反三，快速完成具有透视效果的平面图像编辑操作。本案例素材如图 10-32 所示。效果如图 10-33 所示。

图 10-32　素材

图 10-33　图像效果图

10.4.1　操作步骤

（1）打开本章素材文件夹中的名为“沙发换肤”的图像文件，可以看到，画面中有一款带有简单花纹的布艺沙发。按 Ctrl+J 键，将背景层复制，如图 10-34 所示。

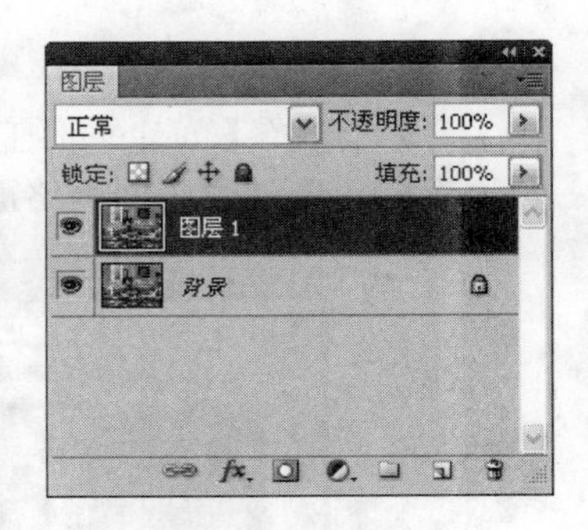

图 10-34　将背景层复制

（2）用【钢笔工具】把需要更换沙发外套的地方抠出来，在这里选择沙发靠垫、坐垫、扶手，如图 10-35 所示。

（3）打开【路径】面板，将路径转换为选区。如图 10-36 所示。

（4）打开【图层】面板，按Ctrl+J键，生成一个新的图层，如图 10-37 所示。

图 10-35　把沙发抠出来

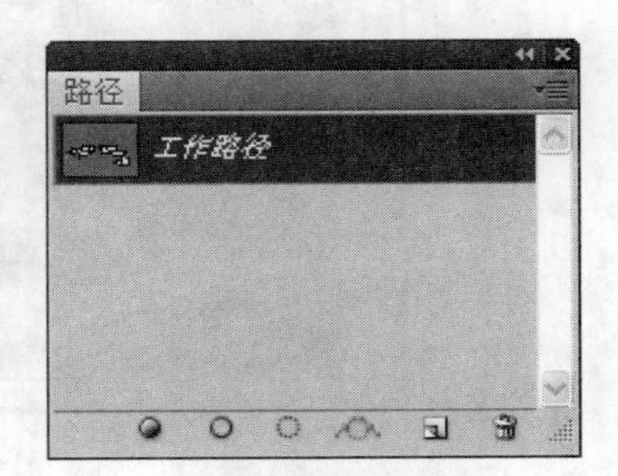

图 10-36 【路径】面板

（5）打开素材文件夹中的花布图案材质图像文件，按 Ctrl+A 全选，按 Ctrl+C 复制到剪贴板上，以备后面使用，如图 10-38 所示。

（6）选取“滤镜”→“消失点”，打开【消失点】滤镜对话框，如图 10-39 所示。

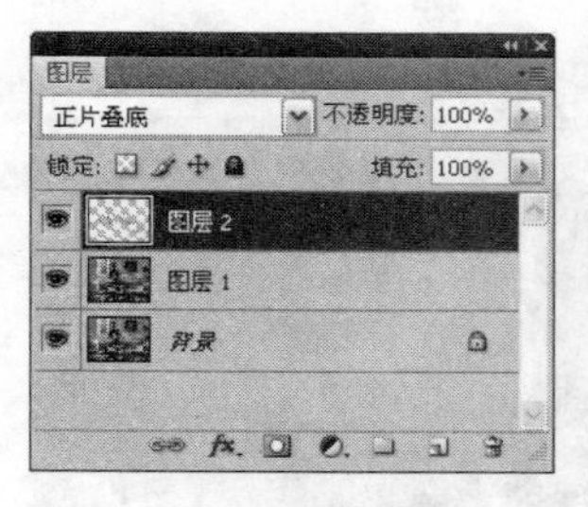

图 10-37 图层面板

图 10-38 花布图案

图 10-39 【消失点】滤镜对话框（1）

（7）选择【创建平面工具】 ,在左侧沙发的坐垫、靠垫、扶手位置按照不同位置、不同角度创建平面网络面板，如图 10-40 所示。

图 10-40 【消失点】滤镜对话框（2）

（8）在完成的网格面板中分别放入材质面料。由于在这之前已经进行了拷贝，这时按下 Ctrl+V 键，即可粘贴进来。然后拖到建立的网格里，这样可以自动适应这个网格。

这时可以按 Alt 键移动并复制，将复制的面料放入不同的网格面板中，还可以按下 Ctrl+T 键，调整面料的大小，完成的效果如图 10-41 所示。

图 10-41　将复制的面料放入不同的网格面板中

（9）单击 确定 ，回到图像窗口，此时的效果如图 10-42 所示。

图 10-42　图像窗口效果

（10）再次打开【路径】面板，按下 Ctrl 键的同时，单击路径，载入路径选区，如图 10-43 所示。

图 10-43 将路径转换为选区

（11）按下 Ctrl+Shift+I 键，反选，删除不要的部分。再次反选，按下 Ctrl+J 键，抠出图像。此时的【图层】面板如图 10-44 所示。

（12）为了使效果更逼真些，我们来调整一下图层的混合模式：设置图层 2 为“正片叠底”，设置图层 3 为“柔光”模式。最后完成的效果如图 10-45 所示。

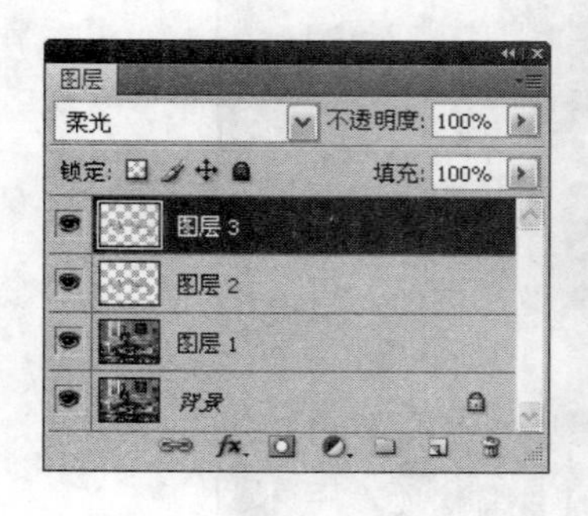

图 10-44 【图层】面板

图 10-45 完成的效果图

10.4.2　相关知识

应用【消失点】滤镜的操作方法如下：

1. 准备要在消失点中使用的图像

（1）为了将“消失点”处理的结果放在单独的图层中，请在选取“消失点”命令之前创建一个新图层。将消失点处理的结果放在单个图层中可以保留原始图像，并且可以使用图层不透明度控制样式和混合模式。

（2）如果打算将某个项目从 Photoshop 剪贴板粘贴到“消失点”中，请在选取“消失点”命令之前拷贝该项目。拷贝的项目可以来自于另一个 Photoshop 文档。如果要拷贝文字，请选择整个文本图层，然后拷贝到剪贴板。

（3）要将【消失点】结果限制在图像的特定区域内，请在选取”消失点”命令之前建立一个选区或向图像中添加蒙版。

（4）要将透视中的某些内容从一个 Photoshop 文档拷贝到另一个 Photoshop 文档，请首先在一个正使用消失点的文档中拷贝项目。当往正使用消失点的另一个文档中粘贴该项目时，将保留该项目的透视。

2. 选取“滤镜”→“消失点”

3. 定义平面表面的四个角节点

（1）默认情况下，将选中【创建平面工具】。在预览图像中单击以定义角节点。在创建平面时，尝试使用图像中的矩形对象作为参考线。

（2）使用创建平面工具定义四个角节点。

（3）要拉出其他平面，请使用创建平面工具并在按住 Ctrl 键的同时拖动边缘节点。

（4）按住 Ctrl 键并拖动边缘节点以拉出平面。

4. 编辑图像

（1）建立选区。在绘制一个选区之后，可以对其进行仿制、移动、旋转、缩放、填充或变换操作。有关详细信息，请参阅关于消失点中的选区。

（2）从剪贴板粘贴项目。粘贴的项目将变成一个浮动选区，并与它将要移动到的任何平面的透视保持一致。有关详细信息，请参阅将项目粘贴到消失点中。

（3）使用颜色或样本像素绘画。有关详细信息，请参阅使用消失点中的颜色绘画或在消失点中使用样本像素绘画。

（4）缩放、旋转、翻转、垂直翻转或移动浮动选区。

（5）在平面中测量项目。通过从“消失点”菜单中选取“渲染测量至 Photoshop”可以在 Photoshop 中对测量进行渲染。

5. 单击 确定

在单击 确定 之前，可以通过从“消失点”菜单中选取“渲染网格至 Photoshop”，将网格渲染至 Photoshop。

10.5 【滤镜库】概述

【滤镜库】本身并不是一个滤镜，是 Photoshop 为了方便用户预览针对一幅图像同时使用多个滤镜的最终效果而建立的，可提供许多特殊效果滤镜的预览。【滤镜库】对话框如图 10-46 所示。

图 10-46 【滤镜库】对话框

使用【滤镜库】可以累积应用多个滤镜、打开或关闭滤镜的效果、复位滤镜的选项，并更改已应用的单个滤镜的设置，更改应用滤镜的顺序。还可以重新排列滤镜以便实现所需的效果。由于【滤镜库】非常灵活，所以通常它是应用滤镜的最佳选择。

【滤镜库】的使用方法是：在中间的滤镜区选择要使用的滤镜，在右侧的滤镜设置区进行滤镜的设置。如果想多个滤镜累积使用，可以单击右下角的【新建效果图层】按钮，建立新的滤镜效果层，同时可以使用【删除效果图层】按钮删除。如果对预览效果感到满意，则可以将它应用于图像。要查看预览的其他区域，请用抓手工具在预览区域中拖动。

注意：

"滤镜"菜单中列出的所有滤镜，在【滤镜库】中并非都可用。

10.6 水墨山水画

本案例通过对 Photoshop CS4【滤镜库】中的多个内置滤镜的应用，将图 10-47 所示的漂亮风景照片制作成淡彩的“水墨山水画”。在图中可以看到：素材图像是著名的“贵州黄果树”瀑布，画面美丽壮观，气势磅礴，瀑布从高处奔流而下，不禁让人想起那句著名的诗句：“飞流直下三千尺，疑是银河落九天。”配上这样的诗句，一幅可与名家笔下的“水墨山水画”媲美的画面跃然纸上。效果如图 10-48 所示。

图 10-47 素材文件

图 10-48 效果图

通过学习本案例，使学习者不仅能够完成“水墨山水画”的制作，更重要的是：通过本案例的学习，掌握 Photoshop 内置多种滤镜的使用方法，进而举一反三，掌握更多滤镜的应用方法与技巧。

10.6.1 操作步骤

1. 打开素材，强化边缘，淡化细节

（1）打开本章素材文件夹中的名为“瀑布”的素材，复制图层。选取“图像”→“调整”→“去色”，或按下快捷键 Shift+Ctrl+U，效果如图 10-49 所示。

（2）复制去色层，【图层】面板如图 10-50 所示。

图 10-49 去色

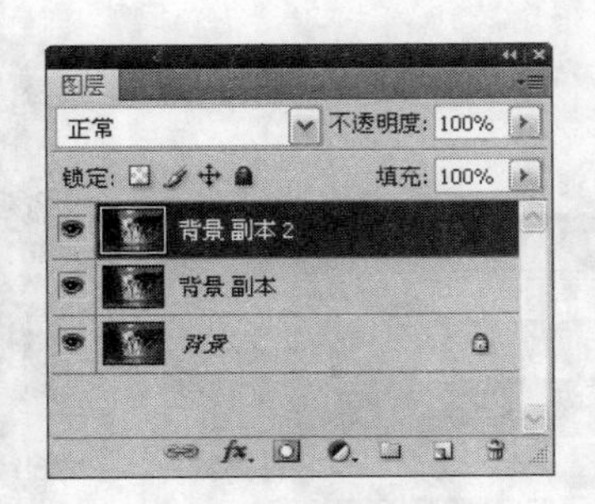

图 10-50 复制去色层

（3）按下 Ctrl+I 键反相，反相后的窗口效果如图 10-51 所示。设置图层混合模式为“颜色减淡”，【图层】面板如图 10-52 所示。

图 10-51　图像效果

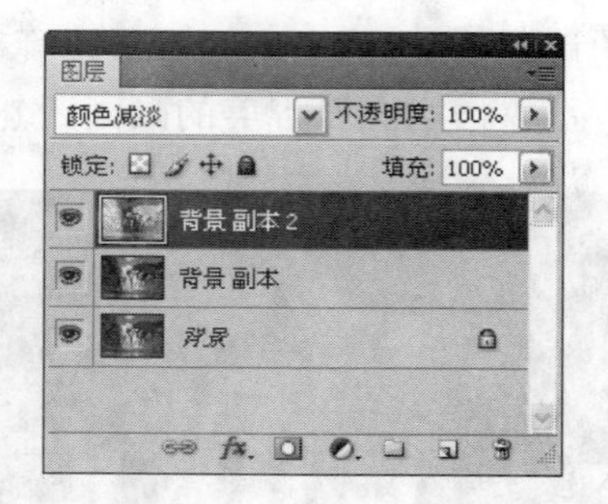

图 10-52　设置图层混合模式

（4）选取“滤镜”→“其他”→“最小值”，设置参数为 1，单击确定，效果如图 10-53 所示。合并上下 2 个黑白图层，素描效果图完成。

图 10-53　设置参数为 1

（5）将该图层不透明度调整为 70%，如图 10-54 所示。按下 Shift+Ctrl+Alt+E 键，盖印图层，效果如图 10-55 所示。

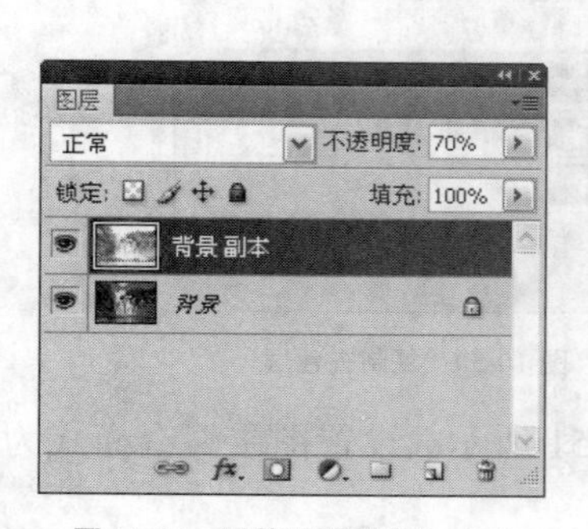

图 10-54　调整不透明度为 70%

图 10-55　盖印的图层效果

2. 模仿水墨笔触效果

（1）将盖印后的图层更名为“图层 1 盖印 1”，并复制该图层，建立副本。选取“滤镜”→“艺术效果”→“木刻”，设置色阶数为 6、边缘简化度为 2、边缘逼真度为 2，如图 10-56 所示。

图 10-56　滤镜库中参数的设置

注意：

设置参数的主要目的是为了做出图案的仿水墨的画面效果，所以，可根据滤镜库中预览的效果自行调节。

（2）单击 确定 ，选取滤镜后的效果如图 10-57 所示。

图 10-57　选取滤镜后的效果

（3）选取“木刻”滤镜后，感觉整个画面都比较模糊，缺少细节层次，下面继续处理。首先，为“图层 1 盖印 1 副本”添加图层蒙版，如图 10-58 所示。

（4）打开【画笔】面板，设置画笔直径为 100，不透明度为 30～40，硬度为 0，用黑色柔角画笔涂抹，擦出部分需要清晰的地方。这样就不会有生硬的边缘，效果如图 10-59 所示。

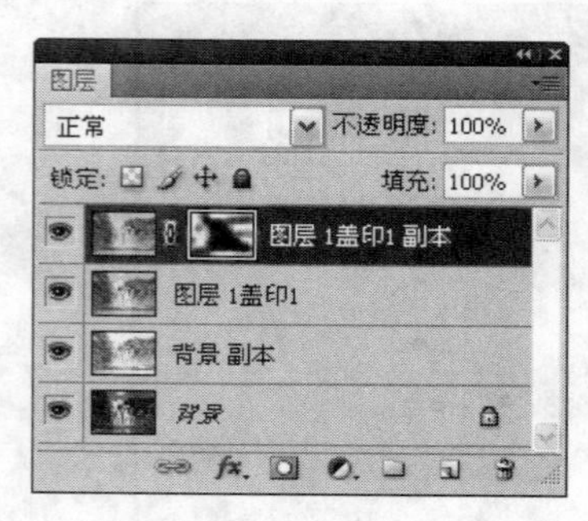

图 10-58 添加图层蒙版

图 10-59 效果图

（5）按下 Shift+Ctrl+Alt+E 键，盖印图层，建立“图层 2 盖印 2”，如图 10-60 所示。

观察图像，发现经过以上的处理，图像的对比度明显不足，图像偏灰。继续处理。

（6）复制“图层 2 盖印 2”，设置图层混合模式为“正片叠底”，如图 10-61 所示。

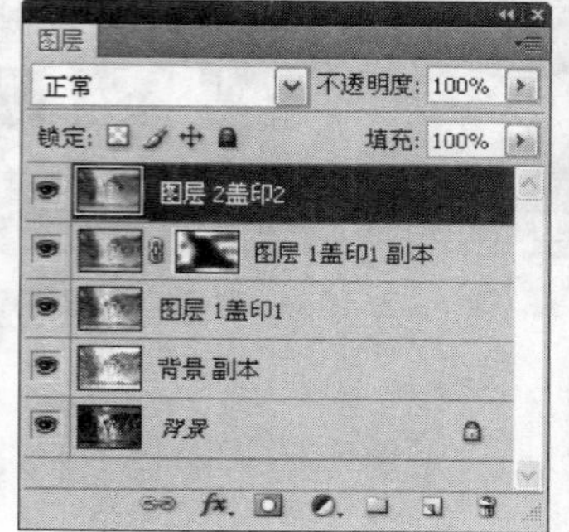

图 10-60 盖印图层

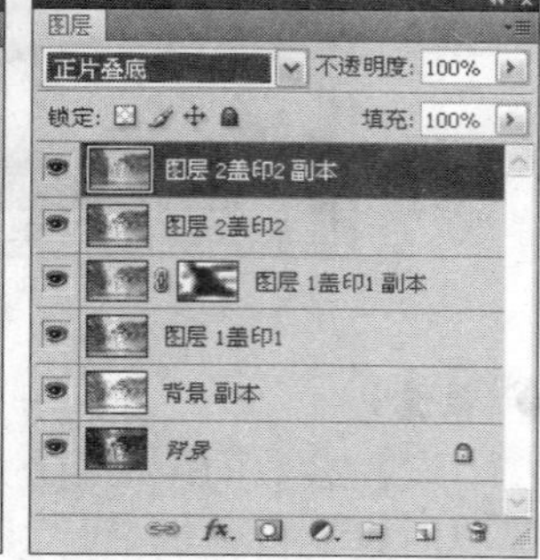

图 10-61 正片叠底

（7）再复制“图层 2 盖印 2”两次，设置图层混合模式为“柔光”，如图 10-62 所示。

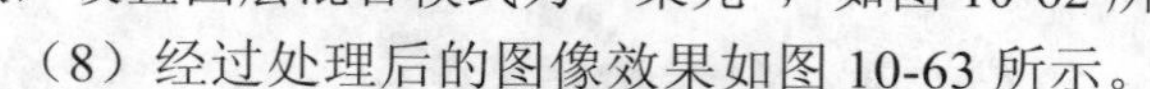

（8）经过处理后的图像效果如图 10-63 所示。

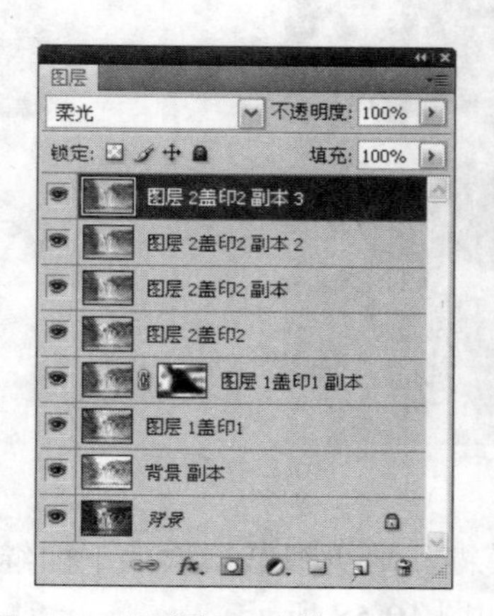

图 10-62 设置图层混合模式为“柔光”

图 10-63 处理后的图像效果

注意：

这一步，不同的图像要进行不同处理，切不可生搬硬套。处理的目的是使图像有明显的明暗对比层次，达到这一目的即可。

（9）继续盖印图层，建立“图层 3 盖印 3”图层，进一步做水墨效果处理。这一步要仔细做，用【涂抹工具】把一些色块和线条涂成笔触状，然后用【模糊工具】适当模糊，使其看起来接近笔中有墨、墨中有笔的绘制效果。处理中，要不断改变涂抹和模糊工具的大小、强度，对有些部位的处理，可先创建选区再进行，这样容易控制被处理的范围；完成后的效果如图 10-64 所示。

注意：

这一步是整个效果制作的关键，一定要仔细处理。

3. 修饰添加文字

（1）水墨画一般都有题跋，所以需要适当留白：新建图层 4，设前景色为白色，用画笔涂抹（建议用不规则画笔涂抹，容易使效果自然）。【画笔】面板设置如图 10-65 所示。

图 10-64　完成后的效果

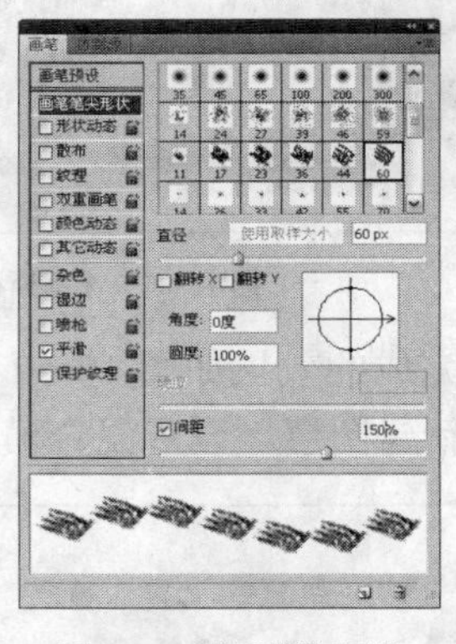

图 10-65 【画笔】面板

（2）在预留题字的位置可多涂抹一点，以遮盖掉较深的底色，使文字清晰可见。如图 10-66 所示。

图 10-66　效果图

（3）对涂白层选取“滤镜”→“模糊”→“高斯模糊”，半径 15 像素左右，使涂白均匀分散，更像水墨画的留白。如图 10-67 所示。

（4）盖印图层，建立图层 5，用【加深工具】、【减淡工具】（均设置为中间调、50%强度）处理（必要时也可以复制图层，设置不同混合模式处理），处理出水墨画的浓淡墨色效果。在这里除了用【加深工具】、【减淡工具】修饰外，还叠加了一个不透明度为 50%的图层，如图 10-68 所示。

图 10-67　【高斯模糊】效果

图 10-68　【图层】面板

（5）完成的效果如图 10-69 所示。

（6）新建图层，设置混合模式为“颜色”，为图像适当润色，效果如图 10-70 所示。

图 10-69　完成效果

图 10-70　为图像适当润色

4. 添加文字

为图像添加草书字体的文字，使图像效果更加逼真。按下 Shift+Ctrl+Alt+E 组合键，盖印图层，【图层】面板如图 10-71 所示。“水墨山水画”图像效果如图 10-72 所示。

5. 添加画布效果

（1）在最上方新建一图层，选取“图像”→“画布大小”，在打开的【画布大小】对话框中设置宽度为 700 像素，高度为 461 像素，单击 确定 。

图 10-71 【图层】面板

图 10-72 “水墨山水画”图像效果

（2）用【矩形选框工具】选择图像，选取“编辑”→“描边”，在打开的【描边】对话框中设置描边宽度为 2，单击 确定 。

（3）将选区反选，选取“滤镜”→“艺术效果”→“海绵”命令，在打开的【滤镜库】中进行效果的调整与预览，直至达到满意为止。完成的效果如图 10-73 所示。

图 10-73　完成的效果图

10.6.2　相关知识

1. 应用滤镜的原则

（1）要将滤镜应用于整个图层，请确保该图层是当前图层或选中的图层。

（2）有的滤镜只能应用于有色区域而不能应用于透明区域。如果当前选中的是某一层或某一通道，则只对当前层或当前通道起作用。每一次滤镜的应用不多于一层。要将滤镜应用于图层的一个区域，请选择该区域。

（3）要在应用滤镜时不造成破坏以便以后能够更改滤镜设置，请选择包含要应用滤镜的图像内容的智能对象。

（4）要注意滤镜的处理效果与图像分辨率的关系。滤镜的处理效果是以像素为单位，因此，相同参数处理不同分辨率的图像，其效果会不同。

（5）在任何一个滤镜对话框中，按下 Alt 键，对话框中的 取消 按钮变成 复位 按钮，单击它可将滤镜设置恢复为刚打开对话框时的状态。

你知道吗？

可以将多个滤镜组合使用，从而制作出漂亮的文字、图形或底纹，或者将多个文字滤镜录制成一个动作后进行使用，这样选取一个动作就像选取一个滤镜一样简单快捷。

注意：

最后一次使用的滤镜会出现在滤镜菜单的最上面，可以直接选择使用，快捷键是 Ctrl+F。

2. 提高滤镜性能

有些滤镜效果可能占用大量内存，特别是应用于高分辨率的图像时。

可以选取以下操作以提高性能：

（1）在一小部分图像上试验滤镜和设置。

（2）如果图像很大，并且存在内存不足的问题，则将效果应用于单个通道，例如应用于每个 RGB 通道（有些滤镜应用于单个通道的效果与应用于复合通道的效果是不同的，特别是当滤镜随机修改像素时）。

（3）在运行滤镜之前先使用“清理”命令释放内存。

将更多的内存分配给 Photoshop。如有必要，请退出其他应用程序，以便为 Photoshop 提供更多的可用内存。

（4）尝试更改设置以提高占用大量内存的滤镜的速度，例如，对于【染色玻璃】滤镜，可增大单元格大小。对于【木刻】滤镜，可增大“边缘简化度”或减小“边缘逼真度”，或两者同时更改。

（5）如果将在灰度打印机上打印，最好在应用滤镜之前先将图像的一个副本转换为灰度图像。如果将滤镜应用于彩色图像然后再转换为灰度，所得到的效果可能与该滤镜直接应用于此图像的灰度图的效果不同。

注意：

为了在试用各种滤镜时节省时间，可以先在图像中选择有代表性的一小部分进行试验。

10.7 仿古印章

本案例应用内置滤镜、滤镜组制作书法绘画中经常用到的仿古印章。我们知道，印章虽小，但却是书法绘画中不可缺少的。正是因为“印章”的实用性，我们特别选择了这一案例。

本案例应用了【选区工具】、【文字工具】、【填充工具】等多种工具，选择制作仿古印章常用的“草书字体”、“方正小篆”，结合多种滤镜的运用，创建了简单实用且逼真的“仿古印章”效果，如图 10-74 所示。

图 10-74　印章效果

通过本案例的学习与实践，可以使学习者进一步了解和熟练掌握 Photoshop CS4 中多种“内置滤镜”的功能、使用方法与技巧，不断地提高图形图像设计与制作的能力和水平；进一步加深对“选区”与“图层”等相关知识的理解与掌握。

10.7.1　操作步骤

（1）新建 200 像素×200 像素、白色背景的图像文件，大小自定。以大于印章大小为宜，如图 10-75 所示。

（2）选择【直排文字工具】，输入印章中的文字，每行两个文字，分别放置于两个图层，以方便对文字进行距离的调整。【图层】面板如图 10-76 所示。

（3）新建一层，打开标尺和参考线，确定位置。用【矩形框选工具】将文字框起来，效果如图 10-77 所示。要注意矩形选框与文字间的距离。

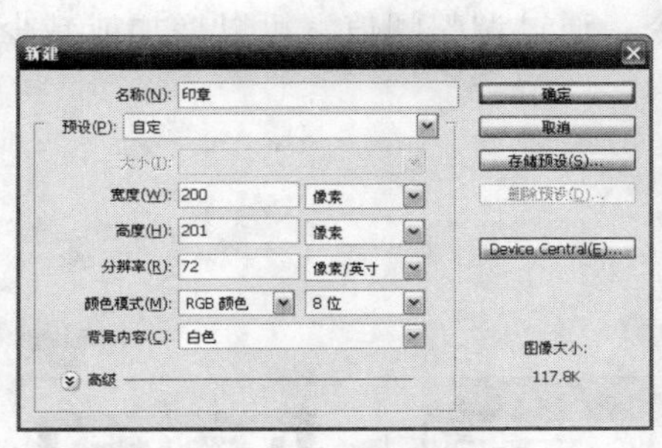

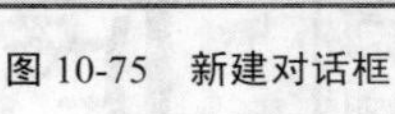

图 10-75　新建对话框

图 10-76　图层面板

图 10-77 效果图

（4）选取“编辑”→“描边”，在打开的【描边】对话框中设置描边宽度为 12 像素，位置：居中，如图 10-78 所示。印章效果如图 10-79 所示。

（5）按下 Ctrl+D 键，取消选区，关闭标尺和参考线。选择除背景层外的 3 个图层，按下 Ctrl+E 键或在【图层】面板中选取“合并图层”命令，如图 10-80 所示。

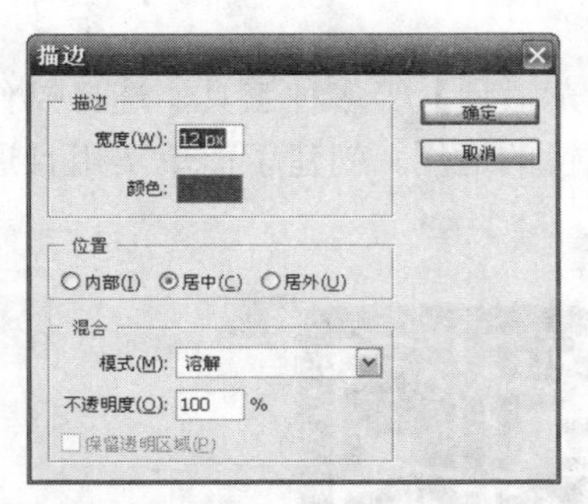

图 10-78 【描边】对话框

图 10-79 印章效果

（6）按住Ctrl键，单击合并后的图层，载入选区。选取“滤镜”→“杂色”→“添加杂色”，打开【添加杂色】对话框，进行设置，如图 10-81 所示。单击确定。

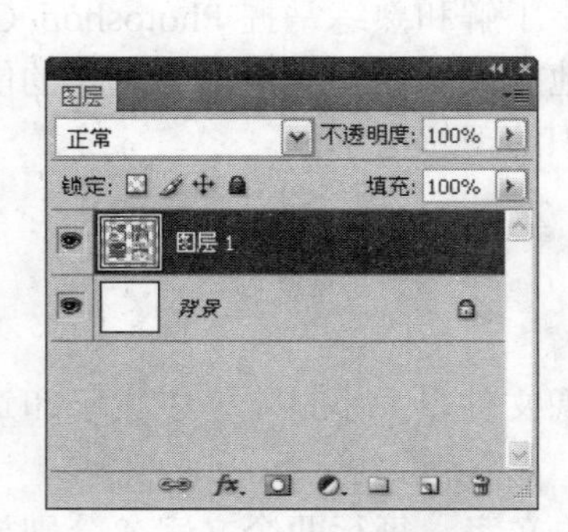

图 10-80 【图层】面板

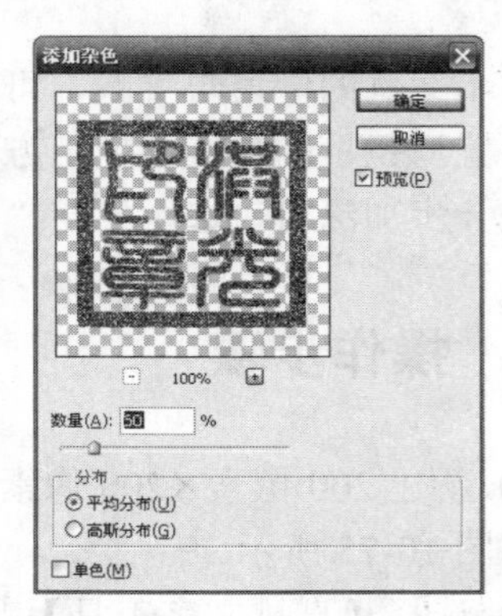

图 10-81 添加杂色

（7）选取“滤镜”→“风格化”→“扩散”，打开【扩散】对话框，选择“变亮优先”，减少黑点，如图 10-82 所示。单击确定。

（8）按下 Ctrl+D 键取消选区，选取“滤镜”→“模糊”→“模糊”。

（9）选取“图像”→“调整”→“阈值”命令。通过调整阈值，可以增加或减少文字中的白色断点。如图 10-83、图 10-84 所示。

图 10-82 减少黑点

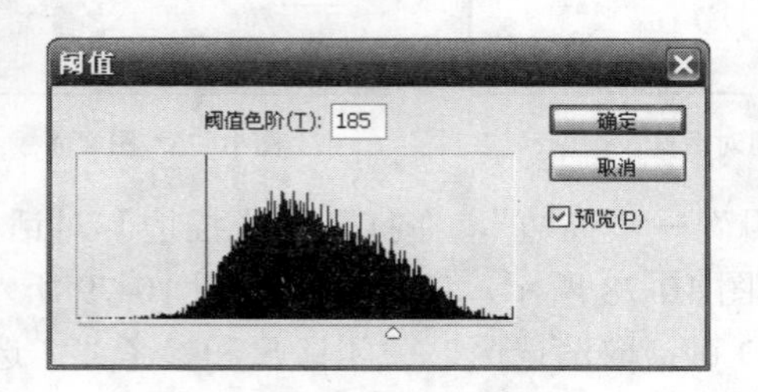

图 10-83 【域值】对话框

图 10-84 增加了白色断点

（10）按住 Ctrl 键不放，单击合并后的图层，载入选区。用【油漆桶工具】填充红色，填充时要注意避开白色断点部分。如图 10-85 所示。

图 10-85　填充红色

（11）右击合并后的图层，在弹出的快捷菜单中选择“混合选项”，打开【图层样式】对话框，具体设置如图 10-86 所示。可以根据自己的喜好选择不同的选项创建不同的印章效果，如图 10-87、图 10-88 所示。

注意：

如果经常需要把印章“盖”在作品上的话，还可以在本案例开始“新建”时选择背景图像为“透明”，制作完成后保存为.psd 格式。以后应用时，可直接调用“印章”文件。

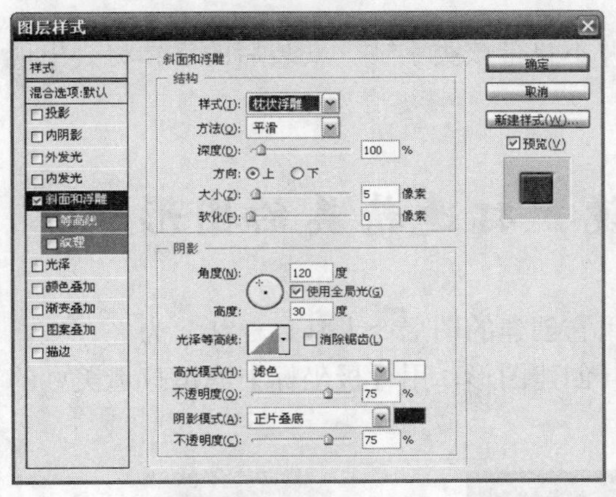

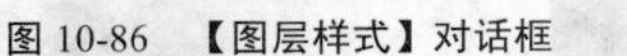

图 10-86　【图层样式】对话框

图 10-87　印章效果 1

图 10-88 印章效果 2

（12）可选择“方正小篆”字体，按同样的方法创建印章效果并应用。

（13）将完成的印章文件拖到图像中，置于适当位置，如图 10-89 所示。

图 10-89　将印章拖到图像中

10.7.2 相关知识

1. 关于缺少的字体和字形保护

如果文档使用了系统上未安装的字体，在打开该文档时将看到一条警告信息。Photoshop 会指明缺少哪些字体，并使用可用的匹配字体替换缺少的字体。如果出现这种情况，可以选择文本并应用任何其他可用的字体。

如果在选择罗马字体之后输入非罗马文本（例如日文或西里尔文），则字形保护功能将防止出现不正确的、不可辨认的字符。默认情况下，Photoshop 通过自动选择一种适当的字体来提供字形保护。要停用字形保护，请取消选择“文字”首选项中的“启用丢失字形保护”。

2. 下载和安装所需字体

图章中的字体需要下载安装，因为系统并不自带该类字体。安装后的字体将会出现在字体选择框中。

10.8 用【极坐标】滤镜“打造精美的图形”

【极坐标】滤镜是个非常有趣的滤镜，用它创建的图形令人耳目一新，为之一振。本案例应用多种工具与多种滤镜相结合，共同创建图形，用【极坐标】滤镜打造美妙的图形图像效果，如图 10-90 所示。

图 10-90 “极坐标”应用效果图

通过这一案例的创作过程，巩固和加深对 Photoshop CS4 中多个“内置滤镜”的应用方法的了解和应用能力，并通过本案例的制作过程，进一步了解和熟练掌握多种滤镜的功能、使用方法与技巧，不断地提高图形图像设计与制作的能力和水平。

10.8.1 操作步骤

1. 新建文件

（1）选取“文件”→“新建”，新建一名称为“极坐标应用”的图像文件，单击确定。如图 10-91 所示。

（2）填充黑色至白色的渐变效果，如图 10-92 所示。

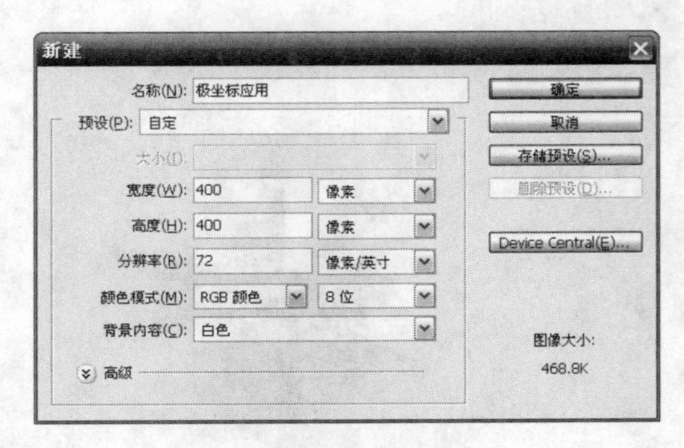

图 10-91　新建图像文件

图 10-92　渐变效果

（3）选取“滤镜”→“扭曲”→“波浪”，在打开的【波浪】滤镜对话框中进行设置，如图 10-93 所示。单击确定，效果如图 10-94 所示。

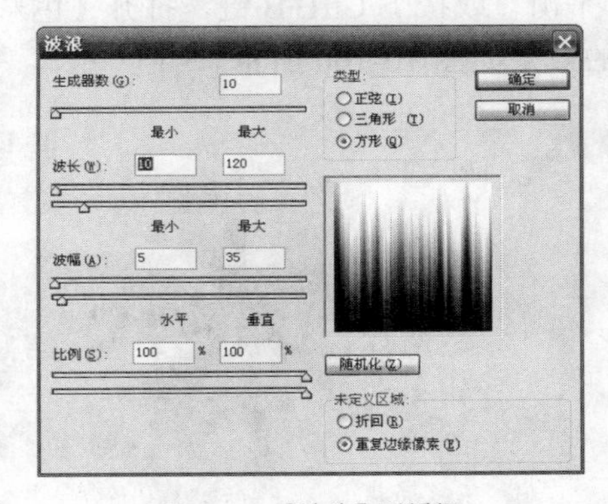

图 10-93　【波浪】对话框

图 10-94　波浪效果图

（4）选取“滤镜”→“扭曲”→“极坐标”，打开【极坐标】对话框，设置如图 10-95 所示。

（5）选取“图像”→“调整”→“反相”或按下 Ctrl+I 键，反相后的效果如图 10-96 所示。

图 10-95　【极坐标】对话框

图 10-96　反相后的效果

（6）选取“图像”→“调整”→“曲线”或按下 Ctrl+M 键，打开【曲线】对话框，如图 10-97 所示。调整后的效果如图 10-98 所示。

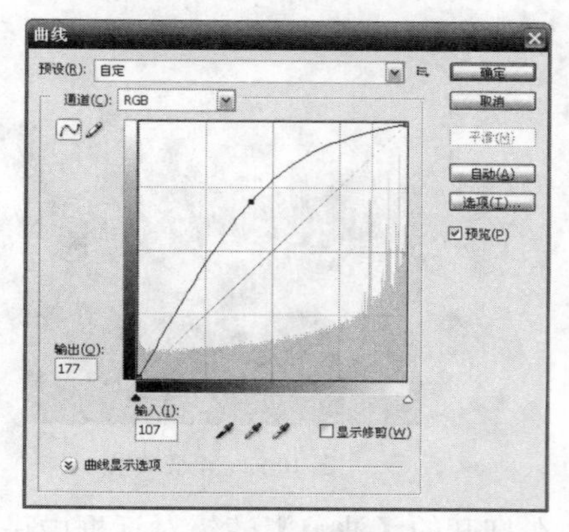

图 10-97 【曲线】对话框

图 10-98 调整后的效果

（7）选取“图像”→“调整”→“色彩平衡”或按下 Ctrl+B 键，打开【色彩平衡】对话框，设置参数如图 10-99 所示。调整后的效果如图 10-100 所示。

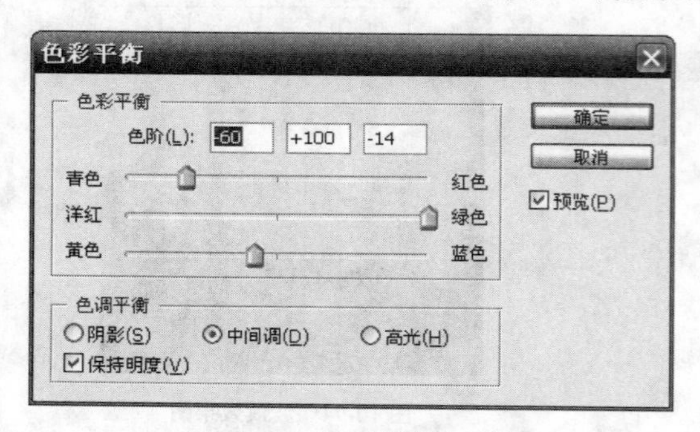

图 10-99 【色彩平衡】对话框

图 10-100 调整后的效果

（8）按下 Ctrl+J 键，复制一图层，【图层】面板如图 10-101 所示。

（9）选取“滤镜”→“扭曲”→“旋转扭曲”，打开【旋转扭曲】对话框，设置参数，如图 10-102 所示。

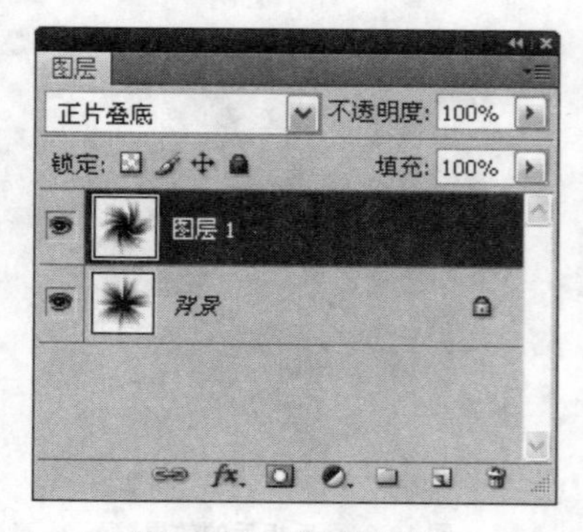

图 10-101 【图层】面板

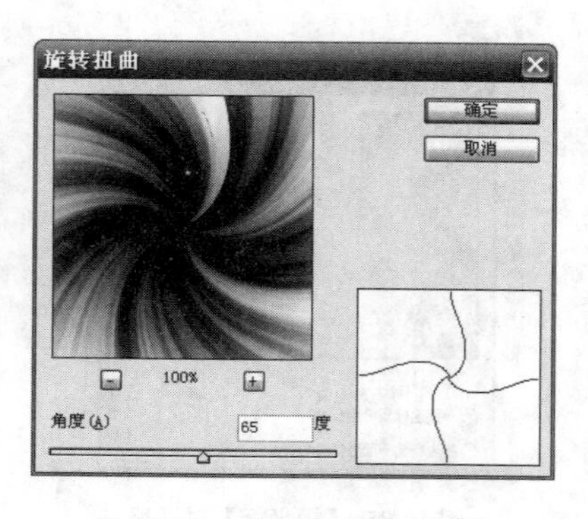

图 10-102 【旋转扭曲】对话框

（10）完成的效果如图 10-90 所示。

（11）在前面完成的效果基础上，还可以变换一些方法，请大家练习完成下列效果。变换后的【图层】面板如图 10-103 所示。变换后的图像效果如图 10-104 所示。

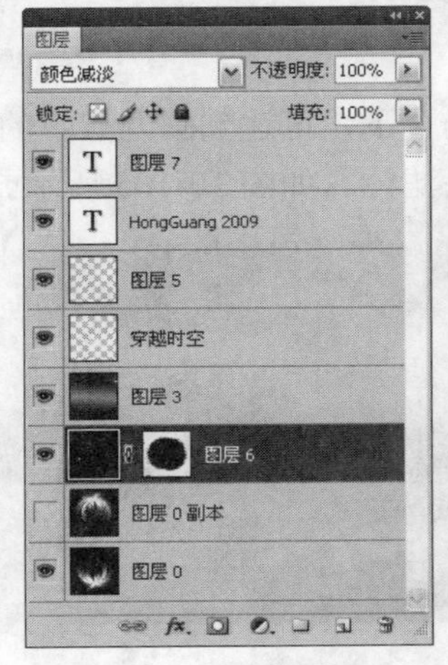

图 10-103　变换后的图层

图 10-104　变换后的效果

（12）将完成的图像文件保存为.psd 格式，完成最终的图像设计和制作。

10.8.2　相关技术

根据选中的选项，将选区从平面坐标转换到极坐标，或将选区从极坐标转换到平面坐标。可以使用【极坐标】滤镜创建圆柱变体（18 世纪流行的一种艺术形式），当在镜面圆柱中观看圆柱变体中扭曲的图像时，图像是正常的。

10.9　【视频】滤镜

【视频】滤镜是一组控制视频工具的滤镜，主要用于处理从摄像机输入的图像或为将图像输出到录像带上而做准备工作。【视频】滤镜包括【NTSC 颜色】（National Television Standards Committee）滤镜和【逐行】滤镜。

1. NTSC 颜色

【NTSC 颜色】滤镜可限制图像的色彩范围为 NTSC 制式电视可以接收并表现的颜色，从而防止饱和颜色渗到电视扫描行中。该滤镜一般用于制作 VCD 静止帧的图像，创建用于电视或视频中的图像。

2. 逐行

【逐行】滤镜通过移去视频图像中的奇数或偶数隔行线，以平滑在视频上捕捉的运动图像。该滤镜可用于视频中静止帧的制作。还可以选择通过复制或插值的方式来替换被去掉的行。

10.10 【其他】滤镜的应用

【其他】滤镜的主要作用是修饰某些细节部分，在某些场合下，可达到画龙点睛的效果。还可以用子菜单中的【自定】滤镜创建自己的特殊效果滤镜。如图 10-105 所示。

图 10-105 【模糊化】及【浮雕化】效果滤镜

【自定】滤镜是整个滤镜家族中功能最强大的滤镜，使用它可以自定滤镜。该滤镜允许通过设置对话框中的数值，以数学算法来改变图像中各像素点的亮度值（【自定】滤镜只对各像素点的亮度值起作用，而不改变像素点的色相与饱和度），制作属于自己的新滤镜。例如，可创建清晰化、模糊及浮雕等效果的滤镜。

10.10.1 操作步骤

（1）打开本章素材文件夹中的图像文件，如图 10-106 所示。

（2）选取“滤镜”→“其他”→“自定”命令，打开【自定】滤镜对话框，选择正中间的文本框，它代表要进行计算的像素。输入要与该像素相乘的值，从−999～+999。如图 10-107 所示。

图 10-106 素材

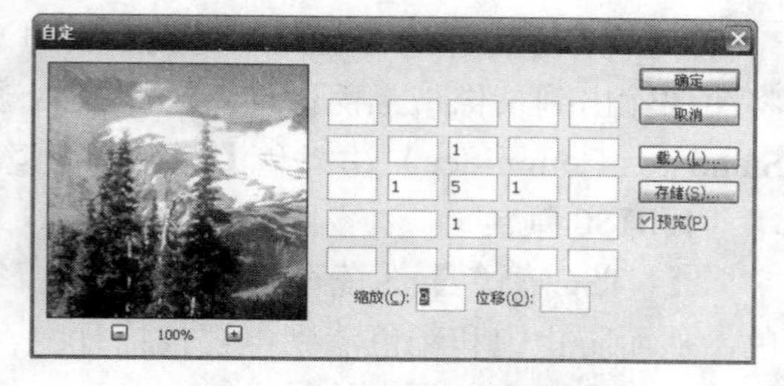

图 10-107 【自定】滤镜对话框

（3）选择代表相邻像素的文本框，输入要与该位置的像素相乘的值。

（4）创建【清晰化】滤镜。首先可增大相邻像素之间的反差，中心框数值为正，周围的空格应该全部填入负值，并使它们与中心点的数值能够达到平衡。效果如图 10-108

所示。

（5）创建【模糊化】滤镜。首先要减少相邻像素之间的反差，中心框周围应该用一系列正值。并在“缩放”框中填入所有这些数值之和。也可在“位移”框中填入一定的数值，以提高画面的整体亮度，效果如图 10-109 所示。

图 10-108　创建【清晰化】滤镜

图 10-109　创建【模糊化】滤镜

（6）创建【浮雕化】滤镜。当中心框周围空格内数值平衡时，即可生成一个【浮雕化】滤镜，正负值的位置可决定光线照射的方向，如图 10-110 所示。

图 10-110　创建【浮雕化】滤镜

（7）对所要进行计算的像素重复步骤（3）和（4）。不必在所有的文本框中都输入值。

（8）在“缩放”中，输入一个值，用该值去除计算中包含的像素的亮度总和。在“位移”中，可输入要与缩放计算结果相加的值。

（9）单击 确定 。【自定】滤镜随即逐个应用到图像中的每一个像素。

（10）单击对话框的 存储(S)... 按钮将自定的滤镜保存起来，以后单击 载入(L)... 按钮，即可将用户自定滤镜载入。

10.10.2　相关技术

1. 高反差保留

【高反差保留】滤镜用来将图像中变化较缓的颜色区域删掉，而只保留指定半径内色彩变化最大的部分，即颜色变化的边缘，并隐藏图像的其他部分（0.1 像素的半径仅保留边缘像素）。此滤镜去掉图像中低频率的细节，与【高斯模糊】滤镜的效果相反。可以从扫描图像提取线稿和大块的黑白区域。

参数半径，定义像素周围距离，以供高反差分析处理，参数范围为 0.1～250。滤镜效果如图 10-111 所示。

图 10-111　高反差保留效果

2. 最大值

【最大值】滤镜产生收缩的效果，即向外扩展白色区域并收缩黑色区域。可用【最大值】滤镜查看图像中的单个像素。在指定半径内，【最大值】滤镜用周围像素中最大的亮度值替换当前像素的亮度值。在对话框中“半径”文本框中的值用于控制像素周围的距离。滤镜效果如图 10-112 所示。

图 10-112　最大值效果

3. 最小值

【最小值】滤镜产生扩展的效果，即向外扩展黑色区域并收缩白色区域。可用【最小值】滤镜查看图像中的单个像素，在指定半径内，【最小值】滤镜用周围像素中最小的亮度值替换当前像素的亮度值。滤镜效果如图 10-113 所示。

图 10-113　最小值效果

4. 位移

【位移】滤镜常用于选区通道的操作当中，可以在对话框中设定一定的偏移量，用它来移动通道中的白色区域位置。偏移量为正数时，通道向右下方移动，为负数时向左上方移动；另外，还可设定“未定义区域”的处理方法。

选区通道的位置变化后，即可进一步使用各种通道运算命令来制作一些新的选区通道，这是各种特殊效果制作中常用的方法。滤镜效果如图 10-114 所示。

图 10-114　位移效果

10.11　作品保护（Digimarc）滤镜组

Digimarc 滤镜组是唯一随 Photoshop 安装程序提供给用户的第三厂商滤镜，它由 Digimarc 公司开发，用来在图像中添加和检测特制的电子水印特征，以保护制作版权。

通过 Digimarc 滤镜，用户可以给 Photoshop 图像添加数码版权信息。水印，是由一定规律的颜色变化构成的，通常肉眼是感觉不到的。它被嵌入图像中时，不会改变图像的基本特征。数码和打印格式的水印具有耐久性，即使经过了典型的图像编辑和文件格式转换，在图像被打印后又扫描到计算机中，仍可检测到它。使用此滤镜必须先到生产厂家的网站上去申请一个个人使用许可证号码，以便在图像中嵌入的水印能得到全球性的保护（作品保护站点 www.Digimarc.com）。

Digimarc 滤镜包括“读取水印”和“嵌入水印”两种功能。

在图像中嵌入数码水印，可让查看者获得有关图像制作者的完整联络信息。对于要将其作品许可给其他人的图像制作者，这项功能特别有用。复制一个带有嵌入水印的图像也就复制了水印以及与之相关的所有信息。

1. 嵌入数码水印

要嵌入水印，必须首先在 Digimarc Corporation 进行注册，以获得一个唯一的创建程序标识号，Digimarc Corporation 提供了艺术家、设计师和摄影师以及他们的联系信息的数据库。这样就可以将创建程序标识号连同有关版权年份或限制使用标识符等信息一起嵌入图像。还可以设置被标记图像的属性（限制使用的成人内容）以及水印的目标输出方式（Web、显示、打印）和水印的耐久性等，如图 10-115 所示。

你知道吗？

【嵌入水印】滤镜只能用于CMYK、RGB、Lab或灰度图像。此外，在图像中嵌入水印之前，必须考虑以下内容：图像颜色变化、图像像素数目和工作流程等。“嵌入水印”滤镜一般用于完成的图像中，因为嵌入水印后，许多编辑将受限制，因此，在此之前需完成全部图像的编辑操作，然后再使用该滤镜，最后，将水印效果印刷出版或网上出版。

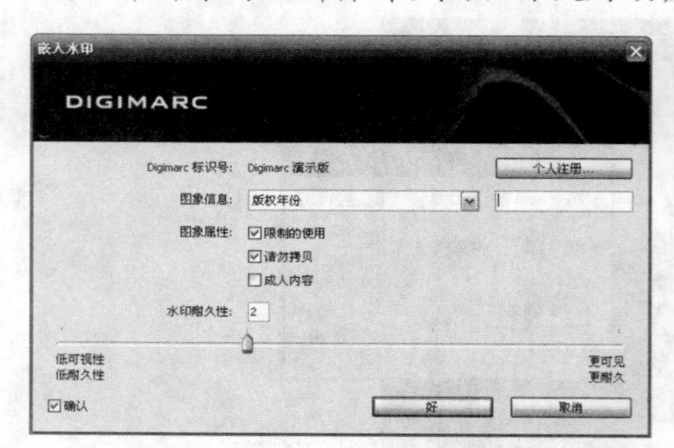

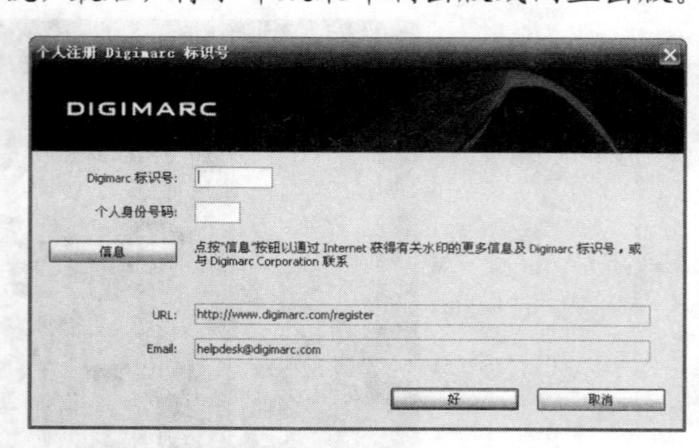

图 10-115 【嵌入水印】及【个人注册 Digimarc 标识号】对话框

2. 读取水印

使用【读取水印】滤镜即可判断一幅图像中是否使用了水印效果，如果有的话，对话框会自动报告它的生成者 ID 地址及使用方式。

这一滤镜的优点在于：即使将制作好的图像进行印刷，再从印刷品重新扫描得到电子图像，仍可检测出水印信息，也就是说，仍可知道它的作者和相关版权信息，这样也就可以解决很多版权方面的纠纷。

在 Photoshop 中打开图像时，它都会自动检测其中的水印信息（屏幕下方的状态栏中会显示出检测水印的过程条）。如果图像中包含水印信息时，打开图像的标题栏中会显示一个版权标志，此时即可读出该图像的作者信息，当然也可根据提示慎重使用该图像。

10.12 外挂滤镜

由于 Photoshop 是一种使用广泛的图像处理软件，因此，众多的公司及图像处理爱好者为其开发了多种效果的外挂滤镜。这些滤镜极大地丰富了 Photoshop 的使用方式，以其简单易用的方式缩短了图像的制作周期。

一类是简单的未带安装程序的滤镜，扩展名为.8BF；一类是相对复杂带有安装程序的滤镜。尽管这些滤镜种类繁多，但其安装方法却是一样的，都需要安装到 Photoshop 默认路径下：Adobe\Adobe Photoshop CS4\增效工具。

启动 Photoshop 后，这些安装的外挂滤镜将出现在滤镜菜单中，用户可以像使用内置滤镜那样使用它们。当前使用范围较广的是 KPT 系列滤镜和 Eye's Candy 滤镜等。它们都具有直观的预览界面及简单的操作方式，主要以英文版本为主。下面我们将从实用的角度出发，以图示的方式简单介绍一下一些常用滤镜的操作界面及效果图，为大家使用各种外挂滤镜提供方便。

10.12.1 KPT 3.0 滤镜

KPT 3.0 系列滤镜共包含 19 种不同功能的滤镜，这些滤镜可分为 3 类。每一类的界面形式相似，其中部分设置也是相同的。

第一类滤镜共有 4 种：KPT Gradient Designer 3.0（渐变设计师）、KPT Interform 3.0（融合）、KPT Spheroid Designer 3.0（球体设计师）和 KPT Texture Explorer 3.0（材质探险者），它们是 KPT 3.0 系列滤镜中最具特色的一类。

（1）选取"滤镜"→"KPT 3.0"→"Gradient Designer"命令，打开【渐变设计师】滤镜界面，该滤镜是一个非常实用的工具，它的样式库中有 100 多种滤镜可供选择，再加上应用不同的混合模式，可在图像中制作出五彩斑斓的光影效果。如图 10-116 所示。

图 10-116　KPT Gradient Designer 3.0 的滤镜界面及渐变样式库

（2）KPT Interform 3.0（融合）滤镜可以融合两种材质，以形成静态的或动态的纹理效果。

（3）KPT Spheroid Designer 3.0（球体设计师）滤镜是KPT 3.0 中最为复杂的子滤镜之一。它能够利用二维图像产生完美的三维球体效果，并且允许对球体的特性进行多方面的设置。

（4）KPT Texture Explorer 3.0（材质探险者）可以产生绚丽多彩的材质和底纹效果。

（5）KPT Stereo Noise 3.0（三维立体杂色）滤镜用于在图像中添加杂质，以得到特殊的立体图像效果。

（6）KPT Glass Lens 3.0（玻璃透镜）滤镜，可以使图像球化变形，产生透过玻璃透镜观看图像的效果

（7）KPT Page Curl 3.0（页面卷边）滤镜是一个简单而实用的工具，利用它可以非常容易地制作出 8 个方向的各种各样的卷边效果，还可以为下面的页添加背景图片或背景色。

（8）KPT Planar Tile 3.0（平面拼接）滤镜是一个较为常用的滤镜，利用它可以制

作出适合作为背景图像的平面拼接效果。

（9）KPT Twirl 3.0（扭曲）滤镜与其他滤镜所不同之处在于它具有实时预览和操作简便等优点。

（10）KPT Video Feedback 3.0（视频反馈）滤镜用于模仿摄像机工作时的镜头旋转和镜头拉伸等手法，使图像产生由近及远、向中央集中等特殊效果。

（11）KPT Vortex Tile 3.0（漩涡拼接）滤镜用于将图像进行无缝拼合并卷入图像的中心位置，使图像好像在漩涡中无限延续。

10.12.2 KPT5 滤镜

KPT5 并不是对 KPT 3.0 的升级，而是在 KPT 3.0 的基础上增加了 10 个滤镜，分别是 KPT5 Blur（柔化滤镜组）、Noize（噪声效果滤镜）、Radwarp（变形滤镜）、Smoothie（处理扫描图像滤镜）、Frax4D（分形效果滤镜）、FraxFlame（光线效果滤镜）、FraxPlorer（纹理效果滤镜）、FiberOptix（毛皮或头发效果滤镜）、Ord-It（球体生成器滤镜）、ShapeShifter（三维效果滤镜）。这 10 个滤镜又分别包含一些相同类型的子滤镜。其中大部分滤镜都应用了 Fractals 技术。所谓 Fractals 是指一些数学方程，当把它们的解用计算机描绘时，图案会异常美丽，而且形状各异。并且，它们的细节无穷无尽，当用户将它们放大时，同样的图案会不断地衍生出来。使用 KPT5 提供的先进图像处理技术，能够把一张普通的图片转变成精美的艺术品，制作出令人惊叹的效果。

（1）选取“滤镜”→“KPT5”→“KPT5 ShapeShifter”（三维效果滤镜），打开的滤镜操作界面如图 10-117 所示。

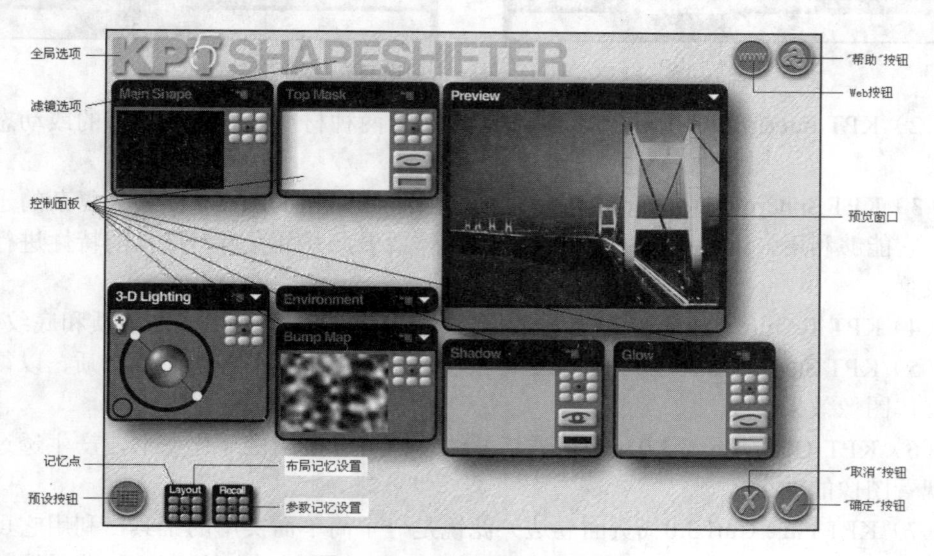

图 10-117 KPT5 滤镜的操作界面

（2）“KPT5 Blur”滤镜，它是一个柔化滤镜组，可以说是各种柔化工具的集成，共包含了 9 种风格各异的柔化工具，可以产生多姿多彩的镜头效果。

（3）选取“KPT5 FraxFlame”（光线效果滤镜）或选取“KPT5 FraxPlorer”滤镜，都可以制作出无穷无尽衍生变化的华丽的光线效果及在图像中创建风格独特的华丽纹理。

（4）选取“KPT5 FiberOptix”滤镜，可以创建非常逼真的毛皮或头发效果，生成的毛皮可以和原图完美地结合在一起。可以利用该滤镜制作出诸如毛绒绒的文字、蓬松的地毯、带刺的塑胶条等效果。

（5）选取“KPT5 ShapeShifter”滤镜，可以创建文字特效、软件按钮和艺术品。该滤镜可以创建完美的三维斜角效果，使对象的制作更加逼真。

10.12.3　KPT6 滤镜

KPT6 是继 KPT5 之后推出的最新滤镜组合，同 KPT5 一样都是不可多得的设计工具。KPT6 提供了与 KPT5 完全不同的滤镜，在印刷及 Web 出版业等不同领域发挥了特殊作用。

KPT6 提供了 KPT Equalizer（均衡器）、KPT Gel（凝胶）、KPT Goo（沾性物）、KPT LensFlare（透镜光斑）、KPT Materializer（材质）、KPT Projector（投影机）、KPT Reaction（反作用）、KPT SceneBuilder（场景建立）、KPT SkyEffects（天空特效）和 KPT Turbulence（二维图像紊乱）10 个滤镜，这组滤镜为 Photoshop 添加了一些创造性的功能，拓展了平面设计软件的应用范围，使用户能够获得更大的创作自由。

（1）选取“滤镜”→“KPT6”→“KPT LensFlare”滤镜，可以看到，这个滤镜和 KPT6 其他滤镜的界面类似。包含了 Glow（发光）、Halo（光环）、Reflection（偏转光）、Streaks（条纹）、General（一般设置）和 Preview（预览），如图 10-118 所示。

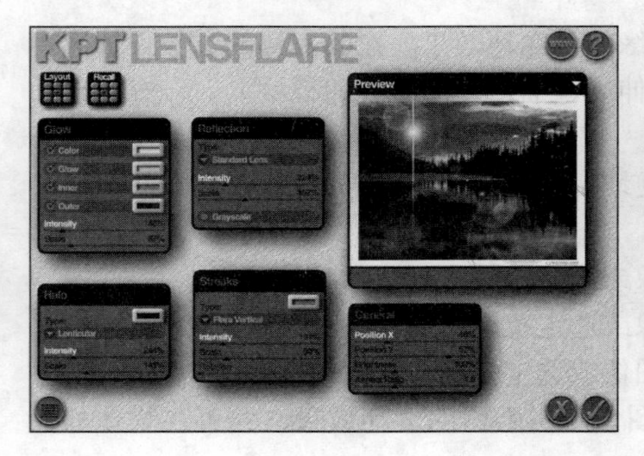

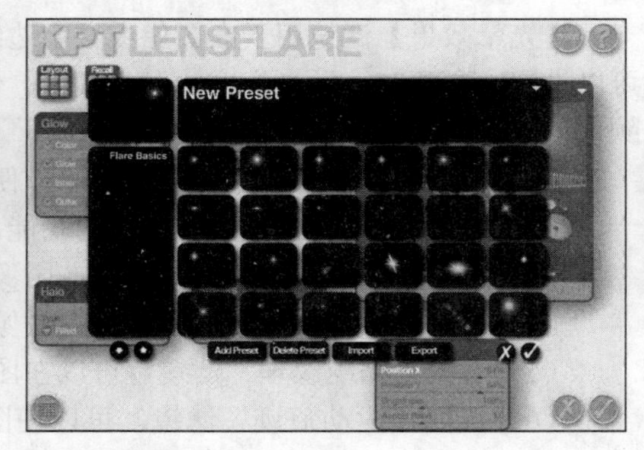

图 10-118　KPT6 LensFlare 滤镜界面

（2）选取“KPT SceneBuilder”滤镜，这个滤镜的设置选项很多，因为它可以看作是一个 3D物体的渲染器。使用它可以渲染 3D Studio的物体或者是KPT场景的物体，并可以在物体表面添加各种颜色或贴各种材质。

（3）选取“KPT SkyEffects”滤镜，该滤镜是一个专门用于生成各种天空场景的插件，可以完美地再现神奇的大气变幻，制作出乌云笼罩、夕阳西下等各种类型的天空效果。

10.12.4 Eye Candy 4.0 滤镜

Eey Candy 系列滤镜的版本号从 3.01 直接跃升到 4.0，并已经汉化过了。除增加了许多新的工具外，参数设置还添加了许多选项，并且提供了方便快捷的界面功能。

（1）在 Photoshop CS4 的工作区中，打开需要应用效果的图像文件，选取“滤镜”→“汉 Eey Candy 4.0”→“光晕效果”滤镜，弹出的滤镜界面及效果如图 10-119 所示。

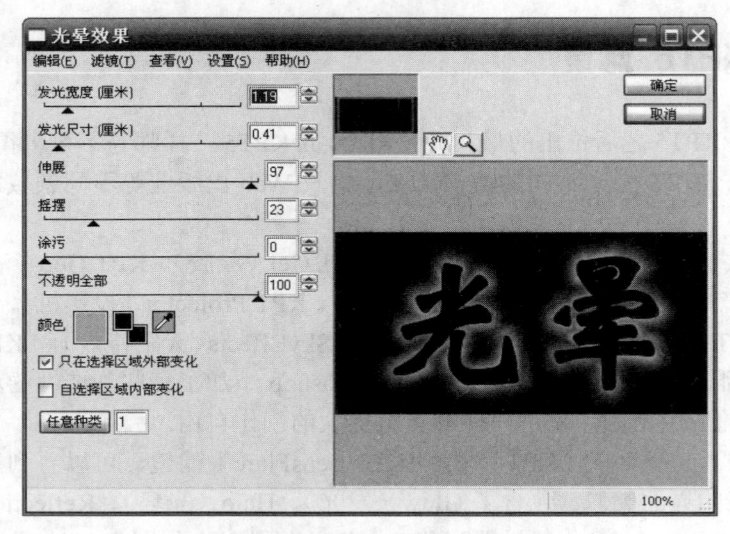

图 10-119 【光晕效果】滤镜界面及效果图

【光晕效果】滤镜用于在图像或文字边缘创建光环效果。在其左侧的参数设置区中可以设置，参数有：发光宽度、发光尺寸、伸展、摇摆、涂污（即模糊）、不透明全部、颜色等。

（2）选取“星形效果”滤镜，可以方便地制作星形或多边形的图案。

还有一些滤镜具有模拟现实材质的功能。

（3）选取“木材纹理”滤镜，可在图像或选定范围中创建木纹效果。

（4）选取“立体雕刻”滤镜，可在图像或选定范围中创建大理石纹理效果。

（5）选取“编织纹理”滤镜，可以在图像或选定范围中制作编织效果。

（6）选取“运动痕迹”滤镜，可以使图像产生强烈的运动效果，并可在物体外部或文字边缘表现出运动的轨迹。

10.12.5 相关技术

【汉 Eey Candy 4.0】滤镜的主要设置简单介绍如下：

预览窗口：位于滤镜的右下方，用于查看滤镜应用后的效果。上方的较小窗口用于显示预览窗口中显示的图像区域。可以拖动红色方框调整窗口中显示的图像位置。

参数设置区：位于操作界面左上角，每一种滤镜都有许多不同的参数可以调节，对于同一种滤镜而言，不同的参数设置也可以得到不同的效果。

菜单栏：菜单栏是 Eey Candy 4.0 滤镜的重大改进，它对滤镜的各项功能进行了详尽的分类，使滤镜的参数设置和调整更加方便快捷。特别是“滤镜”菜单，可以不必退出滤镜的操作界面，灵活地在各个子滤镜间切换。

注意：

若要对锁定背景层的图像应用滤镜，请在应用滤镜前将背景层转换为普通层。

若在对上一层图像应用滤镜时有必要显示背景图像时，请选择“查看”→“显示所有图层”命令。

对于 Photoshop 旧版本的滤镜，例如，从 CS 版开始被取消的 3D 滤镜和其他被整合到滤镜库因此丧失一些功能的滤镜（如玻璃滤镜的载入纹理功能被取消），都可以从老版本的机器中复制出来，然后拷贝到“...Adobe\Adobe Photoshop CS4\增效工具”中。3D 滤镜会出现在内置滤镜【扭曲】中，当再次启动【玻璃】滤镜的时候，将会出现旧版本中独立的滤镜效果，而不是启动滤镜库。

10.13　本章小结

本章以案例操作的方式介绍了 Photoshop CS4 中部分内置滤镜的使用方法。由于篇幅有限，不能够逐一详尽地介绍每一种滤镜的使用方法。但是，通过本章案例的具体操作步骤，如用【抽出】滤镜快速“抠头发”、用【液化】滤镜创建“水面倒影”、用【消失点】滤镜为“沙发换肤”以及应用【滤镜库】制作“水墨山水画”、“仿古印章”、用【极坐标】滤镜“打造精彩的图形”等，不仅能够让学习者掌握 Photoshop 中滤镜的使用方法，也能深刻感受 Photoshop 中滤镜的精彩。特别是通过对外挂滤镜的介绍，使学习者更进一步领略了 Photoshop 外挂滤镜的风采，为使用 Photoshop 软件进行图形图像处理与图形图像的设计、制作奠定了坚实的基础。

通过本章内容的学习与实践，将会带领学习者领略 Photoshop 内置滤镜和外挂滤镜的无限精彩，并带领学习者通过案例举一反三，全面掌握 Photoshop 内置滤镜和外挂滤镜的应用方法和技巧。

10.14　思考与练习

一、选择题

1.下列哪些滤镜可用于 16 位图像？______

A. 高斯模糊　　B. 水彩　　C. 马赛克　　D. USM 锐化

2.下列哪些滤镜只对 RGB 图像起作用？______

A. 马赛克　　B. 光照效果　　C. 波纹　　D. 浮雕效果

3.如果一张照片的扫描结果不够清晰，可用下列哪种滤镜弥补？______

A. 中间值　　B. 风格化　　C. USM 锐化　　D. 去斑

4.下列哪个滤镜可以减少渐变中的色带(色带是指渐变的颜色过渡不平滑，出现阶梯状)？______

A. “滤镜”→“杂色”　　B. “滤镜”→“风格化”→“扩散”

C. “滤镜”→“扭曲”→“置换”　　D. “滤镜”→“锐化”→“USM 锐化”

5.使用【云彩】滤镜时，在按住______键的同时选取“滤镜”→“渲染”→“云彩”命令，可生成对比度更明显的云彩图案。

A. Alt 键　　B. Ctrl 键　　C. Ctrl+Alt 键　　D. Shift 键

6.选择“滤镜”→“纹理”→“纹理化”命令，弹出【纹理化】对话框，在“纹理”后面的弹出菜单中选择“载入纹理”可以载入和使用其他图像作为纹理效果。所有载入的纹理必须是______格式。

A. PSD 格式　　B. JPEG 格式

C. BMP 格式　　D. TIFF 格式

7.有些滤镜效果可能占用大量内存，特别是应用于高分辨率的图像时。用以下哪种方法可提高工作效率？______

A. 先在一小部分图像上试验滤镜和设置

B. 如果图像很大且有内存不足的问题时，可将效果应用于单个通道（例如应用于每个 RGB 通道）

C. 在运行滤镜之前先使用“清除”命令释放内存

D. 将更多的内存分配给 Photoshop。如果需要，可将其他应用程序退出，以便为 Photoshop 提供更多的可用内存

E. 尽可能多地使用暂存盘和虚拟内存

8.下列关于滤镜的操作原则______是正确的。

A. 滤镜不仅可用于当前可视图层，对隐藏的图层也有效

B. 不能将滤镜应用于位图模式（Bitmap）或索引颜色（Index Color）的图像

C. 有些滤镜只对 RGB 图像起作用

D. 只有部分滤镜可用于 16 位/通道图像

二、操作题

1. 应用滤镜创建“栅格边框”效果

本操作主要应用【图层】面板、“描边”命令、【位移】滤镜、【高斯模糊】及【光照效果】滤镜以及【通道】面板等知识，轻松完成“栅格边框”效果的制作。其素材及效果如图 10-120 所示。

图 10-120　栅格边框素材及效果图

2. 操作步骤

（1）打开本章素材文件夹中名为“栅格边框”的图像文件。

（2）按 Ctrl+A 组合键将整个画布载入选区，按 D 键将前景色和背景色设为默认的黑色和白色。

（3）在【图层】面板中新建一图层“图层 1”。

（4）选取“编辑”→“描边”，打开【描边】对话框。设置描边宽度：4，位置：内部。

（5）单击 确定 按钮。这时图像的四周出现一个黑色的边框。

（6）在【图层】面板中，将“图层 1”复制为“图层 1 副本”。

（7）确定“图层 1 副本”图层是当前的编辑图层，选取“滤镜”→“其他”→“位移”，打开【位移】对话框，设置水平、垂直位移分别为 20 像素，然后单击 确定 按钮。

（8）按照与步骤（6）相同的方法，复制“图层 1 副本”为“图层 1 副本 2”图层。按 Ctrl+F 组合键，重复使用【位移】滤镜。

（9）连续按两次 Ctrl+E 组合键，向下合并图层，将图层 1 和它的两个复制图层合并成一个图层 1。

（10）按照与步骤（6）相同的方法，复制“图层 1”为“图层 1 副本”图层。

（11）选取“编辑”→“变换”→“旋转 180 度”，将“图层 1 副本”图层旋转 180 度。

（12）按 Ctrl+E 组合键向下合并图层，将“图层 1”与“图层 1 副本”图层合并成图层 1。

（13）按住 Ctrl 键，单击【图层】面板中的“图层 1”图层，将图层载入选区。

（14）选取“选择”→“存储选区”，在打开的【存储选区】对话框中，保持默认设置不变。

（15）打开【通道】面板，选择 Alpha1 通道，选取“滤镜”→“模糊”→“高斯模糊”，打开【高斯模糊】对话框，设定模糊的半径为 5 像素，然后单击 确定 。

（16）按 Ctrl+D 组合键取消选区，按 Ctrl+～组合键回到 RGB 主通道。

（17）在【图层】面板中，单击“图层 1”左边的眼睛图标，使其处于不显示状态，这样图层 1 就隐藏了。

（18）选取背景图层为当前的编辑图层。选取“滤镜”→“渲染”→“光照效果”，打开【光照效果】对话框，设定样式：向下交叉光；光照类型：点光；纹理通道：Alpha 1；其他设置保持原有的默认值不变，然后单击 确定 ，完成本例的制作。

第11章 动静皆宜——Web页设计

教学内容：

本章主要介绍了 Photoshop CS4 中有关 Web 页图像设计的内容。通过本章学习，能够熟练掌握 Web 页设计的方式、方法。从切片到优化图像、动画制作，深入了解 Photoshop 在网页设计中的作用，并能够利用其强大的图形图像处理功能，制作出精美的网页模板及网页动画。

教学要求：

教学重点	能力要求	相关知识
设计制作 Web 页中的导航栏	应用矢量绘图工具制作导航栏	矢量工具、形状图层、文字
切片工具的用法	熟练掌握切片使用方法、切片的编辑	切片工具、切片编辑工具
图像的优化设置	掌握图像的优化设置，存储 Web 格式	存储为 Web 和设备所用格式
视频与动画	利用“动画”面板，完成动画设计	动画面板、帧等

11.1 概 述

Photoshop CS4 中的 Web 工具和功能简化了大多数 Web 设计任务，可以帮助您设计和优化单个 Web 图形或整个页面布局。使用切片工具可将图形或页面划分为若干相互紧密衔接的部分，并对每个部分应用不同的压缩和交互设置。“存储为 Web 和设备所用格式”对话框可在存储为一些 Web 兼容的格式之前，预览不同的优化设置并调整颜色面板、透明度和品质设置。

使用 Photoshop CS4 的 Web 工具，可以轻松构建网页的组件块，或者按照预设或自定格式输出完整网页。

可以使用图层和切片设计网页和网页界面元素。

可以使用图层复合试验不同的页面组合或导出页面的各种变化形式。

可以创建用于导入到 Dreamweaver 或 Flash 中的翻转文本或按钮图形。

可以使用【动画】面板结合切片组、嵌套表、百分比宽度表以及远程翻转（将鼠标移到某幅图像上时，另一幅图像发生变化）来创建简单的 Web 动画，逐帧确定动画的外观。然后将其导出为动画 GIF 图像或 QuickTime 文件。

还可以使用 Adobe Bridge 中的 Web 画廊功能，通过各种具有专业外观的站点模板将一组图像快速转变为交互网站。

11.2 设计制作“Web 页中的导航栏”

Photoshop CS4 中的 Web 工具可以设计和优化单个 Web 图形或整个页面布局。

本案例以设计制作完成的一个钮扣工厂的“Web 页中的导航栏”为例，利用 Photoshop 中的矢量工具进行图形的绘制，填充颜色，完成后的效果如图 11-1 所示。

图 11-1 一个钮扣工厂的网页导航栏

11.2.1 操作步骤

1. 创建“标题”图层组

（1）新建 600 像素×75 像素、背景透明的图像文件，设置属性如图 11-2 所示。窗口图像效果如图 11-3 所示。

（2）绘制背景图形。选择圆角矩形工具，设定半径：5；选择“形状图层”，填充颜色为深蓝色，创建一矩形，并添加“斜面和浮雕效果”图层样式，如图 11-4 所示。

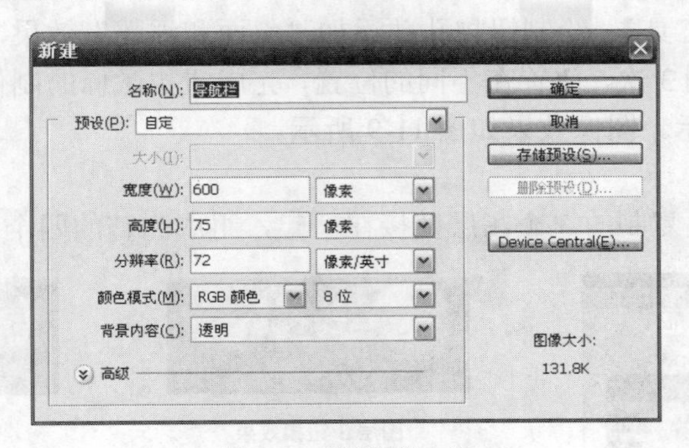

图 11-2　新建图像文件

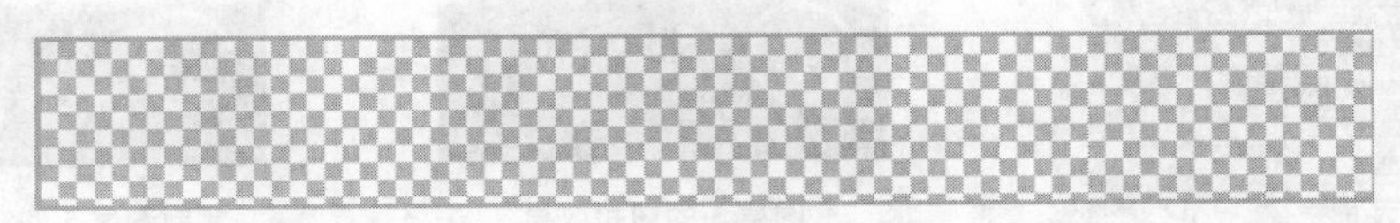

图 11-3　窗口图像效果

图 11-4　创建一矩形

（3）新建“图层 2”。选择矢量图形工具绘制厂房，效果如图 11-5 所示。

图 11-5　绘制的厂房

（4）新建文字图层。选择文字工具，输入钮扣工厂标识的文字。颜色：#cc6600，并为文字添加“投影”效果，【图层】面板如图 11-6 所示。文字效果如图 11-7 所示。

图 11-6　图层面板

图 11-7　文字效果

（5）创建“徽标”图层组。选择【椭圆工具】，然后选择“形状图层”选项，颜色为“#afc1e0”，绘制钮扣轮廓并添加“斜面和浮雕”效果，创建形状“图层 3”和“图层 4”。选择【椭圆工具】，绘制钮扣孔并添加“斜面和浮雕”效果，创建“图层 5”，将图层 5 的钮扣孔复制 3 次，放置在不同的位置，完成钮扣徽标的制作。完成后的“徽标”图层组如图 11-8 所示。图像效果如图 11-9 所示。

注意：

务必将图层 5 及复制的 3 个图层链接在一起，组成完整的四个钮扣孔。

图 11-8 “徽标”图层组

图层 3 钮扣效果

图层 4 的钮扣效果

图层 5 的钮扣效果

复制图层 5 的钮扣效果

图 11-9 图像效果

（6）创建“拷贝徽标”图层组，将“徽标”图层组的内容复制，将钮扣移动到适当的位置，【图层】面板如图 11-10 所示。图像效果如图 11-11 所示。

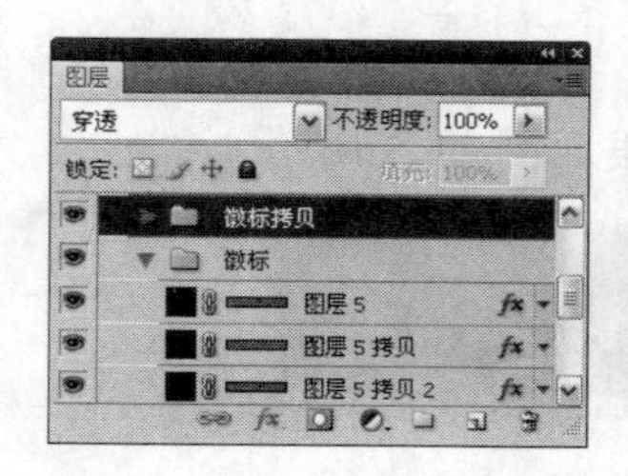

图 11-10 【图层】面板

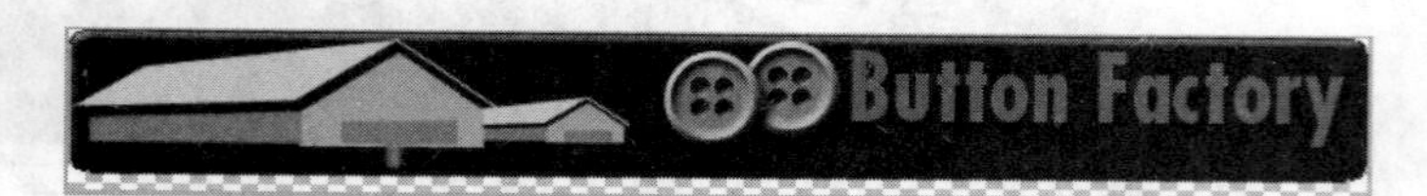

图 11-11 图像效果

至此，“标题”层组中的内容便设计完成了。

2. 新建“主页”按钮图层组

（1）新建形状图层。选择【圆角矩形工具】，创建“主页”按钮，方法同前，如图 11-12、图 11-13 所示。

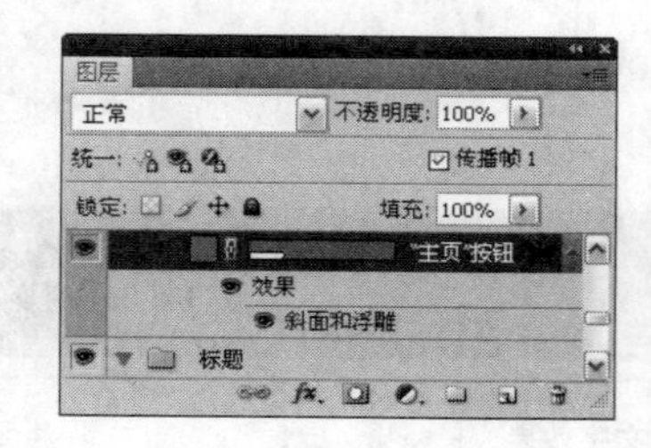

图 11-12 新建图层

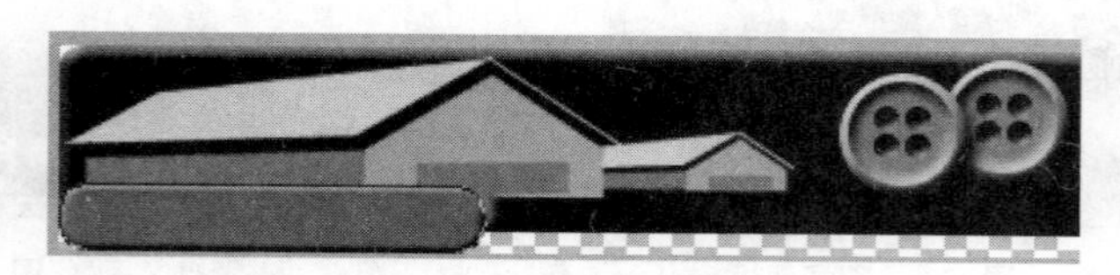

图 11-13 创建“主页”按钮

（2）新建形状图层。创建“重复钮扣样品”的形状图层，并添加“斜面和浮雕”

效果。新建“重复钮扣样品的孔”图层，将两个图层链接起来。【图层】面板如图 11-14 所示。图像效果如图 11-15 所示。

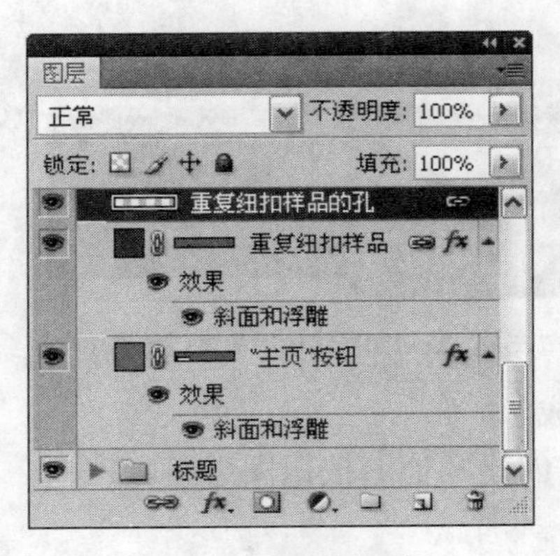

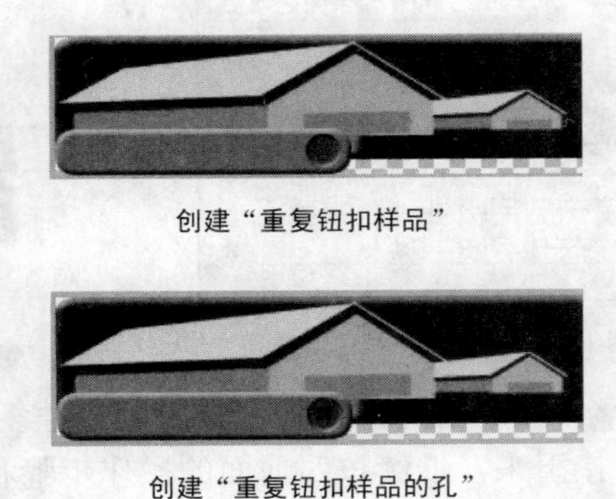

创建“重复钮扣样品”

创建“重复钮扣样品的孔”

图 11-14　【图层】面板　　　　图 11-15　图像效果

（3）创建“钮扣样品”形状图层和“钮扣样品的孔”图层。不透明度为 0，并将两个图层链接起来，【图层】面板如图 11-16 所示。图像效果如图 11-17 所示。

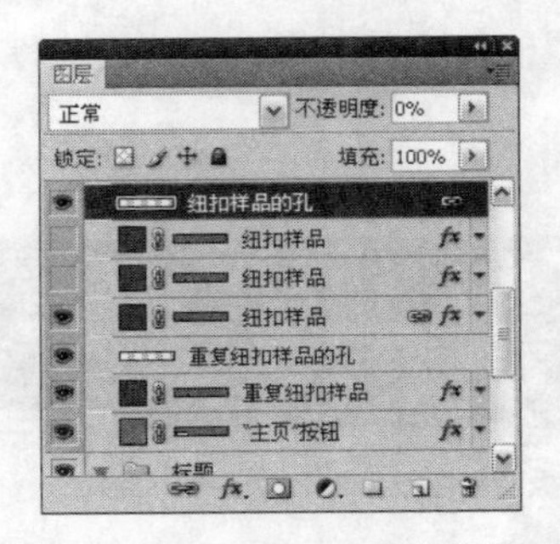

图 11-16　创建“钮扣样品”和“钮扣样品的孔”图层

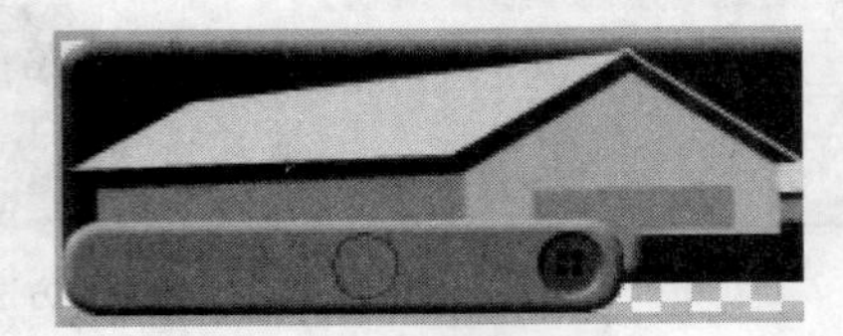

图 11-17　图像窗口效果

（4）继续创建 2 个“钮扣样品”形状图层和 2 个“钮扣样品的孔”图层，不透明度为 100%，【图层】面板如图 11-18 所示。图像效果如图 11-19 所示。

图 11-18　创建 2 个“钮扣样品”形状图层

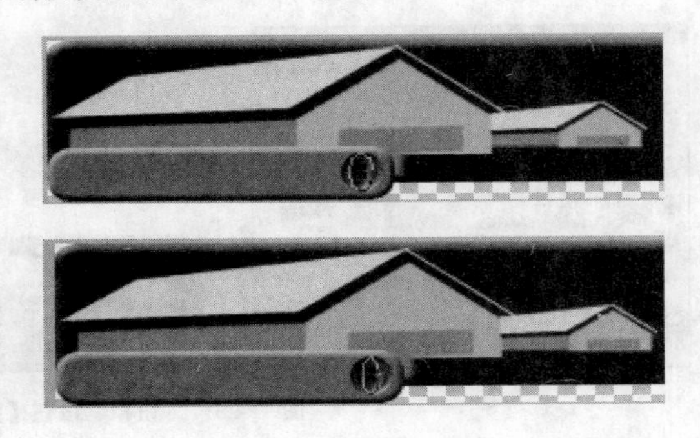

图 11-19　图像效果

（5）创建“Home”文字图层，【图层】面板如图 11-20 所示。“主页”按钮图层组的图像效果如图 11-21 所示。

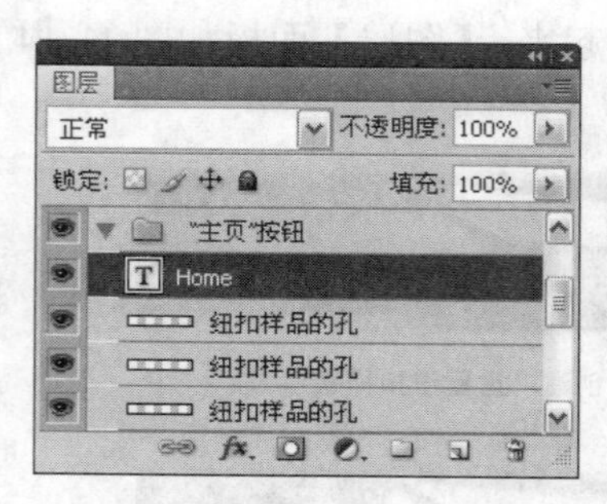

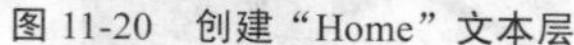
图 11-20　创建“Home”文本层

图 11-21　“主页”按钮图层组的图像窗口效果

至此，“主页”按钮图层组中的内容便设计完成了。

接下来，继续按照前面的操作步骤和操作方法创建其他的按钮图层组。

3. 新建“操作方法”按钮图层组

按照前面的操作步骤，创建完成的“操作方法”按钮图层组的【图层】面板及图像效果如图 11-22 所示。

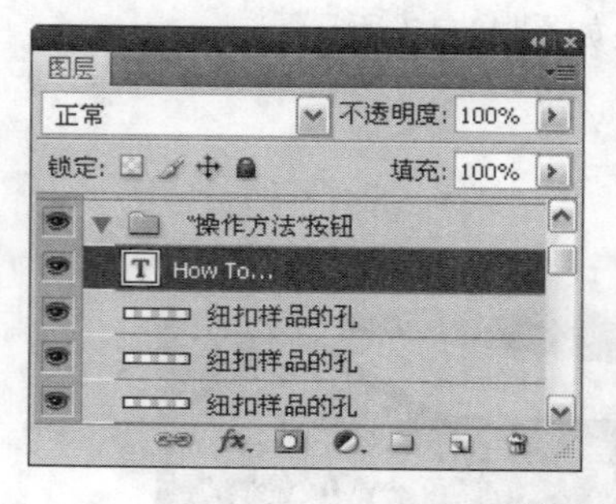

图 11-22　“操作方法”按钮【图层】面板及图像效果

4. 新建“钮扣”按钮图层组

按照前面的操作步骤，创建完成的“钮扣”按钮图层组的【图层】面板及图像效果如图 11-23 所示。

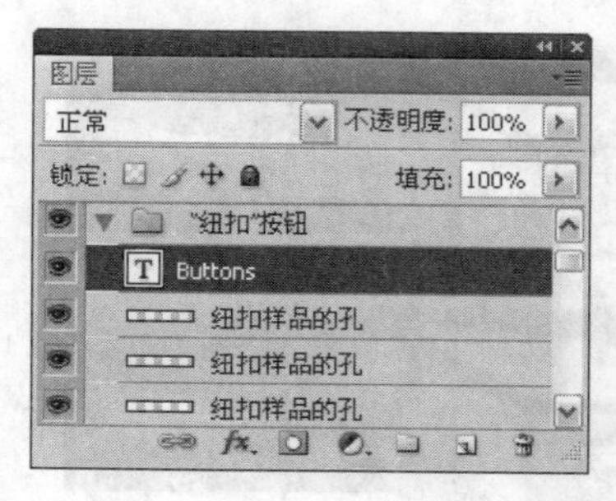

图 11-23　“钮扣”按钮【图层】面板及窗口图像效果

5. 新建“联系”按钮图层组

按照前面的操作步骤，创建完成的“联系”按钮图层组的【图层】面板及图像效果如图 11-24 所示。

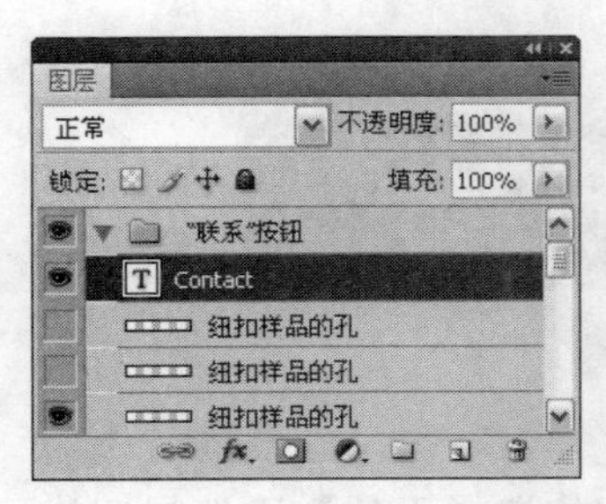

图 11-24　“联系”按钮【图层】面板及窗口图像效果

至此，“Web 页导航栏”就制作完成了。完成后的【图层】面板及图像效果如图 11-25 所示。

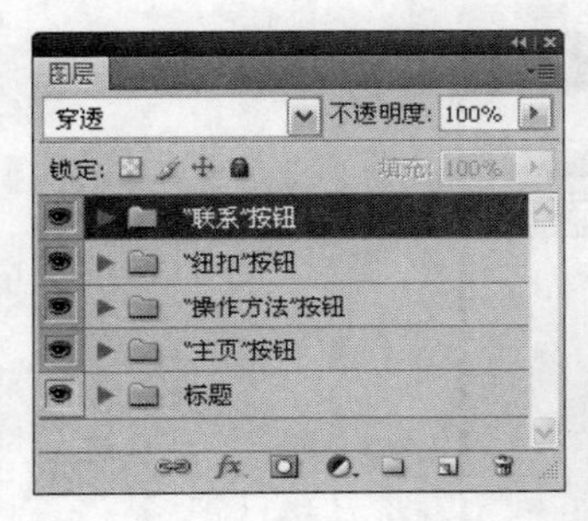

图 11-25　【图层】面板及“Web 页导航栏”效果图

11.2.2　“Web 页导航栏”的应用

要在 Web 页中应用设计制作完成的“导航栏”，就要对图像进行切片、优化图像、存储为 Web 格式等操作。

1. 用切片工具创建切片

在图像中使用切片工具拖出一矩形定义的切片称为“用户切片”。一旦在一幅图像中定义了一个“用户切片”，Photoshop 就会把周围没有定义的区域生成为“自动切片”。

（1）选择切片工具箱中的【切片工具】，任何现有切片都将自动出现在文档窗口中，01 是灰色的自动切片，02、03、04、05 为用户切片，如图 11-26 所示。

图 11-26　现有切片都将自动出现在文档窗口中

（2）使用切片工具，在自动切片 01 的左下角向右上角拖出矩形边框。松开鼠标，Photoshop会生成一个编号为 02 的自动切片（在切片左上角显示灰色数字），左侧和下方会自动形成编号为 01、03、04、05、06 的用户切片，每创建一个新的用户切片，自动切片就会重新标注数字，如图 11-27 所示。

图 11-27　生成一个编号为 02 的自动切片

2. 编辑切片

（1）如果要改变切片的大小，可在工具面板中选择【切片选择工具】选择切片，然后拖曳切片边框的调节点。

（2）选择【切片选择工具】，双击导航栏按钮“Home”，在弹出的【切片选项】对话框中设置切片属性，如图 11-28 所示。

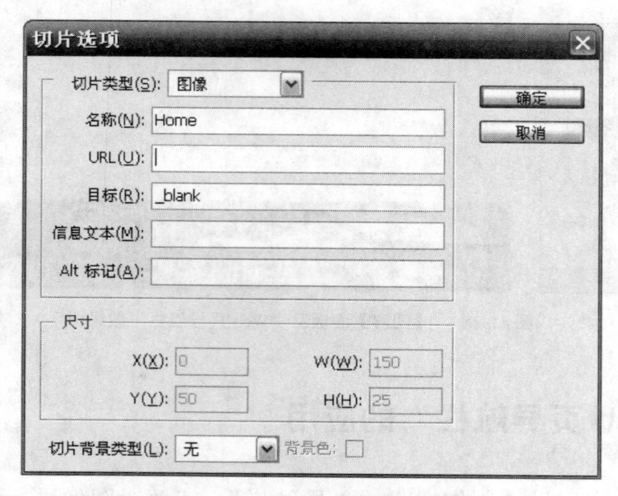

图 11-28　【切片选项】对话框

在【切片选项】对话框中：

● **切片类型** 选择“图像”选项表示当前切片在网页中显示为图像。也可在后面的下拉列表中选择“无图像”选项，使切片包含 HTML 和文本。

● **名称** 可以设置用户切片的名称。

● **URL** 可以设置在网页中单击用户切片可链接至的网络地址。

● **目标** 在网页中单击用户切片时，在网络浏览器中弹出一个新窗口打开链接网页。否则网络浏览器在当前窗口中打开链接网页。

● **信息文本** 在网络浏览器中，将鼠标移动至该切片时，在“信息文本”中输入的文字出现在浏览器的状态栏中。

● **Alt 标记** 在网络浏览器中，将鼠标移动至该切片时，该切片上弹出提示内容。当网络浏览器设置为不显示图片时，该切片图像的位置上显示“Alt 标记”框中的内容。

● **尺寸** “X”、“Y”值为用户切片的坐标。“W”、“H”值为用户切片的宽度和高度。

● **切片背景类型** 可以选择不同的切片背景和不同的背景颜色。

注意：

设置相关链接及目标时，要注意，这里名称要用英文字母，在最终形成的网页中，所有 Web 格式文件，都要用英文字母替代，以保证网页能够准确上传。

其余切片编辑设置同上，请大家根据自己的设计，完成网页设计界面的制作、链接等内容。

3. 优化图像

（1）选取“文件”→“存储为 Web 和设备所用格式”，弹出如图 11-29 所示对话框。

（2）在【存储为 Web 和设备所用格式】对话框中左上方的标签行中的选项如下：

- **原稿**：用来查看未优化的图像。

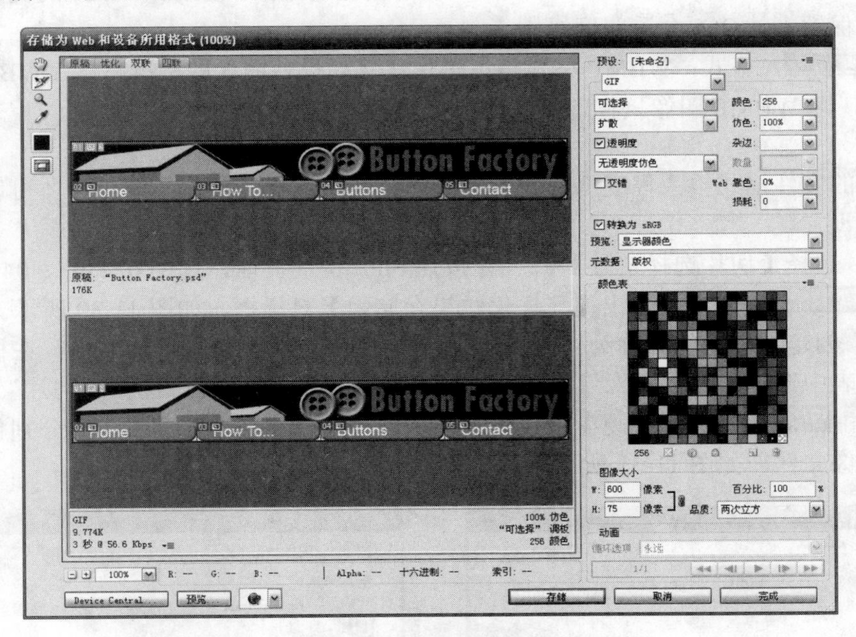

图 11-29　【存储为 Web 和设备所用格式】对话框

- **优化**：对话框中显示优化后的图像效果。
- **双联**：对话框分为两个窗口，分别展示原始图像和优化后的图像效果。
- **四联**：对话框分为 4 个窗口，分别展示原始图像和 3 种优化后的图像效果。

注意：

如果在“双联”或“四联”视图中工作，必须在应用优化设置之前选择一个版本。带颜色的框指明被选中的版本。

（3）在【存储为 Web 和设备所用格式】对话框中右侧的选项及命令区域个别选项如下：

- GIF 格式：GIF 是用于压缩具有单调颜色和清晰细节的图像（如艺术线条、徽标或带文字的插图）的标准格式。

- PNG-8 格式：与 GIF 格式一样，PNG-8 格式可有效地压缩纯色区域，同时保留清晰的细节。PNG-8 和 GIF 文件支持 8 位颜色，因此它们可以显示多达 256 种颜色。

● JPEG 格式：可以选择保存图像切片的格式。JPEG 是用于压缩连续色调图像（如照片）的标准格式。

● 在“品质”框中，设置允许降低图像质量对图像进行压缩的比例。

● 勾选“连续”选项，允许使用多种途径下载。

● 设置“模糊”值，可以在用户切片图像中产生模糊效果。

● 单击“杂边”框右侧的按钮，可以选择适当的颜色作为用户切片图像的背景（只有在当前图像有透明效果时，才能看出效果）。其中“吸管颜色”命令是指使用吸管工具下方的色块颜色。

● PNG-24 格式：PNG-24 适合于压缩连续色调图像。使用 PNG-24 的优点在于可在图像中保留多达 256 个透明度级别。

● WBMP 格式：WBMP 格式是用于优化移动设备图像的标准格式。WBMP 支持 1 位颜色，即 WBMP 图像只包含黑色和白色像素。

注意：

选取的文件格式很大程度上取决于图像的特性。选择【优化】选项，才可以对图像进行优化设置。

（4）选择【切片选择工具】，在按住 Shift 键的同时，选中 02、03、04 号切片。单击 存储 按钮。会弹出【将优化结果存储为】对话框，如图 11-30 所示。

（5）创建一个新的名称为“Web Page”的文件夹，保留自定的名称，在格式后面的下拉列表中选择“仅限图像”，在切片后面的下拉列表中选择“选中的切片”。设定完成后，单击 保存(S) 按钮。在硬盘中找到刚刚创建的文件夹，可看到生成的分别包含 4 个切片的图像文件，如图 11-31 所示。

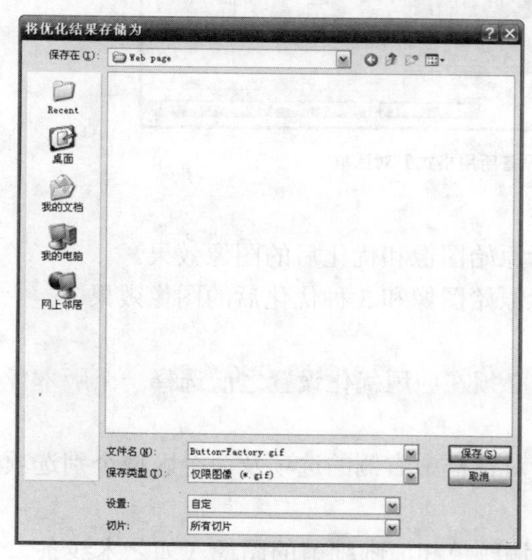

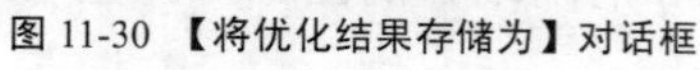
图 11-30 【将优化结果存储为】对话框

图 11-31 生成的包含 4 个切片的图像文件

（6）选取“文件”→“存储”，将完成的工作存储起来。

11.2.3 相关知识

切片是根据图层、参考线、精确选择区域或用切片工具创建的一块矩形图像区域，利用 Photoshop 可以使用切片工具将图像分割成许多功能区域。在存储网页图像和 HTML 文件时，每个切片都会作为独立文件存储，并具有其自己的设置和颜色面板，并且在关联的 Web 页中会保留所创建的正确的链接、翻转效果以及动画效果。

在处理包含不同类型数据的图像时，切片也非常有用。例如，如果希望为图像的某个区域加上动画效果（需要 GIF 格式），但想以 JPEG 格式优化图像的其余部分，则可以使用切片来隔离动画。

11.3 视频和动画

在 Adobe Photoshop CS4 中，可以通过修改图像图层来产生运动和变化，从而创建基于帧的动画。也可以使用一个或多个预设像素长宽比创建视频中使用的图像。完成编辑后，可以将所做的工作存储为动画 GIF 文件或 PSD 文件，这些文件可以在很多视频程序（如 Adobe Premiere Pro CS4 或 Adobe After Effects CS4）中进行编辑。

在 Adobe Photoshop CS4 Extended 中，也可以导入要进行编辑和修饰的视频文件和图像序列，创建基于时间轴的动画并将所做的工作导出为 QuickTime、动画 GIF 或图像序列。

注意：

重要说明：要在 Photoshop Extended 中处理视频，必须在计算机上安装 QuickTime 7.1（或更高版本）。可以从 Apple Computer 网站上免费下载 QuickTime。

11.3.1 动画制作

动画是在一段时间内显示的一系列图像或帧。每一帧较前一帧都有轻微的变化，当连续、快速地显示这些帧时就会产生运动或其他变化的错觉。

1. 帧模式

在 Photoshop CS4 中，【动画】面板以帧模式出现，显示动画中的每个帧的缩览图。使用面板底部的工具可浏览各个帧，设置循环选项，添加和删除帧以及预览动画。

（1）选取“窗口”→“动画”，便可显示【动画】面板，如图 11-32 所示。

（2）【动画】面板菜单包含其他用于编辑帧或时间轴持续时间以及用于配置面板外观的命令。单击【面板】菜单图标可查看可用命令。如图 11-33 所示。

在帧模式中，【动画】面板包含下列控件：

- **循环选项**　设置动画在作为动画 GIF 文件导出时的播放次数。

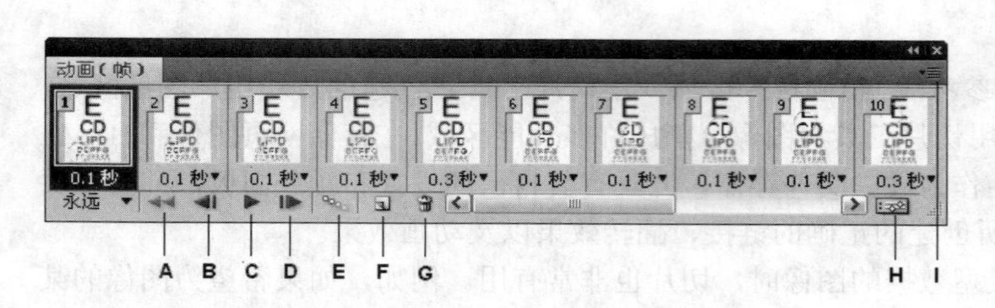

A.选择第一个帧　B.选择上一个帧　C.播放动画　D.选择下一个帧

E.过渡动画帧　F.复制选定的帧　G.删除选定的帧

H.转换为时间轴模式（仅 Photoshop Extended）I.【动画】面板菜单

图 11-32　【动画】面板

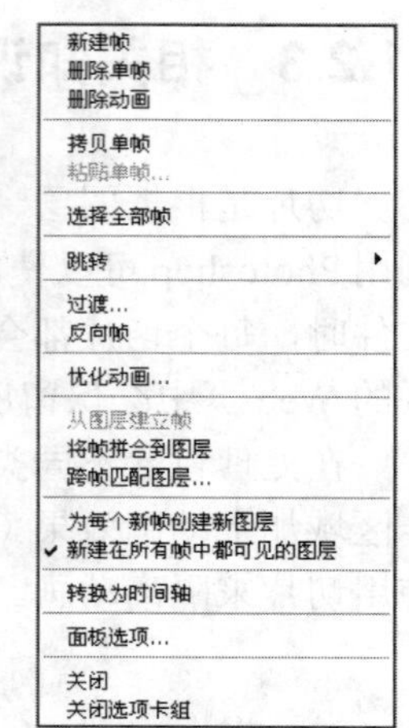

图 11-33　【动画】面板菜单

● **帧延迟时间**　设置帧在回放过程中的持续时间。

● **过渡动画帧**　在两个现有帧之间添加一系列帧，通过插值方法（改变）使新帧之间的图层属性均匀。

● **复制选定的帧**　通过复制【动画】面板中的选定帧以向动画添加帧。

● **转换为时间轴动画 (Photoshop Extended)**　使用用于将图层属性表示为动画的关键帧将帧动画转换为时间轴动画。

2.时间轴模式

在 Photoshop Extended 中，可以按照帧模式或时间轴模式使用【动画】面板。时间轴模式显示文档图层的帧持续时间和动画属性。使用面板底部的工具可浏览各个帧，放大或缩小时间显示，切换洋葱皮模式，删除关键帧和预览视频。可以使用时间轴上自身的控件调整图层的帧持续时间，设置图层属性的关键帧并将视频的某一部分指定为工作区域。如图 11-34 所示。

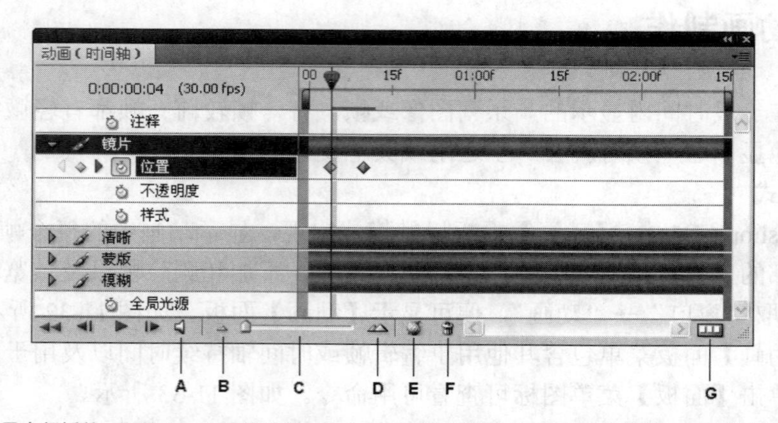

A.启用音频播放　B.缩小　C.缩放滑块　D.放大　E.切换洋葱皮　F.删除关键帧　G.转换为帧动画

图 11-34　【动画】面板（时间轴模式）

📖你知道吗？

在时间轴模式中，【动画】面板显示 Photoshop Extended 文档中的每个图层（背景图层除外），并与【动画】面板同步。只要添加、删除、重命名、复制图层或者对图层编组或分配颜色，就会在两个面板中更新所做的更改。

在时间轴模式中,【动画】面板包含下列功能和控件：

● **高速缓存帧指示器**　显示一个绿条以指示进行高速缓存以便回放的帧。

● **注释轨道**　从面板菜单中选取“编辑时间轴注释”可在当前时间处插入文本注释。注释将以图标■的形式显示在注释轨道中。在这些图标上移动指针可以通过工具提示的方式显示注释。双击这些图标可修改注释。要从一个注释浏览到下一个注释，请单击位于注释轨道最左侧的【转到上一个】◀或【转到下一个】▶按钮。

注意：

要创建列出时间、帧号和每个注释文本的 HTML 表，请从面板菜单中选取“导出时间轴注释”。

● **转换为帧动画**　使用用于帧动画的关键帧转换时间轴动画。

● **时间码或帧号显示**　显示当前帧的时间码或帧号（取决于面板选项）。

● **当前时间指示器**　拖动当前时间指示器可浏览帧或更改当前时间或帧。

● **全局光源轨道**　显示要在其中设置和更改图层效果（如投影、内阴影以及斜面和浮雕）的主光照角度的关键帧。

● **关键帧导航器** ◀◇▶　轨道标签左侧的箭头按钮将当前时间指示器从当前位置移动到上一个或下一个关键帧。单击中间的按钮可添加或删除当前时间的关键帧。

● **图层持续时间条**　指定图层在视频或动画中的时间位置。要将图层移动到其他时间位置，请拖动此条。要裁切图层（调整图层的持续时间），请拖动此条的任一端。

● **已改变的视频轨道**　对于视频图层，显示已改变帧的持续时间条。要跳转到已改变的帧，请使用轨道标签左侧的关键帧导航器。

● **时间标尺**　根据文档的持续时间和帧速率，水平测量持续时间（或帧计数）（从面板菜单中选取“文档设置”以更改持续时间或帧速率）。刻度线和数字出现在标尺上，其间距随时间轴缩放设置的改变而变化。

● **时间-变化秒表**　启用或停用图层属性的关键帧设置。选择此选项可插入关键帧并启用图层属性的关键帧设置。取消选择可移去所有关键帧并停用图层属性的关键帧设置。

● **动画面板菜单**　包含影响关键帧、图层、面板外观、洋葱皮和文档设置的功能。

● **工作区域指示器**　拖动位于顶部轨道任一端的蓝色标签，可标记要预览或导出的动画或视频的特定部分。

3.在时间轴中导航（Photoshop Extended）

（1）在【动画】面板处于时间轴模式下时，执行下列任一操作：

①拖动当前时间显示（位于时间轴的左上角）。

②双击当前时间显示，并在【设置当前时间】对话框中输入帧号或时间。

③使用【动画】面板中的播放控件。

④选取【动画】面板菜单中的“跳转”，然后选取时间轴选项。

（2）在【动画】面板处于时间轴模式下时，执行下列任一操作：

①拖动当前时间指示器 。

②单击要放置当前时间指示器的时间标尺中的某个数字或位置。

11.4 本章小结

本章以通俗易懂的语言，以 Photoshop 自带“样本”中的范例为主线，通过“钮扣工厂 Web 页导航栏”案例的制作，系统地介绍了网页图像设计的方法及技巧。从设计 Web 页导航栏、对切片的认识理解开始，到介绍在 Photoshop CS4 中优化图像等，以实战的方式介绍了帧模式和时间轴模式中的动画设计和制作，这些内容为学习者运用所学知识进行 Web 页设计和制作打下了坚实的基础。同时还介绍了关于“视频和动画”知识及动画面板及制作方法等。

通过本章内容的学习，能够了解 Photoshop 有关 Web 页设计的内容，熟练应用多种相关工具、命令完成精美、艺术的网页设计。

11.5 思考与练习

一、选择题

1. 当使用 JPEG 作为优化图像的格式时______。

A. JPEG 虽然不能支持动画，但比其他的优化文件格式（GIF 和 PNG）所产生的文件一定小

B. 当图像颜色数量限制在 256 色以下时，JPEG 文件总比 GIF 的大一些

C. 图像质量百分比值越高，文件尺寸越大

D. 图像质量百分比值越高，文件尺寸越小

2. 在制作网页时，如果文件中有大面积相同的颜色，最好存储为哪种格式？______

A. GIF　　B. EPS　　C. JPEG　　D. TIFF

3. 在使用裁切命令时______。

A. 可以自定义裁切的数量

B. 可以自定义裁切面积的大小

C. 能生成大小不同的裁切面积

D. 可以分别控制垂直方向和水平方向的裁切设置

4. 在切片面板中______。

A. 使用无图像形式可在切片割图位置上添加 HTML 文本

B. 可以任意将切片位置设为图像形式或无图像形式

C. 进行多个裁切后，所有的切片要么全部是图像形式，要么全部是无图像形式

D. 以上都不对

5. 切片可以通过以下哪些方式来制作？______

A. 使用切片工具手工裁切出切片　　B. 使用参考线或选取范围自动生成

C. 在图层选项面板上设定切片　　D. 使用划分切片命令生成

6. 使用过渡功能制作动画时______。

A. 可以实现同一层中图像的大小变化　　B. 可以实现层透明程度的变化

C. 可以实现层效果的过渡变化　　D. 可以实现层中图像位置的变化

二、思考题

1. 在创建 GIF 动画时，插入关键帧是否会改变帧延迟？
2. 什么是切片？用切片工具能够做什么？
3. 练习在一幅图像中切片工具的使用并用切片工具创建各种链接。
4. Web 照片画廊共有几种创建样式？分别是怎样的效果？

三、操作题

请参照教材本章配套光盘“思考与练习”库中的实例自己练习动手制作下面两个网页动画，并在浏览器中观看其效果。动画【图层】面板及效果如图 11-35、图 11-36 所示。

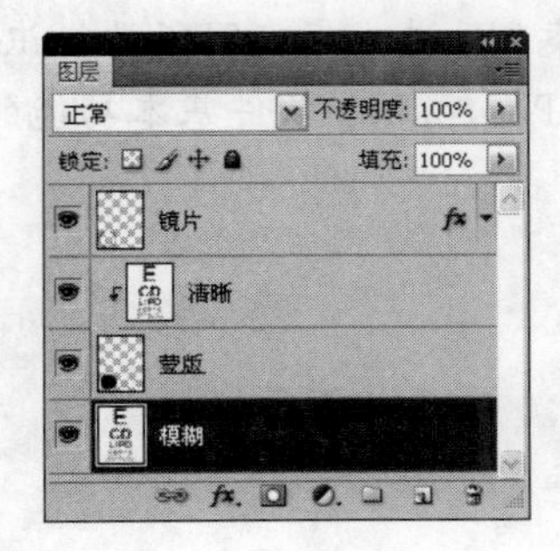

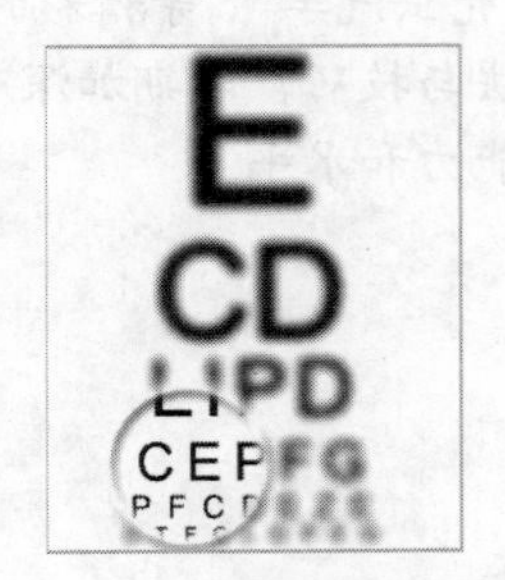

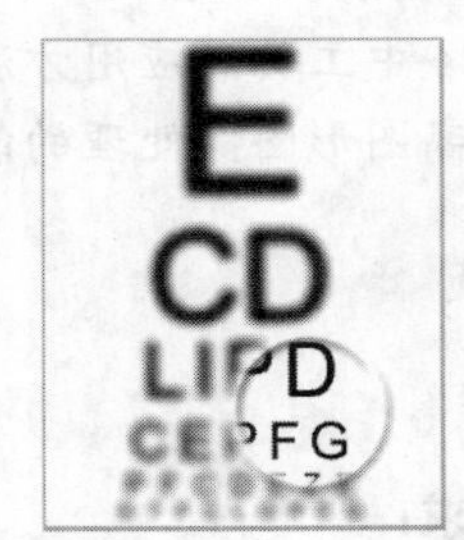

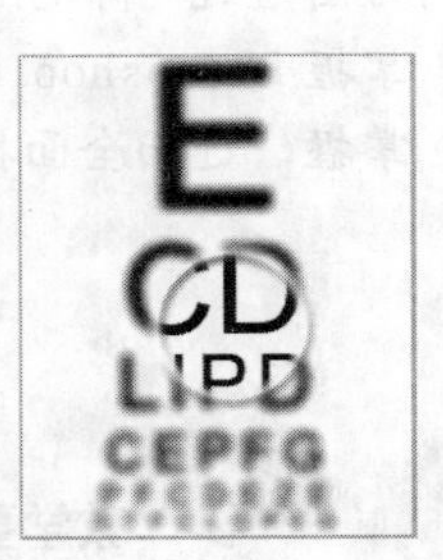

图 11-35　动画【图层】面板及效果图

图 11-36　动画【图层】面板及动画效果图

第12章 小试牛刀——综合实训

教学内容：

前面我们已经全面介绍了Photoshop CS4的基本工具及各工具的设置及用法。本章力图通过"荷花图"、"房产广告"、"甲壳虫汽车"、等精彩的案例，进一步巩固所学知识，掌握Photoshop CS4中工具的应用方法与技巧，以期加深对Photoshop软件基本功能的掌握，进而全面提高图形图像处理的能力和水平。

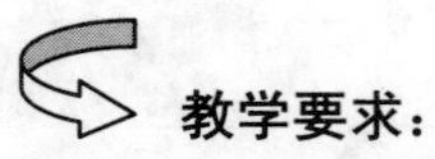

教学要求：

知识要点	能力要求	关联知识
选区、图层、蒙版、图像调整、文字工具	掌握简单的图层应用，制作"荷花图"	选择工具、选区、图层面板、图层蒙版、图层混合模式
图像色彩色调的调整	掌握合成图像的方法，制作"房产广告"	图层混合模式 图像调整命令及工具
绘制矢量图形及透视效果	掌握绘制各种图形的方法，完成"甲壳虫"汽车的绘制	选区、路径、图层、图层样式

实训 1 荷花图

一、实训说明

本实训以“荷花”图像为主题，并借用其特点来命名实训案例的名称。本案例应用了两幅图像以及图层混合模式、图层样式、图层的一般操作等，配合画面中的草书文字和印章，创作出一幅带有浓厚的中华民族特色的“荷花图”。通过本案例的学习，可以更加直观的理解图层效果与图层样式，进一步熟悉【图层】面板的功能及使用方法和技巧。本案例图像效果如图 12-1 所示。

图 12-1 图像效果

二、实训目的

通过本实训，掌握 Photoshop CS4 中图层混合模式、图层样式、图层的一般操作等功能及使用方法和技巧，并以此举一反三，选择各种不同主题的素材，设计制作出更加精美的图像合成效果。

三、实训内容

（1）选择符合设计主题的素材图像文件。

（2）创建选区及编辑图像、去除图像背景等。

（3）灵活应用【图层】面板、“图层样式”和“图层混合模式”，整合图像素材，实现主题效果。

（4）应用文字工具添加主题文字，完成“荷花图”实训的制作。

四、实训过程

1．新建文件，打开图像文件

（1）新建图像文件。选取“文件”→“新建”，打开【新建】对话框，新建一名称为“荷花图”的图像文件，具体设置如图 12-2 所示。

（2）创建图像背景。选择【渐变工具】，设置渐变前景色、背景色，在选项栏中选择渐变填充为【径向渐变】，在图像中创建渐变效果，如图 12-3 所示。

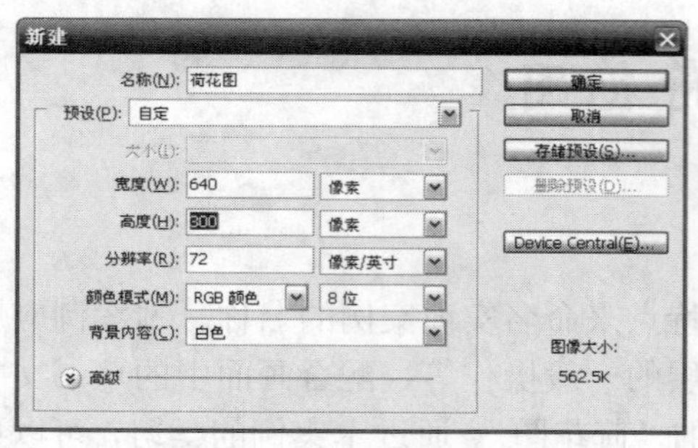

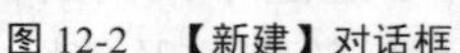
图 12-2 【新建】对话框

图 12-3 创建图像背景

（3）打开图像素材。打开本章素材文件夹中名为“荷花”的图像文件，选择【工具】面板中的【魔棒工具】，在白色背景上单击，创建选区。

（4）选取“选择”→“反向”，将选区反选，选中荷花图像，如图 12-4 所示。

（5）选择【移动工具】，将选区中的“荷花”图像拖入到背景图像窗口中，按下 Ctrl+T 键，在图像周围出现调整框，在按住 Shift 键的同时拖动对角的手柄，调整图像的大小，用方向键调整到适当位置，如图 12-5 所示。

图 12-4 将选区反选

图 12-5 置于适当位置

（6）打开名为“山水画”的图像文件，如图 12-6 所示。将图像全选，选择【移动工具】，将图像拖入背景图像文档窗口中。

（7）打开【图层】面板，单击“山水画”所在“图层 2”左侧的【显示 / 隐藏图层】按钮，将该层暂时隐藏，如图 12-7 所示。

图 12-6 打开名为“山水画”的图像文件

图 12-7 将图层 2 暂时隐藏

2．添加图层效果和图层样式

添加图层效果。选中“图层 1”。在该图层上双击或单击下方的【添加图层样式】按钮fx，将会弹出【图层样式】对话框，如图 12-8 所示。选中左侧的样式“投影”，设置右侧的选项：投影颜色为：#b7561e。同时，注意调整和预览图像窗口效果。

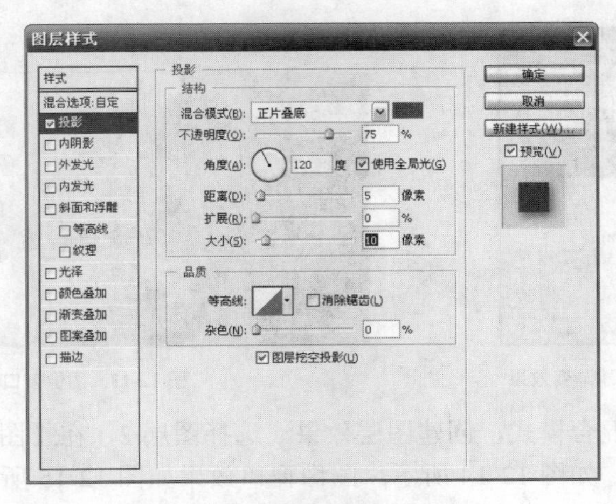

图 12-8 【图层样式】对话框

3．设置图层混合模式

（1）单击确定。添加了图层样式的【图层】面板如图 12-9 所示。

（2）选择“图层 1”，在图层属性设置区设置图层混合模式为“明度”，如图 12-10 所示。图像窗口效果如图 12-11 所示。

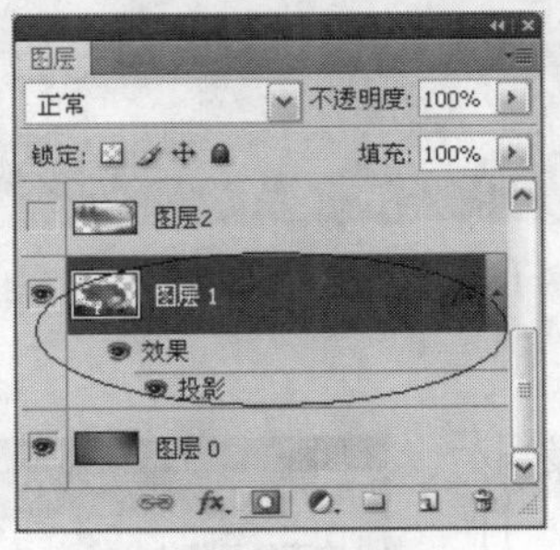

图 12-9 【图层】面板

图 12-10 选择图层混合模式为“明度”

图 12-11 图像窗口效果

（3）选中图层 2，选择【渐变工具】，在选项栏中选择渐变填充为【线性渐变】。单击【工具】面板下方的【默认前景色和背景色】按钮，设置前景色为黑色，背景色为白色，在蒙版中创建黑色至白色的渐变效果，如图 12-12 所示。图像窗口效果如图 12-13 所示。

图 12-12 在蒙版中创建渐变效果

图 12-13 图像窗口效果

（4）设置图层混合模式，创建图层效果。选择图层 2，在【图层】面板设置图层混合模式为“柔光”，如图 12-14 所示。图像窗口效果如图 12-15 所示。

图 12-14 设置图层混合模式为“柔光”

图 12-15 图像窗口效果

4．添加文字，为图像增添效果

（1）选择【工具】面板中的【文字工具】，选取“窗口”→“字符”，或单击选项栏右上方的按钮，打开【字符】面板，如图 12-16 所示。设置字体为：方正黄草简体；加粗；字号：100；颜色：#d0caca；在图像窗口中单击，输入文字“荷”，将文字置于适当的位置，单击右上方的，确认输入的文字。

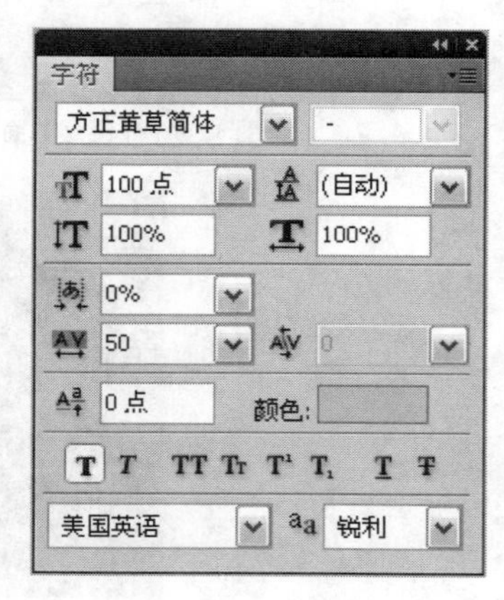

图 12-16 【字符】面板

（2）创建文字效果。选择文字“荷”的图层，双击，打开【图层样式】对话框，选择左侧的“投影”，在右侧设置图层混合效果。如图 12-17 所示。

（3）选择左侧的“渐变叠加”，在右侧设置图层混合效果，如图 12-18 所示。

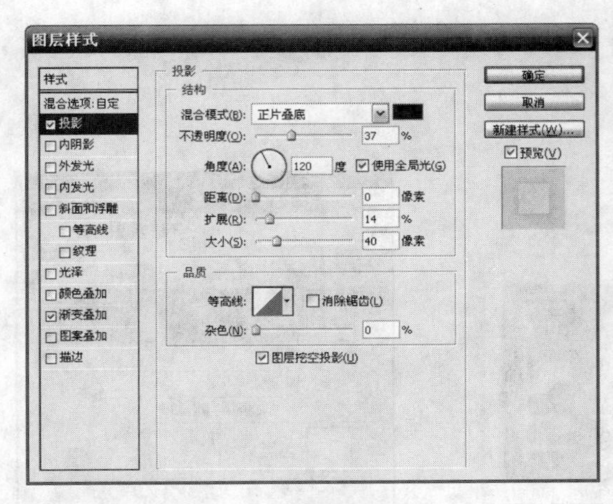

图 12-17 设置“阴影”效果

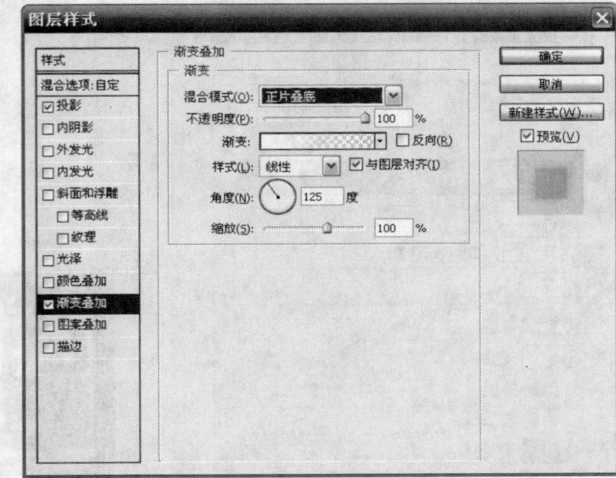

图 12-18 设置“渐变叠加”效果

（4）设置完成的【图层】面板如图 12-19 所示。

（5）添加了图层样式后，窗口中的文字图像效果如图 12-20 所示。

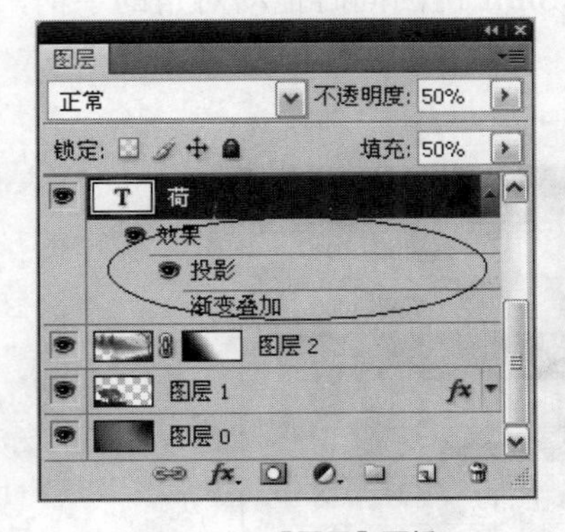

图 12-19 【图层】面板

图 12-20 文字图像效果

（6）为了突出主题，在画面中继续添加文字。选择【文字工具】中的【直排文字工具】IT，在画面中输入文字：“出淤泥而不染，濯清涟而不妖，书於己丑年六月”。单击面板下方的【创建组】在文字的上方创建“组 1”。【图层】面板如图 12-21 所示。

你知道吗？

为了便于管理图层面板，可以创建图层组，可将不同图层的相关内容放于一个图层组内，使面板看上去更加整洁，便于组织和管理图层。

5．加盖印章添加效果

（1）打开本章素材文件夹中的名为“印章.psd”的图像文件，如图 12-22 所示。

（2）在【图层】面板中选择“图层 2”，如图 12-23 所示。

（3）按住 Ctrl 键，单击“图层 2”，选中印章图像，如图 12-24 所示。

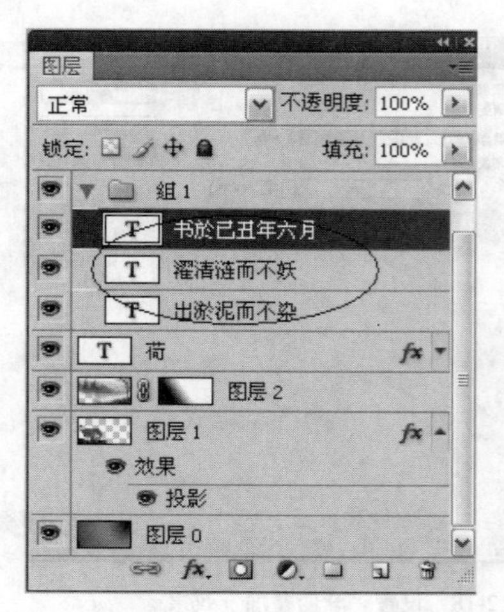

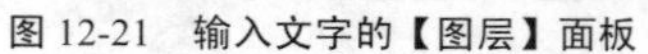

图 12-21 输入文字的【图层】面板

图 12-22 打开图像文件

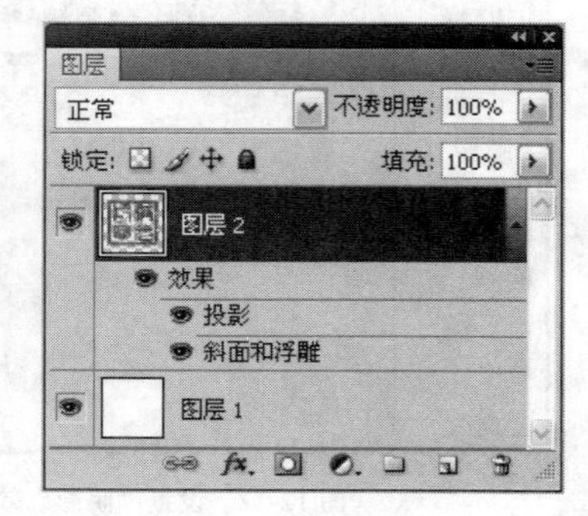

图 12-23 【图层】面板

（4）选择【移动工具】，将选区中的“印章”图像拖入“荷花”背景图像窗口中，按下 Ctrl+T 键，在图像周围出现调整框，在按住 Shift 键的同时拖动对角的手柄，调整图像的大小，用方向键调整到适当位置。

（5）制作完成的【图层】面板如图 12-25 所示。

图 12-24 选中印章

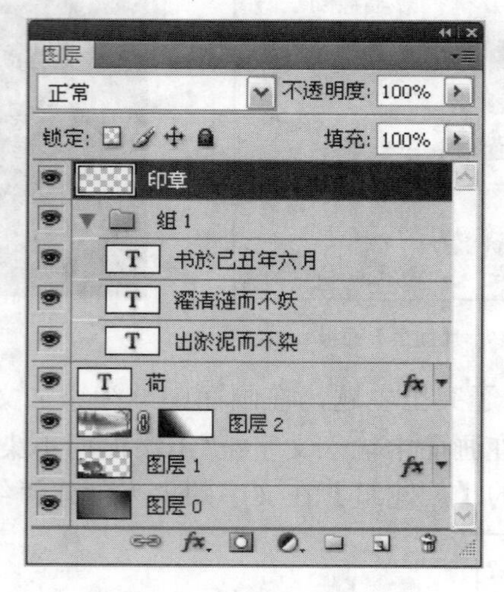

图 12-25 【图层】面板

（6）完成的“荷花图”图像效果如图 12-1 所示。

实训 2 房产广告

一、实训说明

本实训“房产广告”效果是由蓝天白云、海、草地、山林、建筑等 6 张图像素材合成的。如图 12-26 所示。从画面中将看到：辽远的天空，动人的海，湛蓝的海水，烟波浩淼，海天一色。海岸边那片绿意盎然的土地更是映衬出海的魅力，那里充满了唯美、辽远、浪漫的气息，给人以无尽的遐想。岸边的建筑依山而建，人们依水而居，真实的再现“阳光水岸”家园的魅力。

图 12-26　“房产广告”效果图

二、实训目的

通过本实训，掌握用 Photoshop CS4 的工具合成图像，掌握房产广告设计的方法。并以此举一反三，选择各种不同主题的素材，设计制作出更加精美的图像合成效果。

三、实训内容

（1）选择符合设计主题的素材图像文件。

（2）创建和编辑选区、羽化选区、描边等，创建柔和的图像边缘效果。

（3）灵活应用图层,【图层】面板、“图层样式”和“图层混合模式”，整合图像素材，创建主题广告效果。

（4）应用文字工具创建主题文字，完成“房产广告”制作。

三、实训过程

（1）打开本章素材文件夹中的名为“海”和“蓝天白云”的图像文件，如图 12-27、图 12-28 所示。

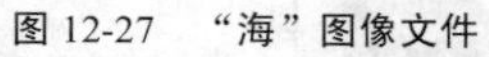

图 12-27 “海”图像文件

图 12-28 “蓝天白云”图像文件

（2）在“蓝天白云”图像中创建一矩形选区，如图 12-29 所示。

图 12-29 创建一矩形选区

（3）将选区内的图像直接拖入到“海”图像中，打开【图层】面板，设置图层混合模式为“正片叠底”，如图 12-30 所示。

（4）将移入的“蓝天白云”图像置于图像的上方，选择多边形套索工具，选取遮盖底层图像的区域，如图 12-31 所示。

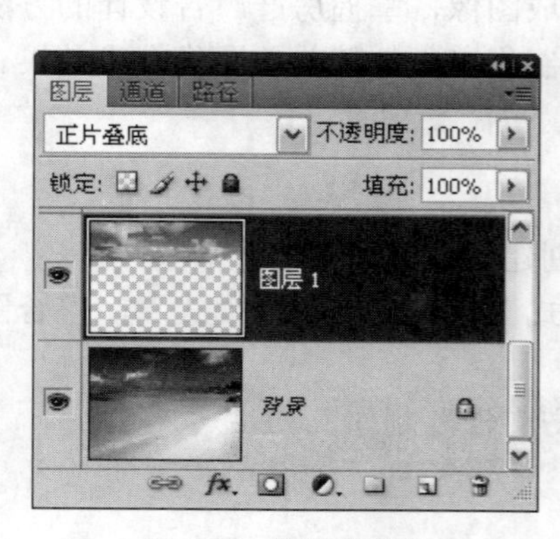

图 12-30 【图层】面板

图 12-31 选择多边形套索工具

（5）将选择区域内的图像删除，取消选区，将图层混合模式设置为“正常”，图像效果如图 12-32 所示。

图 12-32 将选择区域内的图像删除

（6）打开名为“草地”的图像文件，如图 12-33 所示。在图像中创建矩形选区，如图 12-34 所示。

图 12-33 打开“草地”图像文件

图 12-34 创建选区

（7）将选区内的图像拖入“海”图像中，按下 Ctrl+T 键，对图像进行调整，如图 12-35 所示。调整后的图像位置如图 12-36 所示。

图 12-35 对图像进行调整

图 12-36 调整后的位置

（8）在【图层】面板中将移入图像层的图层混合模式设置为“正片叠底”，如图 12-37 所示。选择矩形选择工具，在图像窗口创建选区，如图 12-38 所示。

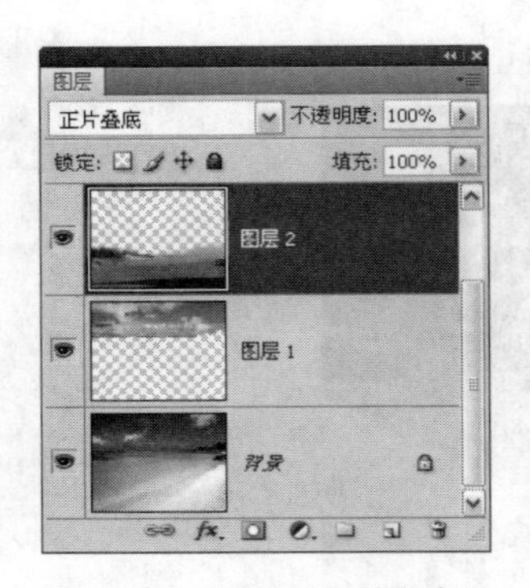

图 12-37　设置为“正片叠底”

图 12-38　创建选区

（9）选取“选择”→“调整边缘”，在打开的【调整边缘】对话框中设置羽化值为 5.0，如图 12-39 所示。按下 Delete 键，删除选区内的图像，取消选区，图像窗口效果如图 12-40 所示。

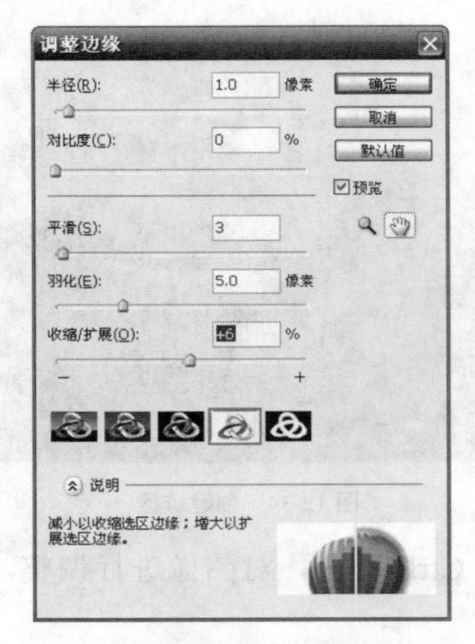

图 12-39　【调整边缘】对话框

图 12-40　删除选区后的图像效果

（10）打开名为“山林”的图像文件，如图 12-41 所示。在图像中创建矩形选区，如图 12-42 所示。

图 12-41　打开图像文件

图 12-42　创建矩形选区

（11）将选区内的图像拖入名为“海”图像中，打开【图层】面板，设置图层混合模式为“叠加”，如图 12-43 所示。选择【套索工具】，创建选区，如图 12-44 所示。

图 12-43 【图层】面板

图 12-44 创建选区

（12）选取“选择”→“调整边缘”，在打开的【调整边缘】对话框中设置羽化值为 20.0，如图 12-45 所示。

（13）按下 Delete 键 3 次，删除选区内的图像，效果如图 12-46 所示。

注意：

具体删除的次数可视图像窗口效果确定。

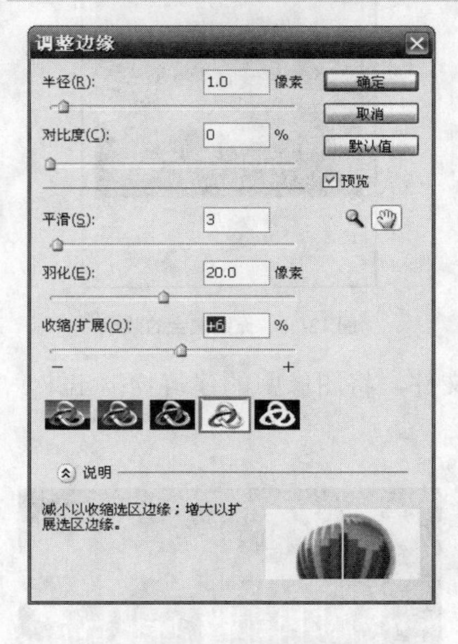

图 12-45 【调整边缘】对话框

图 12-46 删除选区内的图像

（14）取消选区，合并所有图层。将合并后的图像命名为“合成图像.jpg”。

（15）新建 705 像素×975 像素的图像文件，如图 12-47 所示。

（16）在背景层填充“# eef1ba”的淡黄色。然后将背景层全选，选取“编辑”→“描边”，打开【描边】对话框，设置宽度：4 像素；位置：内部；颜色：#770000；创建选区，填充前景色“#077aeb”至背景色“#bdebe1”的线性渐变，用来确定图像的位置。如图 12-48 所示。

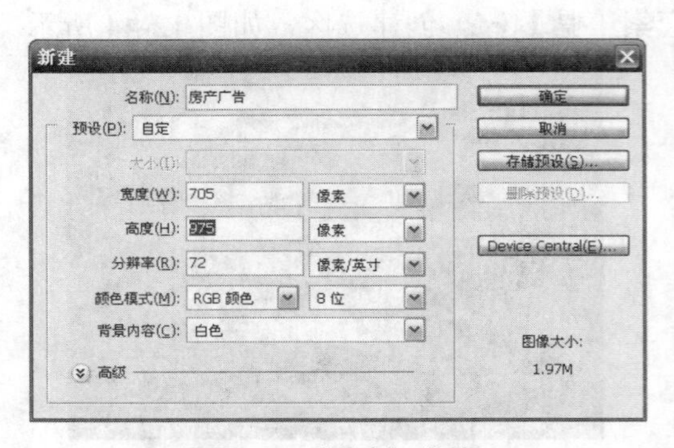

图 12-47 【新建】对话框

图 12-48 填充渐变色

（17）将“合成图像.jpg”全选，将其拖入填充区域中。再打开名为“云”的图像文件，如图 12-49 所示。将两张图片连接在一起，调整适当位置。选择叠加的部分，创建选区，羽化选区边缘，删除选区内的图像，完成无缝融合的效果，如图 12-50 所示。

图 12-49 打开图像文件

图 12-50 无缝融合的效果

（18）打开名为“建筑”、“建筑 1”的图像文件，将图像中的建筑物抠出来。如图 12-51 、图 12-52 所示.。

图 12-51 打开“建筑 1”图像文件

图 12-52 打开“建筑”图像文件

（19）将抠取出的“建筑 1”图像拖入到文件中，调整其位置、大小，置于图像的右下方，添加边框。将抠取出的“建筑”图像拖入到文件中，调整其位置、大小，为移入的图像添加图层蒙版，在蒙版中填充线性渐变，图像效果如图 12-53 所示。【图层】面板如图 12-54 所示。

图 12-53 将“建筑”图像拖入到文件中

图 12-54 【图层】面板

（20）选择文字工具，创建文字组，设置字体、字号，分别在图像的上方、下方输入文字和图形，如图 12-55、图 12-56 所示。

图 12-55 图像上方的文字

图 12-56 图像下方的文字

（21）将图像保存为“房产广告.psd”，最后完成的效果如图 12-26 所示。

四、实训总结

通过本实训的上机操作练习，应该能够熟练掌握如何选择与作品主题相符的图像素材，掌握创建和编辑选区的方法，掌握【图层】面板的应用，掌握图层混合模式、图层蒙版的应用，掌握应用【图层样式】的技巧与方法，并通过本实训掌握应用选区工具、【图层】面板、【文字工具】等完成具有特定主题的图像创作的过程。

实训 3 甲壳虫汽车

一、实训说明

本节为“甲壳虫汽车”案例。主要通过使用【钢笔工具】及【形状工具】绘制形状图层，并修正其内容实现矢量风格效果，如图 12-57 所示。

注意：

绘制期间只使用钢笔工具、形状工具及相应的选择工具，绘制模式选择形状图层。不要使用任何位图工具及滤镜等位图性质处理命令。

图 12-57 甲壳虫汽车效果图

二、实训目的

通过本实训，掌握用 Photoshop CS4 的矢量工具手绘甲壳虫汽车的方法，并以此举一反三，选择各种不同主题的素材，设计制作出更加精美的矢量图形效果。

三、实训内容

（1）选择【钢笔工具】及【形状工具】创建图形。

（2）掌握选区与路径的关系。创建和编辑选区、羽化选区，描边以及创建柔和的图像边缘、填充颜色等。

（3）灵活应用【图层】面板、图层样式和图层混合模式，创建图形的整体效果，完成矢量图形的绘制。

四、实训过程

1. 新建文件

新建一个 1000 像素×500 像素的图像文件。

2. 绘制车身

（1）首先，选择【钢笔工具】，在选项栏选择形状图层，设置前景色为 RGB（194，47，39），勾绘汽车的外观轮廓，如图 12-58 所示。

图 12-58 勾绘汽车的外观轮廓

（2）绘制车头处阴影。按键盘 D 键（将前景色与背景色恢复默认设置，即前景色设置为黑色），将形状图层内容设置为渐变，并选择前景色到透明渐变，如图 12-59 所示。

（3）为了让阴影符合汽车的外观轮廓，在修改图层内容前，可通过单击【图层】面板菜单，选取“创建剪贴蒙版”命令。

注意：

也可以按 Alt 键的同时，将鼠标移动到【图层】面板上阴影与车身图层的中缝，当出现双圆标志的时候单击鼠标，建立剪切组关系，如图 12-60 所示。

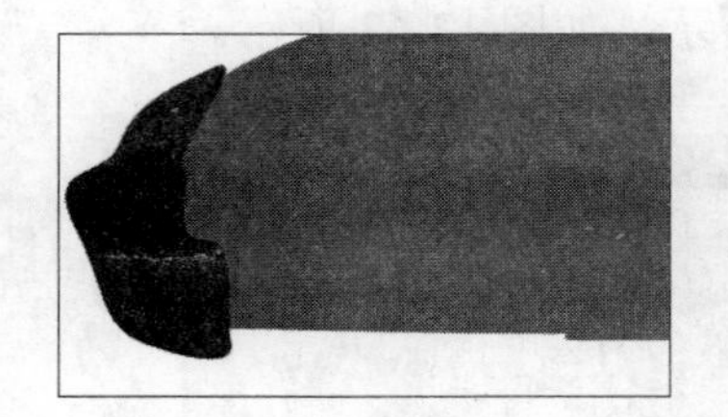

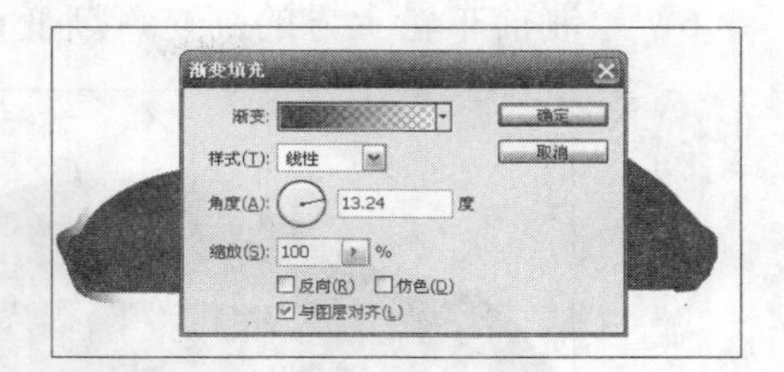

图 12-59　绘制车头处阴影

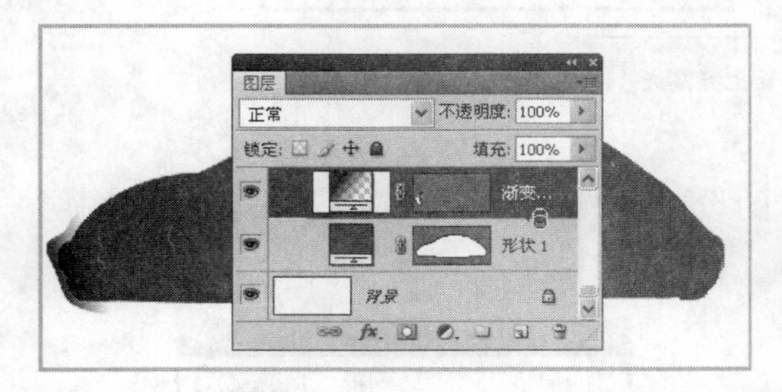

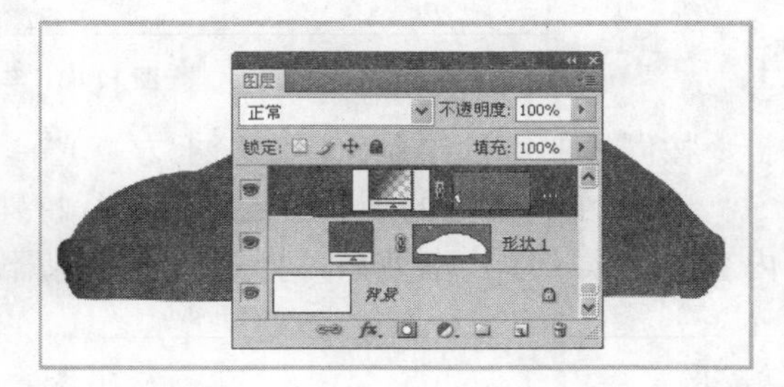

图 12-60　剪贴蒙版的建立示意图

依照上述方法绘制出车尾阴影。

（4）按 D 键，再按 X 键，将前景色设置为白色，按照阴影的绘制顺序开始绘制车身高光，以车顶处高光为例，如图 12-61 所示。

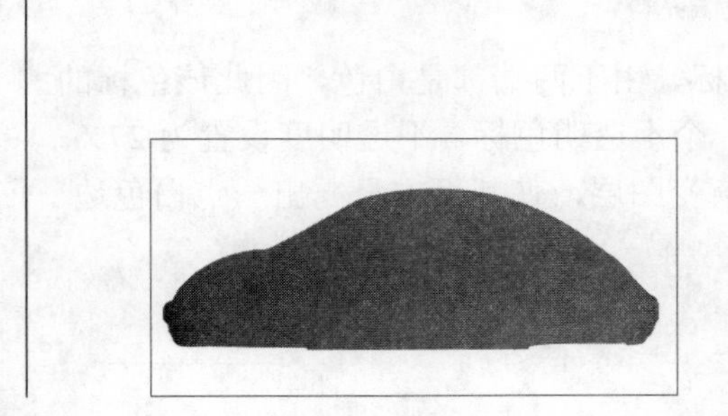

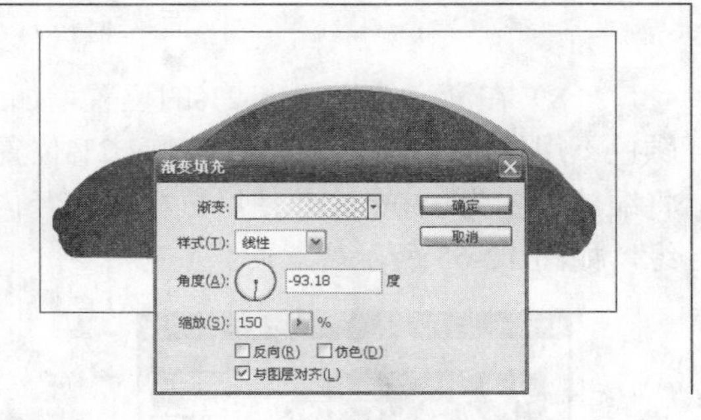

图 12-61　车顶高光

（5）分三层绘制车窗下高光，它们的渐变填充的角度都设置为 90 度，如图 12-62 所示。

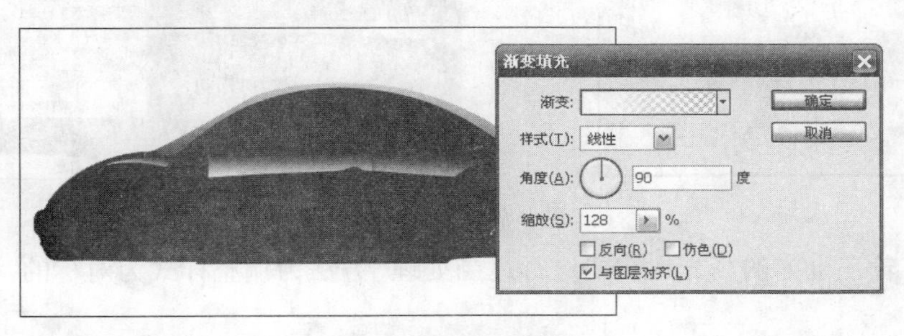

图 12-62　车窗下高光

（6）绘制前车轮上方的高光，渐变设置如图所示，如图 12-63 所示。

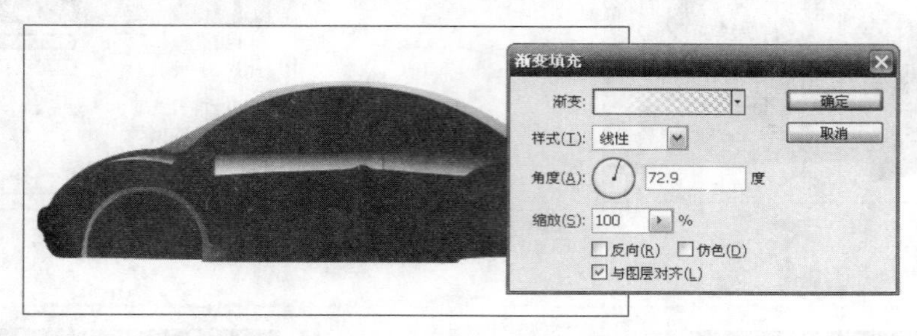

图 12-63 车轮上方高光

按同样的方法绘制出后车轮上方高光。

（7）车门下方的高光绘制需要进行特殊的设置，如图 12-64 所示，在修改形状图层内容的时候，单击渐变条，打开渐变编辑器。

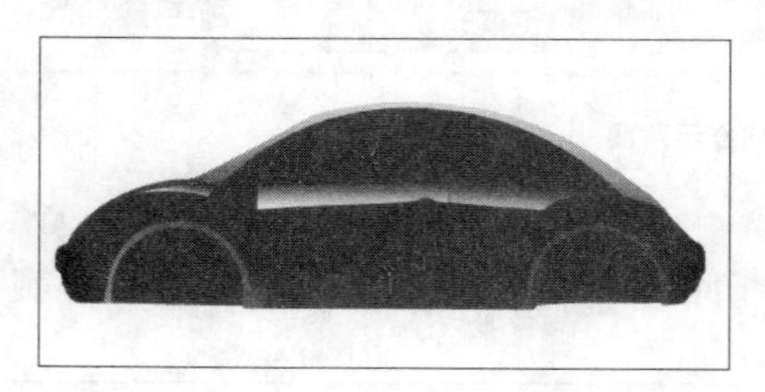

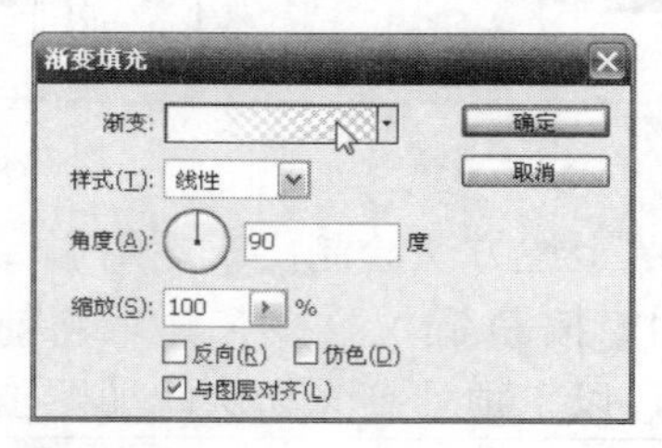

图 12-64 车轮上方高光

（8）在渐变编辑器上 2%的位置增加一个色标，由于两端都是白色，因此该色标的颜色不用修改，但需要在上方对应 2%位置添加一个不透明色标，不透明度设置为 27%。将缩放设置为 150%，并使用鼠标在路径内拖动渐变图层，使其下方只露出一点白色边缘，如图 12-65 所示。

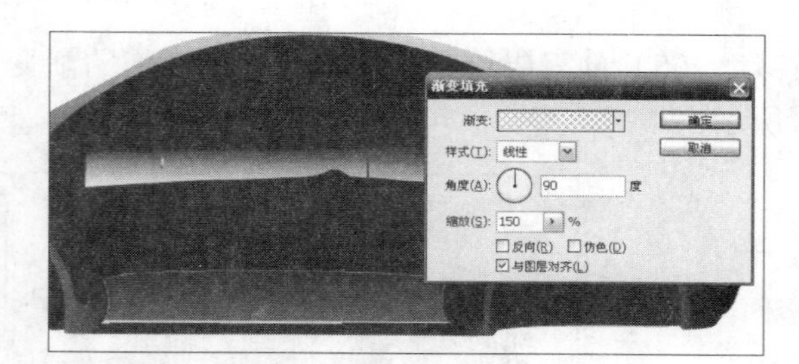

图 12-65 车门下高光

（9）车轮左上方的高光也需要进行适当处理，方法为调整样式为对称的，如图 12-66 所示。

（10）按同样方法绘制出后方高光。然后绘制出其他高光项目，如图 12-67 所示。

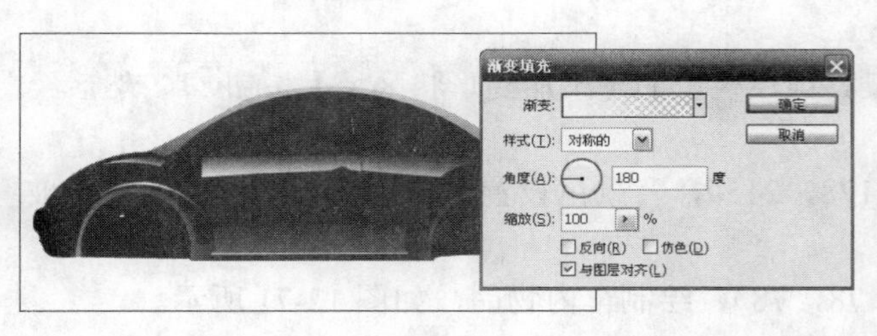

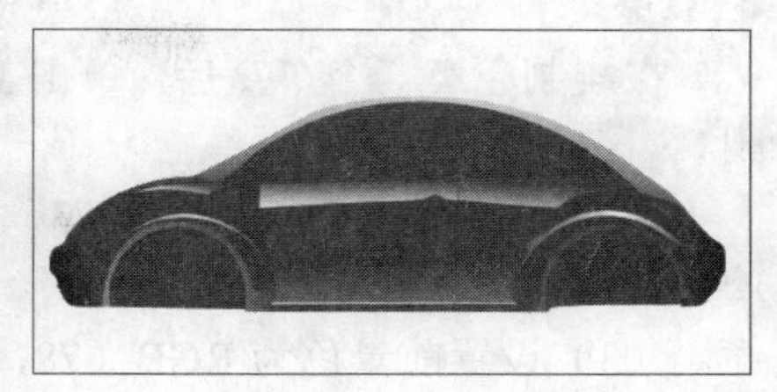

图 12-66 凹痕高光

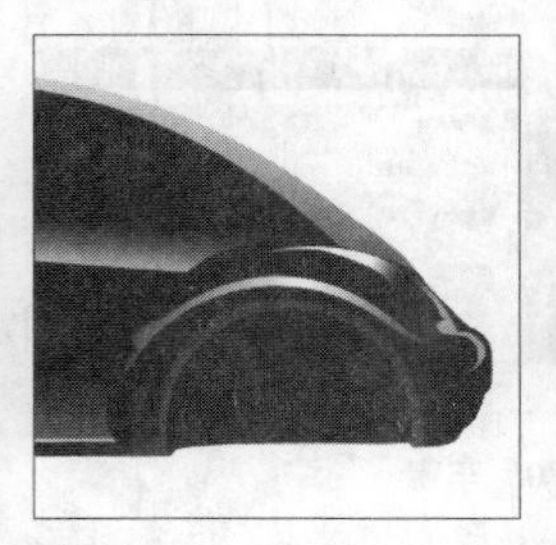

图 12-67 其他高光

（11）设置前景色为黑色，绘制车身门缝处阴影，并将图层面板上该层的不透明度设置为 17%，如图 12-68 所示。将上述所有图层选中，按 Ctrl+G，将它们编组，并命名为“车身”。

图 12-68 车身门缝阴影

3. 绘制车窗

（1）设置前景色为 RGB（32，19，20），绘制车窗框，设置前景色为 RGB（78，78，78），绘制车窗，如图 12-69 所示。

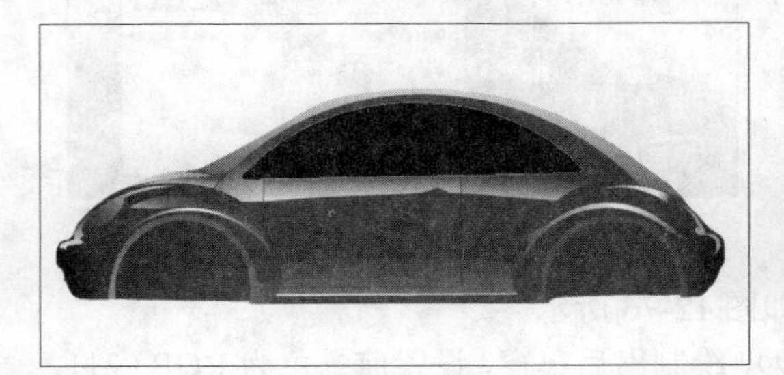

图 12-69 车窗

注意：

在绘制完第一个车窗后，单击工具选项栏上的【添加到形状区域】按钮，然后绘制第二个窗户。

（2）设置前景色为 RBG（3，178，215），背景色设置为白色，绘制反光的车窗玻璃，如图 12-70 所示。

（3）设置前景色为 RGB（78，78，78），绘制车内物品，如图 12-71 所示。

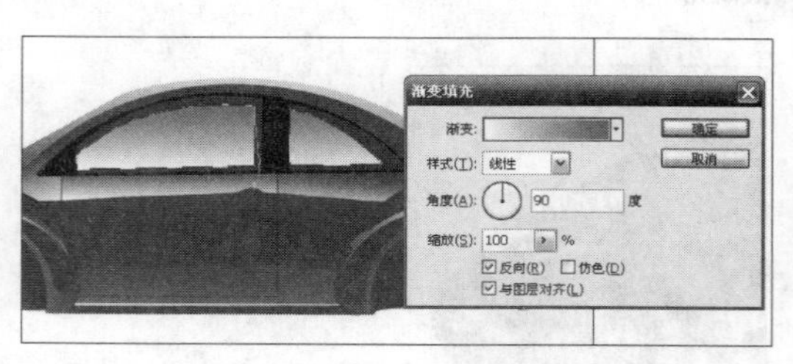

图 12-70　车窗

图 12-71 车内物品

（4）设置前景色为 RBG（90，210， 213），背景色设置为白色，绘制前车窗的玻璃，如图 12-72 所示。

（5）设置前景色为 RGB（78，78，78），按照车头及车尾的方法，绘制出车窗上下的变色部分，如图 12-73、图 12-74 所示。

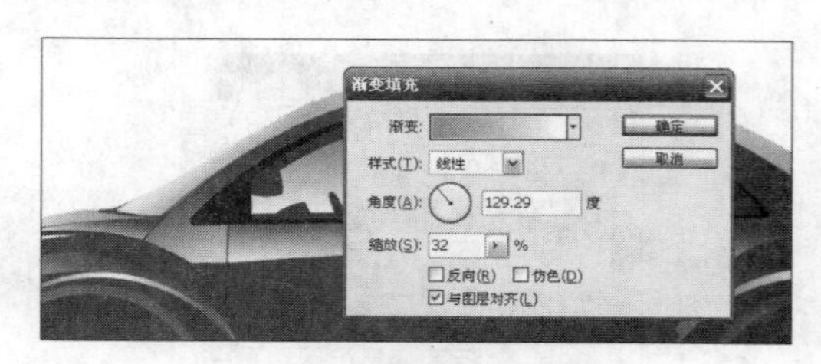

图 12-72 前车窗玻璃

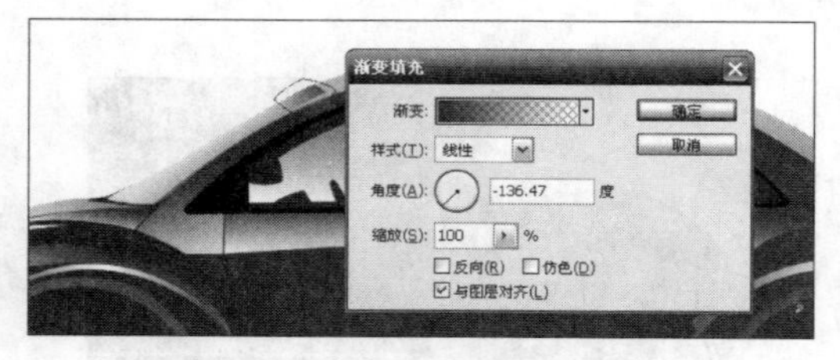

图 12-73　车前玻璃上阴影

（6）将前景色设置为白色，绘制出前车窗的高光，并将图层的不透明度设置为 88%，如图 12-75 所示。

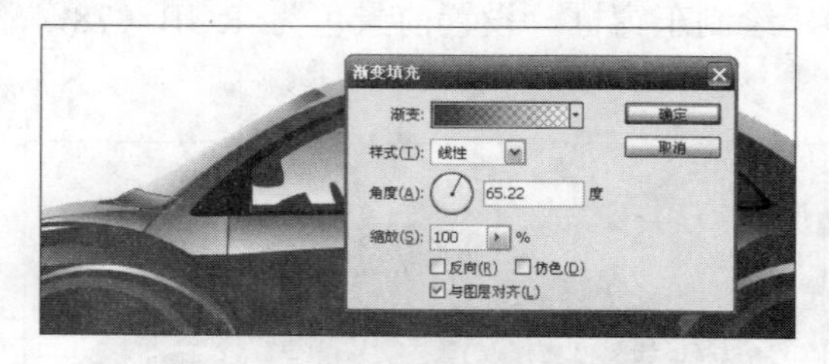

图 12-74　前玻璃下阴影

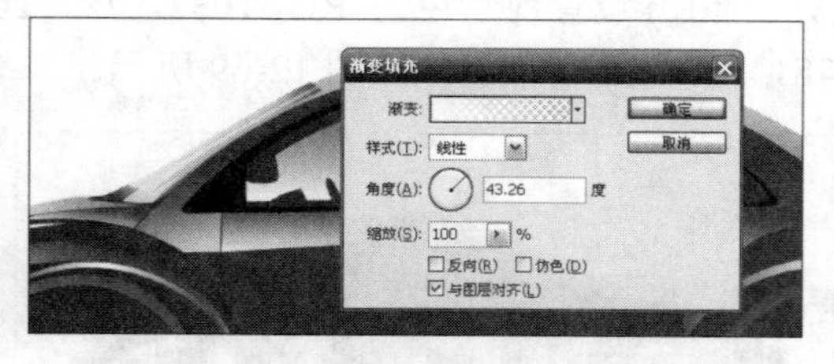

图 12-75 前玻璃高光

（7）设置前景色为黑色，绘制雨刷，如图 12-76 所示。

（8）设置前景色为 RGB（243，248，249），绘制出后车窗，设置前景色为 RGB（211，211，211），绘制出后车窗阴影，并设置该层的不透明度为 88%，如图 12-77 所示。

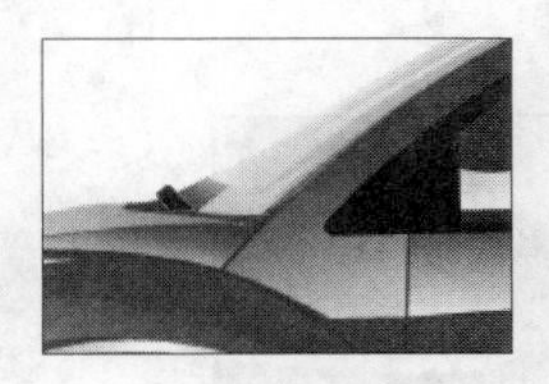

图 12-76 雨刷

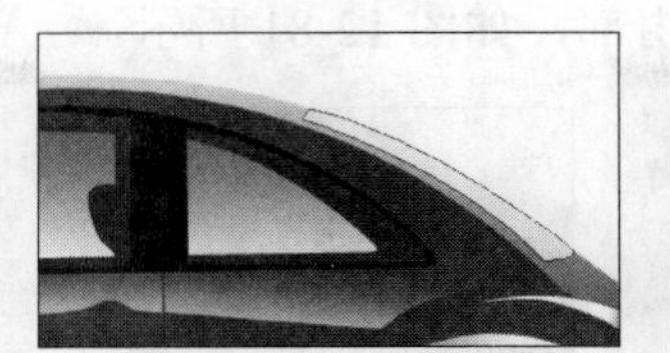

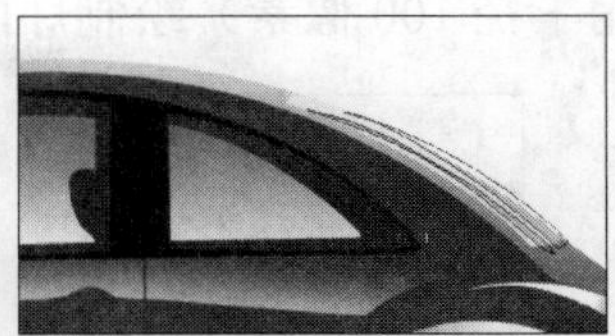

图 12-77 后车窗

将上述所有图层选中，按 Ctrl+G，将它们编组，并命名为“车窗”。

4. 天线

设置前景色为黑色，绘制天线座。设置前景色为 RGB（160，160，160），绘制天线部分。设置前景色为 RGB（200，200，200），绘制天线阴影部分，并设置该图层的图层混合模式为正片叠底。如图 12-78 所示。

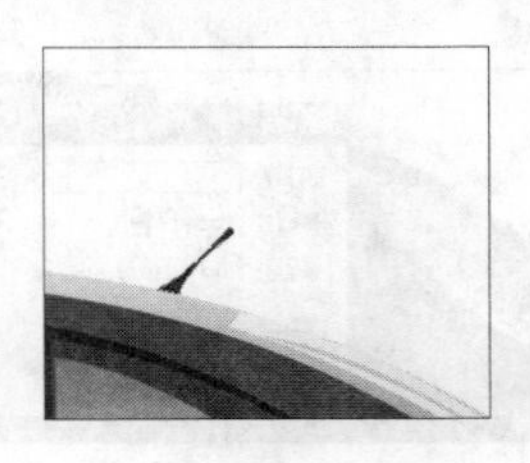

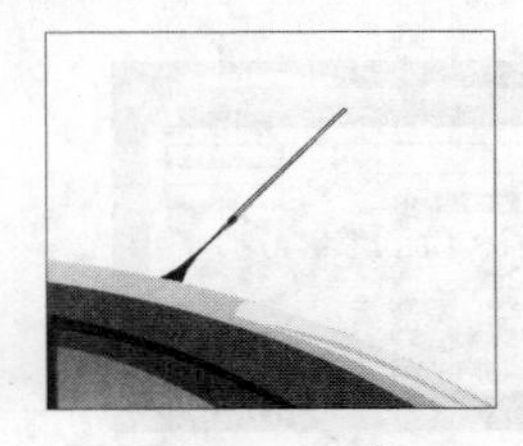

图 12-78 天线

将上述所有图层选中，按 Ctrl+G，将它们编组，并命名为“天线”。

5. 后视镜与车灯

（1）设置前景色为黑色，绘制后视镜阴影，并设置不透明度为 88%。设置前景色为 RGB（216，46，37），绘制后视镜主体。如图 12-79 所示。

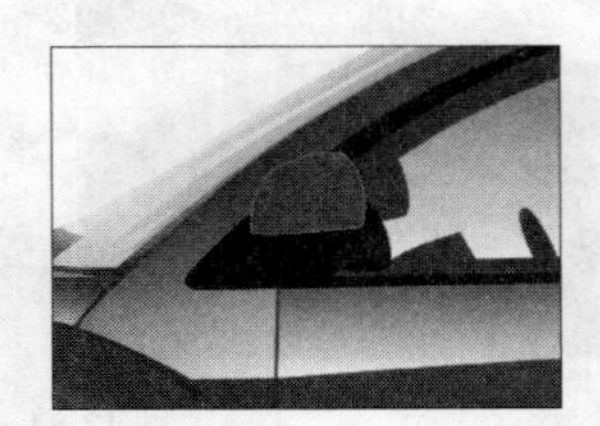

图 12-79 后视镜

（2）将前景色设置为白色，绘制后视镜反光部分，如图 12-80 所示。

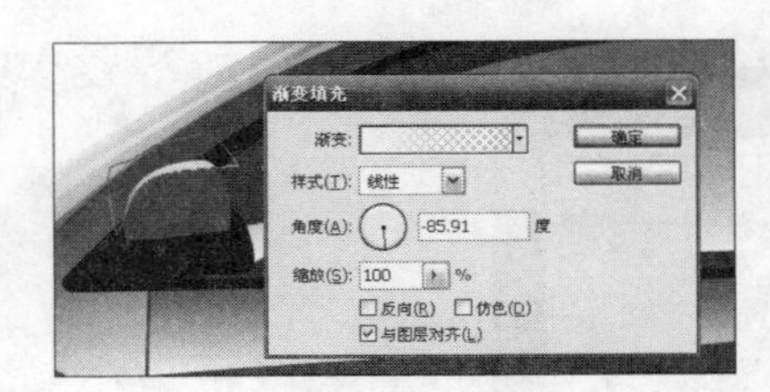

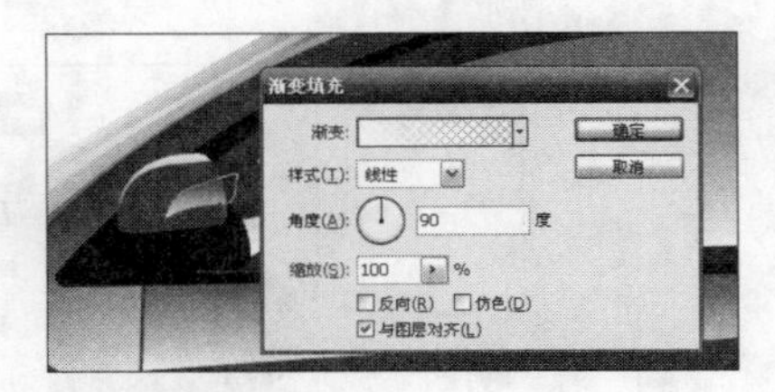

图 12-80 后视镜高光

（3）设置前景色为白色，使用【圆角矩形工具】绘制小灯。设置前景色为 RGB（200，200，200），使用圆角矩形形状工具绘制灯芯。设置前景色为白色，使用【圆角矩形工具】

（圆角半径 100 像素）绘制灯内部，如图 12-81 所示。

图 12-81　小灯

（4）设置前景色为 RGB（35，35，35），使用【圆角矩形工具】绘制车头侧灯。设置前景色为白色，绘制车头侧灯的内部，如图 12-82 所示。

（5）设置前景色为白色，绘制车头大灯，如图 12-83 所示。

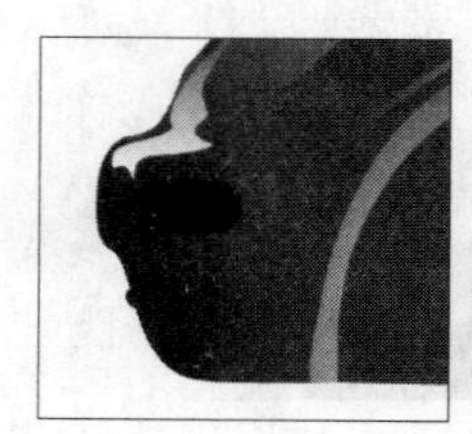

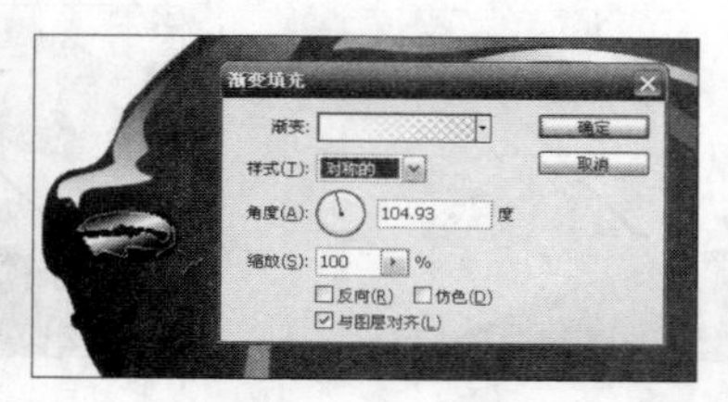

图 12-82　侧灯

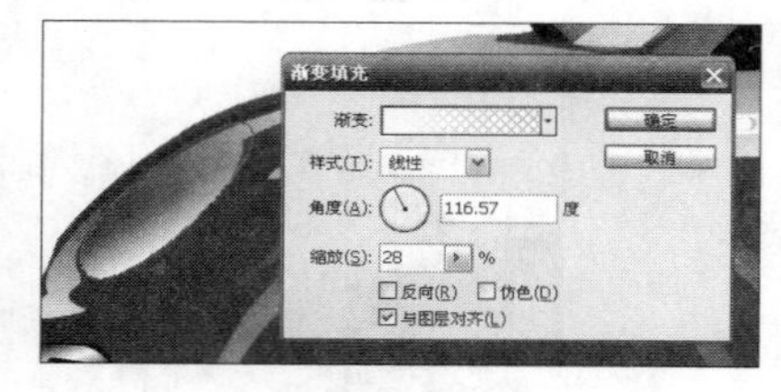

图 12-83　大灯

（6）设置前景色为 RGB（94，94，94）绘制车头大灯内阴影。Ctrl+J 复制上步骤图层，并按 Ctrl+T 将该层缩小一圈，设置前景色为白色，绘制内部反光，如图 12-84 所示。

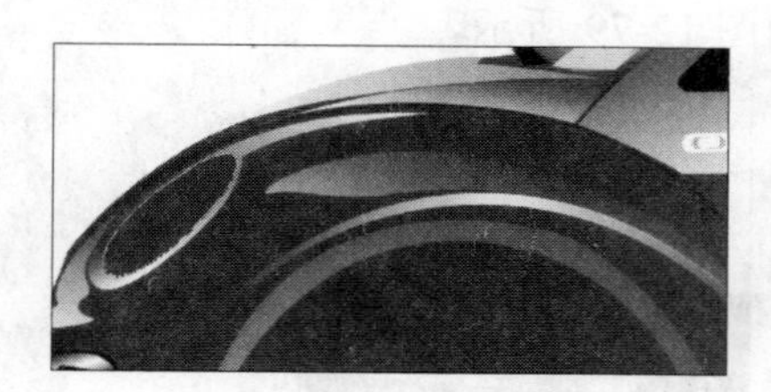

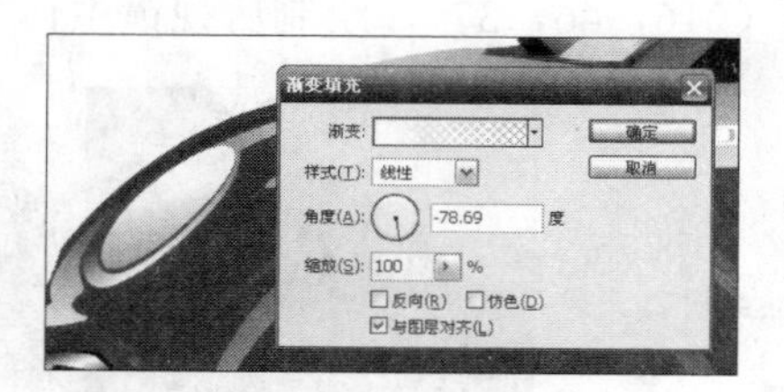

图 12-84　大灯内阴影

（7）设置前景色为 RGB（198，198，198），绘制车头大灯上面的阴影，如图 12-85 所示。

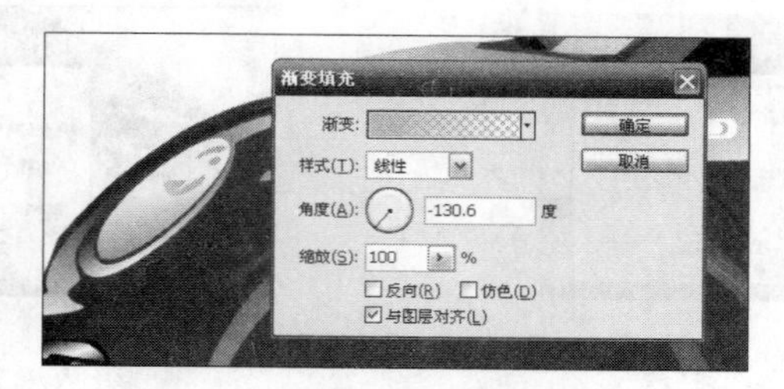

图 12-85　大灯外阴影

将上述所有图层选中，按 Ctrl+G，将它们编组，并命名为“车灯”。

6. 车门把手

（1）设置前景色为黑色，使用椭圆工具绘制车门把手的阴影。设置前景色为白色，使用钢笔工具绘制把手下反光部分，并设置图层的不透明度为 38%，如图 12-86 所示。

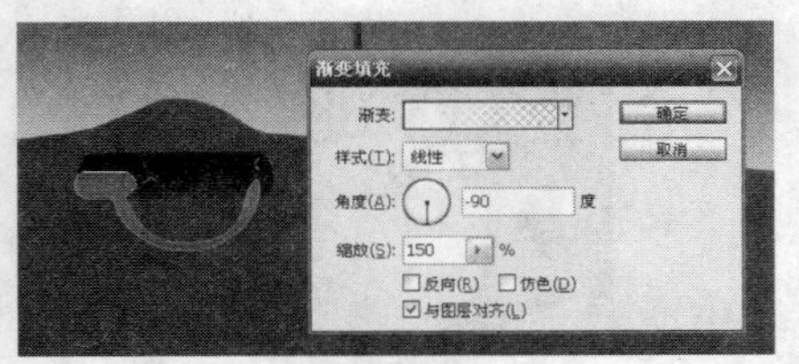

图 12-86 车把手阴影

（2）设置前景色为 RGB（216，46，37），使用【圆角矩形工具】绘制门把手。设置前景色为白色，绘制门把手的高光，如图 12-87 所示。

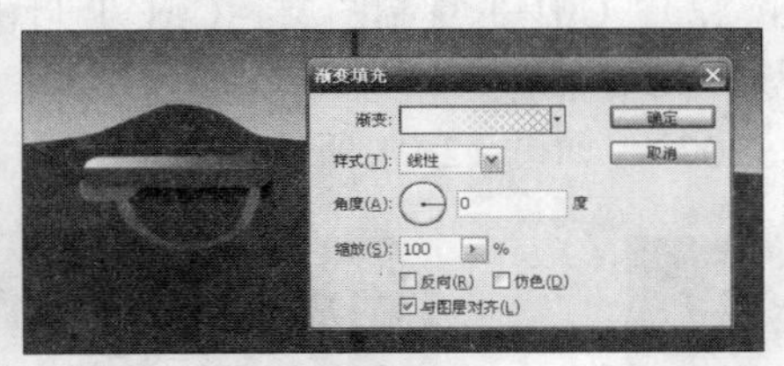

图 12-87 车把手高光

（3）设置前景色为白色，绘制把手下高光。设置前景色为白色，绘制钥匙孔。如图 12-88 所示。

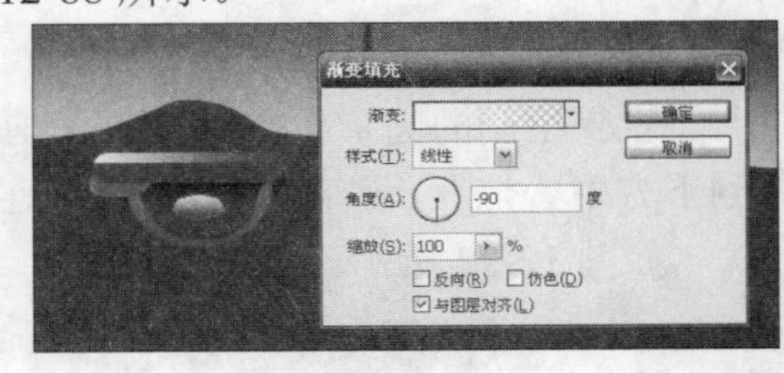

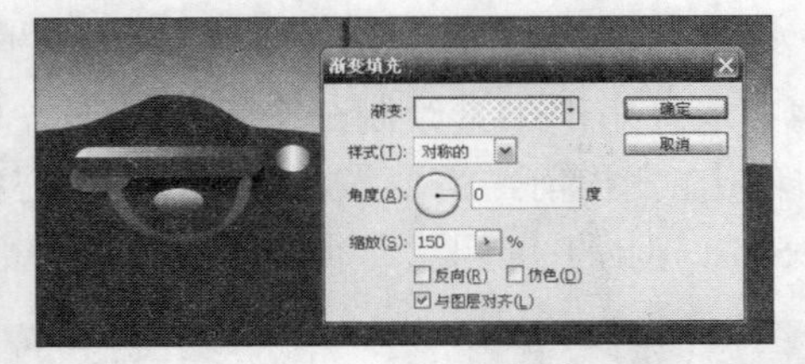

图 12-88 车把手高光与钥匙孔

将上述所有图层选中，按 Ctrl+G，将它们编组，并命名为“车门把手”。

7. 绘制前车轮

（1）设置前景色为黑色，使用钢笔工具绘制出车下阴影。设置前景色为 RGB（38，38，38），使用椭圆工具绘制车轮。如图 12-89 所示。

图 12-89 前车轮

（2）Ctrl+J 复制图层，Ctrl+T 自由变换，需要按住 Shift 和 Alt 不放，设置填充色为 RGB（226，226，226）。Ctrl+J 复制图层，Ctrl+T 自由变换，需要按住 Shift 和 Alt 键不放，设置填充色为 RGB（129，129，129）。如图 12-90 所示。

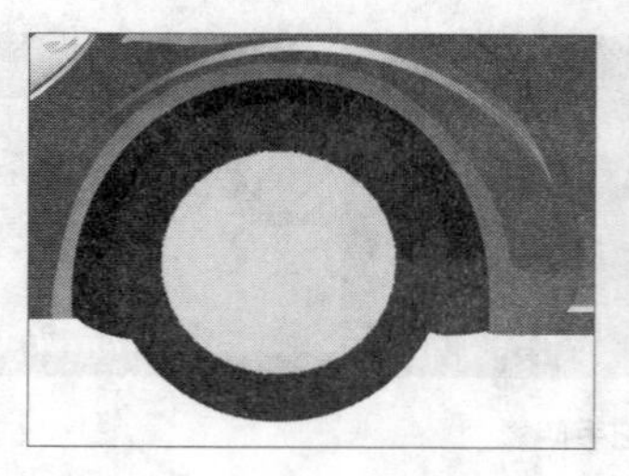

图 12-90　车轮内圈

（3）Ctrl+J 复制图层，Ctrl+T 自由变换，需要按住 Shift 和 Alt 键不放，设置填充色为 RGB（22，22，22）。Ctrl+J 复制图层，Ctrl+T 自由变换，需要按住 Shift 和 Alt 键不放，设置填充色为 RGB（136，136，136）。使用钢笔工具绘制刹车装置，填充色设置为 RGB（207，207，207）。如图 12-91 所示。

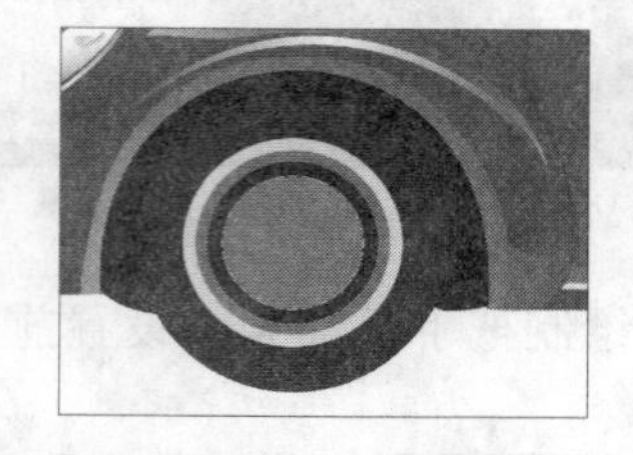

图 12-91　车轮内圈与刹车装置

（4）选择矩形工具绘制一个矩形（下方与上面步骤绘制的圆形中心对齐），Ctrl+T 自由变换，在变换前，需要按 Alt 键，将中心挪到下方中心位置，旋转 72°。然后连续按 Ctrl+Shift+Alt+T 键四次，得到护盘的基本形状。如图 12-92 所示。

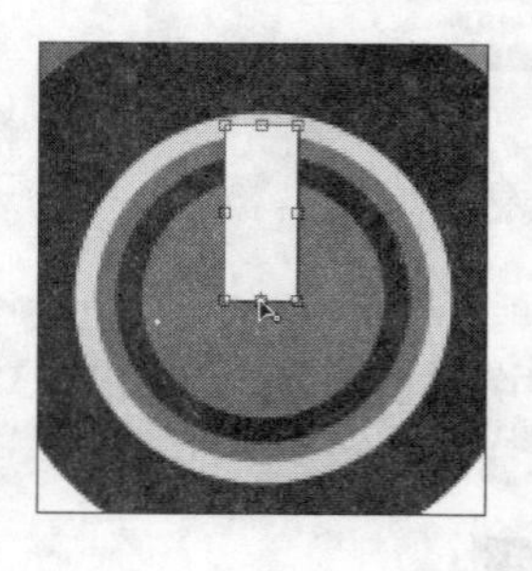
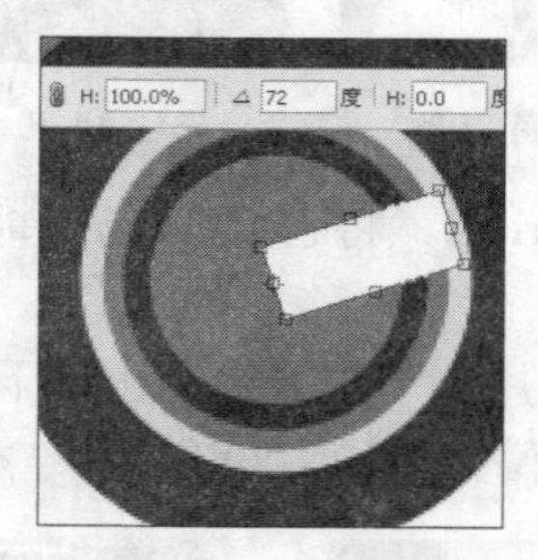

图 12-92　车轮护盘

（5）选择【路径选择工具】，单击工具按钮栏的组合按钮，得到完整的护盘形状，如图 12-93 所示。

（6）下面对护盘的外形进行进一步加工，选择其中一个角，使用钢笔工具在角两侧分别等距增加 2 个锚点。然后将角锚点删除，并移动曲线向外弯曲。依照相同的方法修改其他四个角，并设置填充色为 RGB（226，226，226），如图 12-94 所示。

图 12-93 车轮护盘

图 12-94 弯角

（7）按 Ctrl+J 复制该层，将下层护盘向下并向右移动若干像素，并设置为渐变效果。如图 12-95 所示。

（8）使用椭圆工具绘制护盘中心标志，并设置填充色为前景色为 RGB（78，78，78），背景色为白色的渐变。如图 12-96 所示。

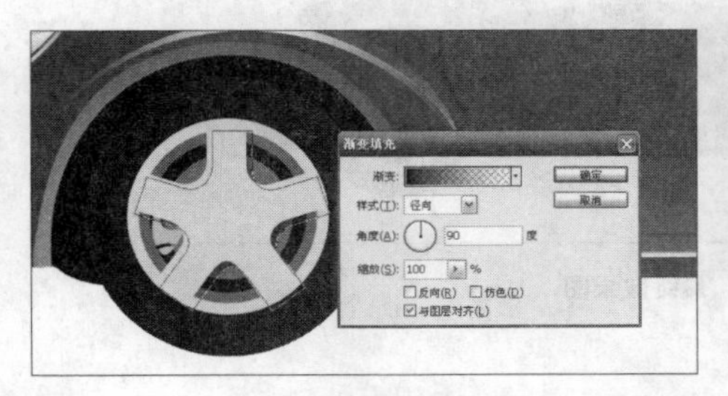

图 12-95 护盘阴影　　图 12-96 内阴影

（9）按 Ctrl+J 复制该层，将下层护盘向下并向右移动若干像素，并设置为从白到透明的渐变效果。Ctrl+J 复制图层，Ctrl+T 自由变换，需要按住 Shift 和 Alt 不放，设置填充色为 RGB（136，136，136）。如图 12-97 所示。

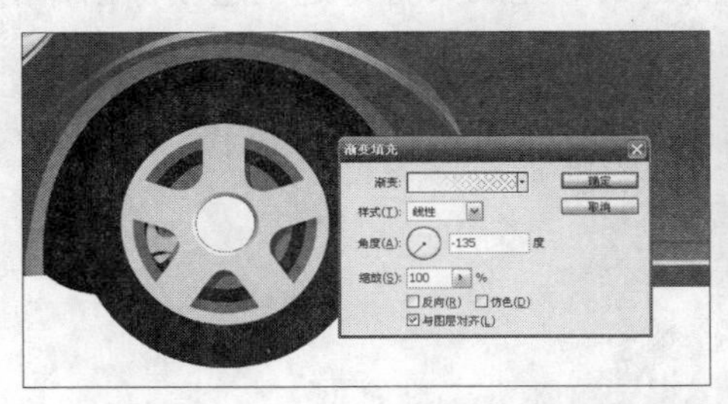

图 12-97 内阴影

（10）Ctrl+J 复制图层，Ctrl+T 自由变换，需要按住 Shift 和 Alt 不放，设置为渐变填充，填充色为 RGB（136，136，136）到透明渐变。利用绘制护盘的过程绘制车轮上的螺丝帽，如图 12-98 所示。

图 12-98　螺丝帽

将上述所有图层选中，按 Ctrl+G，将它们编组，并命名为“车轮”。

（11）后车轮的制作可以通过复制图层组“车轮”，然后再进行适当的修改即可，如图 12-99 所示。

图 12-99　最终效果图

五、实训总结

通过本章的上机实训，学习者应该能够熟练掌握如何选择与作品主题相符的图像素材，掌握创建和编辑选区的方法，掌握【图层】面板的应用，掌握图层混合模式、图层蒙版的应用，掌握应用【图层样式】的技巧与方法，并通过本实训掌握应用选区工具、【图层】面板、【文字工具】、矢量绘图工具等完成具有特定主题图像创作的过程。

参考文献

[1] 洪光. Photoshop CS3 图形图像处理案例教程. 1 版. 北京:北京大学出版社,2009.
[2] 洪光. Photoshop CS2 实用教程. 2 版. 大连:大连理工大学出版社,2008.